华章图书

一本打开的书，
一扇开启的门，
通向科学殿堂的阶梯，
托起一流人才的基石。

图 3-1　交互式猫脸识别器

图 3-9　正在等待测试的人和猫

图 7-1　作者在吃蛋糕的应用程序配置

图 7-3　以默认参数运行时，应用程序的外观

图 7-4　抬起、再垂下眉毛后，眉毛显得更高了

图 7-5　新方案的显示效果

图 7-6　在空中挥舞钢尺

图 7-7　皮肤颜色的变化

OpenCV 4 for Secret Agents, Second Edition

OpenCV 项目开发实战

（原书第2版）

[美] 约瑟夫·豪斯（Joseph Howse） 著

刘冰 译

图书在版编目（CIP）数据

OpenCV 项目开发实战（原书第 2 版）/（美）约瑟夫·豪斯（Joseph Howse）著；刘冰译．
—北京：机械工业出版社，2020.4
（华章程序员书库）
书名原文：OpenCV 4 for Secret Agents，Second Edition

ISBN 978-7-111-65234-2

I. O…　II. ① 约…　② 刘…　III. 图像处理软件－程序设计　IV. TP391.413

中国版本图书馆 CIP 数据核字（2020）第 052462 号

本书版权登记号：图字　01-2019-7262

OpenCV 项目开发实战（原书第 2 版）

出版发行：机械工业出版社（北京市西城区百万庄大街 22 号　邮政编码：100037）

责任编辑：李忠明　　责任校对：殷　虹
印　　刷：大厂回族自治县益利印刷有限公司　　版　　次：2020 年 4 月第 1 版第 1 次印刷
开　　本：186mm×240mm　1/16　　印　　张：15.5（含 0.25 印张彩插）
书　　号：ISBN 978-7-111-65234-2　　定　　价：79.00 元

客服电话：（010）88361066　88379833　68326294　　投稿热线：（010）88379604
华章网站：www.hzbook.com　　读者信箱：hzit@hzbook.com

The Translator's Words 译 者 序

OpenCV是一个开源的、跨平台的计算机视觉库，由一系列C函数和少量C++类构成，提供了Python、MATLAB、Ruby等语言的接口，可以在Linux、Windows和macOS等操作系统上运行，主要用于视频图像处理和计算机视觉领域的通用算法的实现。利用OpenCV能够完成视频图像的采集、特征提取、目标识别、检测、监控及跟踪定位等任务，OpenCV常见的应用领域包括人机交互、物体识别、图像分割、人脸识别、动作识别、运动跟踪、运动分析以及汽车安全驾驶等。

本书内容精练、重点突出、示例丰富。作者用幽默风趣、简洁生动的语言，通过实际的编程案例，让读者了解并掌握OpenCV 4的开发过程。全书案例使用的语言包括Python和Java，此外还涉及一点C#。作者在GitHub提供了这些案例的完整源代码，供读者下载。本书适合于那些想要从事视频图像处理、计算机视觉领域研发的学生、科研人员，及相关领域的软件开发人员。

本书由重庆邮电大学的教师刘冰博士历时3个多月翻译完成。在翻译本书的过程中，译者查阅了大量的中英文有关OpenCV和Python编程的图书资料。但因水平有限，译文中难免存在不当之处，恳请读者批评指正。

感谢机械工业出版社华章公司的编辑们，是他们的严格要求，才使本书得以高质量出版。

刘冰

liubing@cqupt.edu.cn

前　言 *Preface*

计算机视觉系统的应用越来越广泛：在北冰洋部署了计算机视觉系统，以便在夜间发现冰山；各种飞行器上应用了计算机视觉系统，它们飞过亚马孙热带雨林，绘制火灾、破坏雨林和非法伐木的航拍图；世界各地的港口和机场设立了计算机视觉系统，以扫描嫌疑人和违禁品；计算机视觉系统也被应用到马里亚纳海沟以引导自主潜艇；将计算机视觉系统应用于手术室，帮助外科医生可视化手术过程并监控病人的当前状况；将计算机视觉系统作为热寻防空火箭的转向系统从战场上发射。类似的应用不胜枚举。

我们可能很少（或从未）去过这些地方。然而，故事往往鼓励我们想象极端的环境和一个人在这些无情的条件下对工具的依赖。这让我想到了当代影视作品中最受欢迎的人物之一，他是一个普通的男人（英俊，但不太帅；聪明，但不过于聪明），穿着西装，为英国政府工作，总是选择同样的饮料、同样类型的女人，用同样的语调传递双关语，带着一些奇特的科技武器，被派去从事危险的工作。他就是 *007* 系列电影的主人公：詹姆斯·邦德。

这本书讨论了非常有用的技术和技巧，并从特工小说中获得灵感。邦德系列电影在侦查、伪装、智能设备、图像拍摄，有时甚至是在计算机视觉方面都有丰富的创意。凭借想象力，再加上努力学习新技能，我们可以和邦德的工程师 Q[⊖]一较高下！

本书目标读者

本书是为那些想让计算机视觉成为他们生活中实用而有趣的一部分的技术人员而编写的。你应该熟悉 2D 图形概念、面向对象语言、GUI、网络和命令行。本书假设你没有任何特定库或平台的经验，书中涵盖了从设置开发环境到部署完成应用程序的所有内容。

学习多种技术和技巧，然后将其集成起来的愿望是非常有益的！本书将帮助你理解与计算机视觉相关的几种类型的系统和应用领域，并帮助你将一些方法应用于检测、识别、跟踪和增强人脸、物体及运动。

⊖ Q，*007* 电影系列主人公的搭档，专门为邦德提供各种高科技武器。——编辑注

本书内容

第 1 章帮助我们在 Windows、macOS 或 Linux 系统上安装 OpenCV、Python 开发环境和 Android 开发环境。在该章中，我们还在 Windows 或 macOS 上安装 Unity 开发环境。

第 2 章帮助我们根据配色方案对房地产图像进行分类。我们是在豪宅外，还是在豪宅内？在该章中，我们将在搜索引擎中使用分类器来标记图像结果。

第 3 章帮助我们检测和识别人脸与猫脸，作为控制警报的一种手段。Ernst Stavro Blofeld[⊖]带着他的蓝眼睛安格拉猫回来了吗？

第 4 章帮助我们检测运动并识别动作，将其作为控制智能手机上猜谜游戏的一种手段。手机知道邦德为什么点头，即使其他人都不知道。

第 5 章帮助我们检测汽车头灯，对其颜色进行分类，估计与它的距离，并为驾驶员提供反馈。那辆车是在跟踪我们吗？

第 6 章帮助我们在纸上画一个迷宫中的球，并将其看成是智能手机上的一个物理模拟。物理和时间是一切！

第 7 章帮助我们放大实时视频中的运动，使人的心跳和呼吸变得清晰可见。

第 8 章帮助我们改进前一章的项目，采用专业相机进行高速、红外线或紫外线成像。超越人类视觉的极限！

附录 A 帮助我们解决在某些树莓派环境中影响 wxPython GUI 库的兼容性问题。

附录 B 帮助我们发现 OpenCV 的除本书项目中使用的功能之外的更多特征检测功能。

附录 C 帮助我们学习在 Python 环境中运行 Python 代码以及测试 OpenCV 的安装。

最佳配置

本书支持多种操作系统作为开发环境，包括 Windows 7 SP 1 或更高版本、macOS X 10.7（Lion）或更高版本、Debian Jessie、Raspbian、Ubuntu 14.04 或更高版本、Linux Mint 17 或更高版本、Fedora 28 或更高版本、Red Hat Enterprise Linux（RHEL）8 或更高版本、CentOS 8 或更高版本、openSUSE Leap 42.3、openSUSE Leap 15.0 或更高版本，以及 openSUSE Tumbleweed。

本书包含 6 个项目，需求如下：

- 这 6 个项目中有 4 个项目是在 Windows、macOS 或 Linux 上运行的，需要一个网络摄像头。这些项目可以选择使用树莓派或其他运行 Linux 的单板计算机。
- 一个项目在 Android 5.0（Lollipop）或更高版本上运行，需要一个前置摄像头（大多数 Android 设备都有）。

⊖ 邦德的宿敌。——编辑注

- 一个项目在 Android 4.1（Jelly Bean）或更高版本上运行，需要一个后置摄像头和重力传感器（大多数 Android 设备都有）。为了进行开发，需要一台 Windows 或 macOS 机器和价值约 95 美元的游戏开发软件。

有关所有需求库和工具的安装说明，以及树莓派的可选设置说明都将在本书介绍。

下载示例代码及彩色图像

本书的示例代码及所有截图和样图，可以从 http://www.packtpub.com 通过个人账号下载，也可以访问华章图书官网 http://www.hzbook.com，通过注册并登录个人账号下载。

本书的代码包也在 https://github.com/PacktPublishing/OpenCV-4-for-Secret-Agents-Second-Edition 的 GitHub 上托管。如果代码有更新，将在现有的 GitHub 库上进行更新。

About the Author 作者简介

约瑟夫·豪斯（Joseph Howse）和四只猫住在加拿大的一个渔村。一般的猫喜欢吃鱼，可是这四只猫却更喜欢吃鸡肉。

约瑟夫通过他的公司 Nummist Media 提供计算机视觉专业知识。他的著作包括 Packt 出版的 *OpenCV 4 for Secret Agents*、*OpenCV 3 Blueprints*、*Android Application Programming with OpenCV 3*、*iOS Application Development with OpenCV 3*、*Learning OpenCV 3 Computer Vision with Python*，以及 *Python Game Programming by Example*。

我要感谢读者——犹他州法明顿的丹和辛迪·戴维斯，他们分享了对本书第 1 版的热心，并告诉我他们在计算机视觉领域的冒险经历。感谢这两版书的编辑、技术评论员和营销人员，以及我在 Market Beat（萨尔瓦多）和通用汽车公司的同事们，他们对草稿提供了反馈。最重要的是，我要把本书献给我的家人，是他们的支持让本书成功出版。

审校者简介 About the Reviewers

Christian Stehno，2000年毕业于德国的奥尔登堡大学，主修计算机科学。毕业后，他在计算机科学的不同领域工作，先是在一家学术机构从事理论计算机科学的研究，后来在一家研究所转向嵌入式系统设计。2010年，他创办了自己的公司CoSynth，开发用于工业自动化的嵌入式系统和智能相机。此外，他是Irrlicht 3D引擎开发团队的一名长期成员。

Arun Ponnusamy是印度一家人工智能初创公司的计算机视觉研究工程师。他是一名终身学习者，热衷于图像处理、计算机视觉和机器学习，毕业于哥印拜陀的PSG技术学院，主修工程学。他的职业生涯始于MulticoreWare公司，在那里他在图像处理、OpenCV、软件优化和GPU计算上投入了大量的时间。

Arun对计算机视觉概念有清晰的理解，这让他能够在博客和会议上以直观的方式解释计算机视觉概念。他为计算机视觉创建了一个简洁而用户友好的开源Python库，名为cvlib。目前，他致力于物体检测、行为识别和生成网络的研究。

About the Translator 译者简介

刘冰，博士毕业于重庆大学，重庆邮电大学计算机科学与技术学院/人工智能学院教师，先后发表SCI/EI学术论文4篇，翻译出版程序设计、图像处理、计算机视觉等领域译著4部，编写教材5部，申请发明专利3项，参与主研国家级、省部级项目3项。荣获重庆邮电大学优秀班主任、优秀班导师、优秀青年教师等荣誉称号。

目　录 Contents

第二部分　追踪

第三部分 大揭秘

第一部分 Part 1

概　　述

建立一个多平台开发环境。将 OpenCV 与其他库进行集成，创建一个应用程序对 Web 图像进行分类。

这一部分包含前两章。

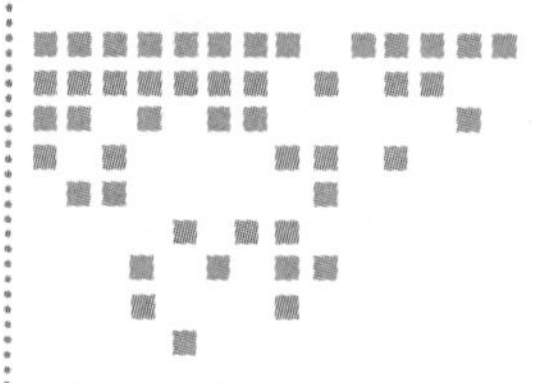

Chapter 1 第1章

任务准备

“工程师Q：先生，我多年来一直在说，我们的专用设备太陈旧了。现在，计算机分析展现出一种全新的方法：微型化。”

——《女王密使》(1969)

詹姆士·邦德不是一个普通的人。他乘潜水艇巡游，系着一条火箭皮带。他滑得实在是太好了！他总是有最新的东西，哪怕身陷窘境也毫无畏惧，这让工程师Q非常沮丧。

作为21世纪10年代的软件开发人员，我们目睹了各种新平台的爆炸式发展。在普通家庭应用中，我们可能会发现Windows、Mac、iOS和Android设备的身影。父母在用不同的平台办公。孩子有三个或五个游戏机（如果算上移动版本的话）。连刚学走路的幼儿也有跳蛙学习机。智能眼镜越来越便宜。

我们必须敢于尝试新的平台，并考虑用新方法来整合这些平台。毕竟，我们的用户是这样做的。

本书包含多平台开发，提供了一些奇异怪诞而又非常棒的应用程序，这些应用程序可以在意想不到的设备上进行部署。本书用到了各种计算机传感器，尤其是计算机视觉，这将我们身边那些普通的、混杂凌乱的设备赋予了新的生命。

在情报员007开始疯狂使用这些小工具之前，他有义务听一下Q的汇报。本章将扮演Q的角色，谈谈安装。

在本章结束时，你将获得用Python开发适用于Windows、Mac或Linux的OpenCV应用程序，以及用Java开发适用于Android的OpenCV应用程序的全部工具。你还将为成为树莓派单板计算机的新用户引以为傲（这个附加硬件是可选的）。你还将了解一些有关Unity（这是一个可以集成到OpenCV中的游戏引擎）的内容。具体来说，本章将介绍以下几种开发环境的安装方法：

- ❑ 在 Windows 上安装 Python 和 OpenCV。这包括可以选择用 CMake 和 Visual Studio 从源代码中配置和编译 OpenCV。
- ❑ 在 Mac 上安装 Python 和 OpenCV。这包括使用 MacPorts 或 Homebrew 作为一个包管理器。
- ❑ 在 Debian Jessie 上或在诸如 Raspbian、Ubuntu 或 Linux Mint 之类的其衍生平台上安装 Python 和 OpenCV。这包括高级包管理器（Advanced Package Tool，APT）的使用。另外，还包括用 CMake 和 GCC 从源代码中配置和编译 OpenCV。
- ❑ 在 Fedora 上或在其中一个衍生平台（如红帽企业 Linux（Rad Hat Enterprise Linux，RHEL）或 CentOS）上安装 Python 和 OpenCV。这包括 yum 包管理器的使用。
- ❑ 在 openSUSE 上安装 Python 和 OpenCV。这包括 yum 包管理器的使用。
- ❑ 在 Windows、Mac 或 Linux 上安装 Android Studio 和 OpenCV 的 Android 库。
- ❑ 在 Windows 或 Mac 上安装 Unity 和 OpenCV。
- ❑ 树莓派的安装。

如果你发现自己对本章的内容有一丝胆怯的话，那么请你放心，并不是所有的工具都是必需的，也没有一个项目会同时用到所有这些工具。尽管工程师 Q 和我都期待一次设置多个工具的重大事件，可是你却可以略读这一章，仅在我们的项目中需要某个工具时再回来逐个地了解这些内容。

1.1 技术需求

本章为“安装”章节。开始阅读本章时无须特别的先验知识。我们将跟随进度安装好所有工具。

在附录 C 中介绍了运行 Python 代码的基本说明。我们在 Python 环境中安装好 OpenCV 以后，你可能需要参阅该附录来了解如何对环境进行最小化测试。

1.2 安装开发机

我们可以在台式机、笔记本电脑、甚或简陋的树莓派上开发 OpenCV 应用程序（参见 1.5 节）。我们开发的大多数应用程序占用的内存都不会超过 128 兆字节，因此它们仍然可以在老旧电脑或是低性能机器上运行（尽管速度缓慢）。为了省时，最好先在最快的机器上开发，然后再在那些较慢机器上进行测试。

本书假设在你的开发机器上已安装了下列操作系统之一：

- ❑ Windows 7 SP 1 或更高版本
- ❑ Mac OS 10.7（Lion）或更高版本

- Debian Jessie 或更高版本，或下列衍生版本：
  - Raspbian 2015-09-25 或更高版本
  - Ubuntu 14.04 或更高版本
  - Linux Mint 17 或更高版本
- Fedora 28 或更高版本，或下列衍生版本：
  - RHEL 8 或更高版本
  - CentOS 8 或更高版本
- openSUSE Leap 42.3、openSUSE Leap 15.0 或更高版本，openSUSE Tumbleweed 或衍生版本。

其他类 Unix 系统也能够工作，但不在本书讨论范围之内。

你要准备一个 USB 网络摄像头及其必要的驱动程序。大多数网络摄像头都提供了在 Windows 和 Mac 上安装驱动程序的说明。通常，Linux 发行版包括 **USB 视频类（USB Video Class，UVC）** Linux 驱动程序，在 http://www.ideasonboard.org/uvc/#devices 中列出了它支持的许多网络摄像头。

我们将安装下列组件：

- 在 Mac 上，第三方包管理器将帮助我们安装库及这些库的依赖项。我们将使用 MacPorts 或 Homebrew。
- Python 开发环境——在本书编写期间，OpenCV 支持 Python 2.7、3.4、3.5、3.6 和 3.7 版本。本书中的 Python 代码支持所有这些版本。作为 Python 开发环境的一部分，我们将使用 Python 包管理器 pip。
- 流行的 Python 库，例如 NumPy（用于数值函数）、SciPy（用于数值和科学函数）、Requests（用于 Web 请求）、wxPython（用于跨平台的图形用户接口 GUI）。
- PyInstaller，一种跨平台的工具，用于将 Python 脚本、库和数据打包成可分发的应用程序，这样用户机就无须安装 Python、OpenCV 和其他的库了。就本书而言，创建可再分发的 Python 项目是一个可选的主题。我们将在第 2 章中介绍基础知识，但你需要自行测试和调试，因为 PyInstaller（与其他 Python 打包工具类似）在不同操作系统、Python 版本和库版本中所展示出的行为并不完全一致。PyInstaller 不能很好地支持树莓派或其他 ARM 设备。
- 我们还可以选择使用 C++ 开发环境从而从源代码编译 OpenCV。在 Windows 上，我们使用 Visual Studio 2015 或后续版本。在 Mac 上，我们使用 Xcode。在 Linux 上，我们使用标准 GCC 编译器。
- Python 支持 OpenCV 和 opencv_contrib（一组额外的 OpenCV 模块）的编译，并对某些桌面硬件进行优化。在编写本书时，OpenCV 4.0.x 是最新的稳定版本，我们的指令是为该版本量身定制的。但是，总的来说，本书中的代码也适用于之前的稳定版本 OpenCV 3.4.x，对于那些喜欢预先打包编译的用户来说，OpenCV 3.4.x 是更广泛使用的一个版本。

- OpenCV 的另一个版本支持 Java，并对某些 Android 硬件进行优化。在编写本书时，OpenCV 4.0.1 是最新的发布版本。
- Android 开发环境包括 Android Studio 和 Android SDK。
- 在 64 位 Windows 或 Mac 上，一个名为 Unity 的三维游戏引擎。

Android Studio 占用很大的内存，即使你希望用树莓派来开发桌面应用程序或 Pi 应用程序，但是开发 Android 应用程序仍需要使用更多的内存。

对于 Python 和 OpenCV 环境，让我们将安装过程分解为三组平台相关的步骤，对于 Android Studio 和 OpenCV 环境加上一组与平台无关的步骤，对于 Unity 和 OpenCV 环境再加上另一组与平台无关的步骤。

1.2.1 在 Windows 上安装 Python 和 OpenCV

在 Windows 上，我们可以选择安装 32 位开发环境（使应用程序同时兼容 32 位或 64 位 Windows）或 64 位开发环境（使优化后的应用程序只兼容 64 位 Windows）。OpenCV 适用于 32 位和 64 位版本。

我们还可以选择使用二进制安装程序，或从源代码编译 OpenCV。对于本书中的 Windows 应用程序而言，二进制安装程序足以满足我们的一切需求。但是，我们还讨论了从源代码进行编译的安装选项，因为这种方法可以让我们能够对其他属性（这些属性可能与你未来的工作有关或与其他书中的项目相关）进行配置。

不管如何获取 OpenCV，我们都需要一个通用的 Python 开发环境。我们将使用一个二进制安装程序来安装这个环境。从 http://www.python.org/getit/ 可以获得 Python 安装程序。下载并运行 Python 3.7 的最新修订版本（32 位版本或 64 位版本）。

默认情况下，要使用新安装的 Python 3.7 运行 Python 脚本，让我们来编辑一下系统的 Path 变量并添加 ;C:\Python3.7（假设你的 Python 3.7 安装在默认位置）。删除之前的所有 Python 路径，例如 ;C:\Python2.7。注销并重新登录（或重新启动）。

Python 自带一个名为 pip 的包管理器，它简化了安装 Python 模块及其依赖项的任务。打开命令行窗口输入并运行以下命令来安装 numpy、scipy、requests、wxPython 和 pyinstaller：

```
> pip install --user numpy scipy requests wxPython pyinstaller
```

现在，我们有一个选择，我们可以将 OpenCV 和 opencv_contrib 的二进制文件作为一个预编译的 Python 模块安装，我们也可以从源代码编译这个模块。要安装一个预编译模块，只需要运行如下命令：

```
> pip install --user opencv-contrib-python
```

或者，要从源代码编译 OpenCV 和 opencv_contrib，可以按照“在 Windows 上用 CMake 和 Visual Studio 编译 OpenCV”一节中的说明进行操作。

无论是安装预编译的 OpenCV 和 opencv_contrib 模块，还是从源代码编译 OpenCV 和 opencv_contrib 模块，我们都拥有了为 Windows 开发 OpenCV 应用程序所需的一切。如果要开发 Android 应用程序，我们还需要按照 1.3 节所述内容来安装 Andorid Studio。

在 Windows 上用 CMake 和 Visual Studio 编译 OpenCV

要从源码编译 OpenCV，我们需要一个通用的 C++ 开发环境。我们使用 Visual Studio 2015 或更高版本作为 C++ 开发环境。可以使用你购买的任意一个安装媒介，或访问 https://visualstudio. microsoft. com/downloads/，下载并运行下列安装程序之一：

- Visual Studio Community 2017，是免费的。
- Visual Studio 2017 付费版，有 30 天的免费试用期。

如果安装程序列出了可选的 C++ 组件，我们应该选择安装所有选项。安装程序运行完成后，重新启动。

OpenCV 使用了一组必须安装的名为 CMake 的编译工具。或者，我们可以选择安装一些第三方库来启用 OpenCV 中的额外功能。作为一个例子，让我们来安装 Intel **线程构建块**（Thread Building Block，TBB），OpenCV 可以利用 TBB 来优化多核 CPU 的一些功能。安装了 TBB 之后，我们将配置和编译 OpenCV。最后，我们将确保我们的 C++ 和 Python 环境能够找到我们编译的 OpenCV。

下面是详细的步骤：

1）从 https://cmake.org/download/ 下载并安装 CMake 的最新稳定版本。需要 CMake 3 或最新版本。即使我们使用的是 64 位库和编译器，32 位 CMake 也是兼容的。当安装程序询问更新 PATH 变量时，请选择“Add CMake to the system PATH for all users”或“Add CMake to the system PATH for current user”。

2）如果你的系统使用代理服务器访问网络，请定义两个环境变量：HTTP_PROXY 和 HTTPS_PROXY，这两个环境变量的值等于代理服务器的 URL，如 http://myproxy.com:8080。这就确保 CMake 可以使用代理服务器下载 OpenCV 的一些附加依赖。（如果你不确定，请不要定义这些环境变量。你可能没有使用代理服务器。）

3）从 http://opencv.org/releases.html 下载 OpenCV Win 包（选择最新版本）。下载的文件可能有一个 .exe 扩展名，但这实际上是一个自解压的 ZIP 文件。双击该文件，在出现提示时输入任意一个目标文件夹，我们将其命名为 <opencv_unzip_destination>，将创建一个子文件夹 <opencv_unzip_destination>/opencv。

4）从 https://github.com/opencv/opencv_contrib/releases 下载 opence_contrib 的 ZIP 包（选择最新版本）。将其解压到任意一个目标文件夹，并将其命名为 <opencv_contrib_unzip_destination>。

5）从 https://www.threadingbuildingblocks.org/download 下载 TBB 的最新稳定版本。它

同时包含了32位和64位二进制文件。将其解压到任意一个目标文件夹中，并将其命名为<tbb_unzip_destination>。

6）打开命令提示符。创建一个文件夹来保存我们的编译：

```
> mkdir <build_folder>
```

将目录更改为新创建的编译文件夹：

```
> cd <build_folder>
```

7）安装好依赖项之后，就可以配置OpenCV的编译系统了。要理解所有的配置选项，我们可以阅读<opencv_unzip_destination>/opencv/sources/CMakeLists.txt中的代码。但是，作为一个例子，我们将只使用包含Python绑定和通过TBB进行多处理的一个发行版编译的选项。

- 要为Visual Studio 2017创建一个32位的项目，请运行以下命令（用实际路径替换尖括号中的内容）

```
> CALL <tbb_unzip_destination>\bin\tbbvars.bat ia32 vs2017
> cmake -DCMAKE_BUILD_TYPE=RELEASE DWITH_OPENGL=ON -
DWITH_TBB=ON
-DOPENCV_SKIP_PYTHON_LOADER=ON
-DPYTHON3_LIBRARY=C:/Python37/libs/python37.lib
-DPYTHON3_INCLUDE_DIR=C:/Python37/include -
DOPENCV_EXTRA_MODULES_PATH="<opencv_contrib_unzip_destination>/
modules" -G "Visual Studio 15 2017"
"<opencv_unzip_destination>/opencv/sources"
```

- 或者，要为Visual Studio 2017创建一个64位的项目，请运行以下命令（用实际路径替换尖括号中的内容）

```
> CALL <tbb_unzip_destination>\bin\tbbvars.bat intel64 vs2017
> cmake -DCMAKE_BUILD_TYPE=RELEASE DWITH_OPENGL=ON -
DWITH_TBB=ON
-DOPENCV_SKIP_PYTHON_LOADER=ON
-DPYTHON3_LIBRARY=C:/Python37/libs/python37.lib
-DPYTHON3_INCLUDE_DIR=C:/Python37/include -
DOPENCV_EXTRA_MODULES_PATH="<opencv_contrib_unzip_destination>/
modules" -G "Visual Studio 15 2017 Win64"
"<opencv_unzip_destination>/opencv/sources"
```

- CMake将生成它是否找到依赖项的一个报告。OpenCV有很多可选的依赖项，所以不必担心缺少依赖项。但是，如果编译没有成功完成，请尝试安装这些缺少的依赖项（很多都可以作为预编译的二进制文件使用）。然后，重复该步骤。

8）现在我们的编译系统已配置好了，我们可以编译OpenCV了。在Visual Studio中打开<build_folder>/OpenCV.sln。选择“Release”配置并构建解决方案。（如果你选择了“Release”以外的其他编译配置，则可能会出现错误，因为大多数Python安装都不包含调试库）。

9）我们应该确保我们的 Python 安装不包括其他版本的 OpenCV。在 Python DLL 文件夹和 Python site-packages 文件夹中查找并删除所有 OpenCV 文件。例如，这些文件的路径可能与 C:\Python37\DLLs\opencv_*.dll, C:\Python37\Lib\sitepackages\opencv 和 C:\Python37\Lib\sitepackages\cv2.pyd 模式匹配。

10）最后，我们需要将 OpenCV 安装到 Python 和其他进程可以找到的一个位置。为此，右键单击 OpenCV 解决方案的“INSTALL”项目（位于 Visual Studio 的“Solution Explorer”面板）并对其进行编译。当这个编译完成后，退出 Visual Studio。编辑系统的 Path 变量并添加 ;<build_folder>\install\x86\vc15\bin（32 位编译）或 ;<build_folder>\install\x64\vc15\bin（64 位编译），这正是 OpenCV DLL 文件所在的位置。同样，添加 ;<tbb_unzip_destination>\lib\ia32\vc14（32 位）或 ;<tbb_unzip_ destination>\lib\intel64\vc14（64 位），这是 TBB DLL 文件所在的位置。注销并重新登录（或重新启动）。OpenCV 的 Python 模块位于诸如 C:\Python37\Lib\site-packages\cv2.pyd 之类的路径上。Python 可以找到路径所在的位置，因此你不需要再执行任何步骤。

如果你使用的是 Visual Studio 2015，那么请用 vs2015 替换 vs2017，用 Visual Studio 14 2015 替换 Visual Studio 15 2017，用 vc14 替换 vc15。但是要注意，对 TBB 而言，名为 vc14 的文件夹包含适用于 Visual Studio 2015 和 Visual Studio 2017 的 DLL 文件。

你或许想要查看 <opencv_unzip_destination>/opencv/sources/samples/python 中的代码示例。

此刻，我们已经准备好了为 Windows 开发 OpenCV 应用程序的所有内容。如果还要开发 Android 应用程序，我们需要安装 Android Studio，请参阅 1.3 节的内容。

1.2.2 在 Mac 上安装 Python 和 OpenCV

Mac 已经预先安装了 Python。但是，Apple 公司已经根据系统的内部需求对预先安装的 Python 进行了定制。通常，在 Apple 的 Python 上我们不应该安装任何库。如果我们安装了库，库很可能会在系统更新时中断，甚至更糟的是，我们安装的这些库很可能与系统所需要的预装库发生冲突。相反，我们应该安装标准的 Python 3.7，然后在其上安装我们所需要的库。

对于 Mac，有多种获取标准 Python 3.7 及其 Python 兼容库的方法，例如 OpenCV。最终，所有这些方法都需要使用 Xcode developer 工具从源代码编译某些组件。但是，根据我们选择的方法，编译这些组件的任务是由第三方工具以各种方式自动完成的。

首先，让我们设置 Xcode 和 Xcode 命令行工具，这些工具为我们提供了一个完整的 C++ 开发环境：

1）从 Mac 应用程序商店或 https://developer.apple.com/xcode/ 下载并安装 Xcode。如果

安装程序提供了安装命令行工具的一个选项，那么选中它。

2）打开 Xcode，如果出现许可协议，则选择接受。

3）如果还没有安装命令行工具，现在就必须安装这些命令行工具。转到“Xcode | Preferences | Downloads”，单击命令行工具旁边的“Install”按钮。等待安装完成。然后退出 Xcode。或者，如果你在 Xcode 中没有找到安装命令行工具的选项，那么打开终端并运行以下命令：

```
$ xcode-select install
```

现在，我们将研究使用 MacPorts 或 Homebrew 实现自动编译的方法。这两个工具都是包管理器，它们帮助我们解决依赖问题，并将开发库与系统库进行分离。

通常，我推荐 MacPorts。与 Homebrew 相比，MacPorts 为 OpenCV 提供了更多的修补程序和配置选项。另外，Homebrew 为 OpenCV 提供了更及时的更新。在编写本书时，Homebrew 为 OpenCV 4.0.1 提供了一个软件包，但 MacPorts 还停留在 OpenCV 3.4.3 版本。Homebrew 和 MacPorts 都可以与 Python 包管理器 pip 共存，尽管 MacPorts 还没有打包这个版本，但是我们仍可以使用 pip 来获得 OpenCV 4.0.1。通常，不应该在同一台机器上安装 MacPorts 和 Homebrew。

对于 Mac，我们的安装方法并没有给出 OpenCV 的示例项目。要获取这些示例，可从 https://opencv.org/releases.html 下载最新的源代码包，并解压到任意位置。在 <opencv_unzip_destination>/samples/python 中找到示例。

现在，可以根据你的个人喜好，开始选择性阅读 1.2.2.1 节或 1.2.2.2 节的内容。

1.2.2.1　Mac 上的 MacPorts

MacPorts 提供自动下载、编译和安装各种**开源软件**（Open Source Software, OSS）的终端命令。MacPorts 还根据需要安装这些依赖项。在一个名为 Portfile 的配置文件中定义了软件的每个部分、依赖项和编译方法。因此，一个 MacPorts 库就是一个 Portfiles 集合。

让我们从一个已安装了 Xcode 及其命令行工具的系统开始吧！下列步骤将通过 MacPorts 为我们提供一个 OpenCV 的安装方法。

1）从 http://www.macports.org/install.php 下载并安装 MacPorts。

2）打开终端，并运行以下命令来更新 MacPorts：

```
$ sudo port selfupdate
```

在出现提示时，输入你的密码。

3）运行以下命令，安装 Python3.7、pip、NumPy、SciPy 和 Requests：

```
$ sudo port install python37
$ sudo port install py37-pip
$ sudo port install py37-numpy
$ sudo port install py37-scipy
$ sudo port install py37-requests
```

4）Python 安装的可执行文件名为 python 3.7。要将默认的 Python 可执行文件链接到 Python3.7，并将默认的 pip 可执行文件链接到这个 Python pip 安装，让我们来运行以下命令：

```
$ sudo port install python_select
$ sudo port select python python37
$ sudo port install pip_select
$ sudo port select pip pip37
```

5）在编写本书时，MacPorts 只有 wxPython 和 PyInstaller 相对较低版本的包。让我们使用下面的 pip 命令安装最新的版本吧：

```
$ pip install --user wxPython pyinstaller
```

6）要检查 MacPorts 是否有一个 OpenCV 4 包，运行 $ port list opencv。在编写本书时，会输出下列信息：

```
opencv                          @3.4.3          graphics/opencv
```

- 这里，@3.4.3 表示 OpenCV 3.4.3 是 MacPorts 的最新可用包。但是，如果你的输出显示的是 @4.0.0 或更新的版本，那么你就可以用 MacPorts 配置、编译和安装 OpenCV 4，运行如下命令：

  ```
  $ sudo port install opencv +avx2 +contrib +opencl +python37
  ```

- 通过在命令中添加 +avx2 +contrib +opencl +python37，我们指定希望 opencv 变体（编译配置）具有 AVX2 CPU 优化、open_contrib 附加模块、OpenCL GPU 优化和 Python3.7 绑定。要在安装前查看可用变体的完整列表，可以输入以下内容：

  ```
  $ port variants opencv
  ```

- 根据我们的自定义需求，我们可以将其他变体添加到 install 命令。
- 另一方面，如果 $ port list opencv 的输出显示 MacPorts 还没有 OpenCV 4 包，我们可以用 pip 代替安装 OpenCV 4 和 opencv_contrib 附加模块，运行下列命令：

  ```
  $ pip install --user opencv-contrib-python
  ```

现在，我们已经拥有了为 Mac 开发 OpenCV 应用程序所需的一切内容。同样，要为 Android 开发应用程序，我们需要安装 Android Studio，我们将会在 1.3 节中介绍 Android Studio。

1.2.2.2 Mac上的Homebrew

与MacPorts类似，Homebrew也是一个包管理器，提供终端命令自动下载、编译和安装各种开源软件。

下面我就从一个已经安装了Xcode及其命令行工具的系统开始，下列步骤将为我们提供一个通过Homebrew安装OpenCV的方法：

1）打开终端，运行如下命令，安装Homebrew：

```
$ /usr/bin/ruby -e "$(curl -fsSL
https://raw.githubusercontent.com/Homebrew/install/master/install)"
```

2）与MacPorts不同的是，Homebrew不会自动将其可执行文件放入PATH中。为此，创建或编辑~/.profile文件，并在首行添加下列内容：

```
export PATH=/usr/local/bin:/usr/local/sbin:$PATH
```

- 保存文件，运行如下命令，刷新PATH：

  ```
  $ source ~/.profile
  ```

- 注意，现在Homebrew安装的可执行文件比系统安装的可执行文件具有更高的优先权。

3）查看Homebrew的自检报告，运行以下命令：

```
$ brew doctor
```

遵照给出的所有故障排除建议。

4）现在，更新Homebrew：

```
$ brew update
```

5）运行以下命令，安装Python 3.7：

```
$ brew install python
```

6）现在，我们可以使用Homebrew安装OpenCV以及包括NumPy在内的依赖项了。运行如下命令：

```
$ brew install opencv --with-contrib
```

7）同样的，运行如下命令安装SciPy：

```
$ pip install --user scipy
```

8）在编写本书时，Homebrew还没有requests包和pyinstaller包，并且它的wxPython包也是一个相对较低的版本，因此我们将使用pip来安装这些模块。运行以下命令：

```
$ pip install --user requests wxPython pyinstaller
```

现在，我们已经具备为Mac开发OpenCV应用程序所需的一切内容。同样，要开发Android应用程序，我们需要安装Tegra Android开发包（Tegra Android Development

Pack，TADP)，我们会在后文中介绍。

1.2.3 在 Debian Jessie 及其衍生系统(包括 Raspbian、Ubuntu 和 Linux Mint)上安装 Python 和 OpenCV

有关安装 Raspbian 操作系统的相关内容，可参阅 1.5 节。

在 Debian Jessie、Raspbian、Ubuntu、Linux Mint 及其衍生系统上，Python 事先安装好的可执行文件是 Python 2.7。我们可以使用系统包管理器 apt 安装标准库中的 NumPy、SciPy 和 Request。要更新 apt 包索引并安装这些包，请在终端下运行以下命令：

```
$ sudo apt-get update
$ sudo apt-get install python-numpy python-scipy python-requests
```

标准库中 wxPython 包的最新版各不相同，这取决于具体的操作系统。在 Ubuntu 14.04 及其衍生版本（包括 Linux Mint 17）上，包的最新版本是 wxPython 2.8。运行以下命令进行安装：

```
$ sudo apt-get install python-wxgtk2.8
```

在 Ubuntu 18.04 及其更高版本，以及 Linux Mint 19 等衍生系统上，包的最新版本是 wxPython 4.0。运行如下命令进行安装：

```
$ sudo apt-get install python-wxgtk4.0
```

在 Debian Jessie 系列的大多数其他系统上，wxPython 3.0 是包的最新版本。运行如下命令进行安装：

```
$ sudo apt-get install python-wxgtk3.0
```

标准库中没有提供 PyInstaller 包。让我们使用 Python 自带的包管理器 pip 来获取 PyInstaller。首先，要确认安装了 pip，运行以下命令：

```
$ sudo apt-get install python-pip
```

现在，运行以下命令，安装 PyInstaller。

```
$ pip install --user pyinstaller
```

标准库包含了一个 python-opencv 包，但却是一个较低版本（3.2.0 或更低版本，这取决于操作系统)，并且缺少 opencv_contrib 模块，因此就缺少了本书中会用到的一些功能。因此，我们既可以选择使用 pip 来获取拥有 opencv_contrib 模块的 OpenCV 4，也可以从源代码构建 OpenCV 4。想要用 pip 安装 OpenCV 4 的预编译版本和 opencv_contrib 模块，请运行以下命令：

```
$ pip install --user opencv-contrib-python
```

如果你喜欢使用 Python 3 的可执行文件，即 Python 3.4 或更高版本（取决于操作系统），请修改上述指令中的所有 apt-get 命令，用 python 3-numpy 之类的包名替换 python-numpy 之类的包名。同样，用 pip3 命令替换 pip 命令。

或者，想要从源代码编译 OpenCV 和 opencv_contrib，可按“用 CMake 和 GCC 在 Debian Jessie 及其衍生系统上编译 OpenCV”一节中的指令进行操作。

无论是安装了预编译的 OpenCV 和 opencv_contrib 模块，还是从源代码编译，在这之后，我们就具备了为 Debian Jessie 或衍生系统开发 OpenCV 应用程序所需的一切内容。同样，想要开发 Android 应用程序，我们需要安装 Android Studio，请参考 1.3 节。

用 CMake 和 GCC 在 Debian Jessie 及其衍生系统上编译 OpenCV

要从源代码编译 OpenCV，我们需要一个通用的 C++ 开发环境。在 Linux 上，标准的 C++ 开发环境包含 g++ 编译器和 Make 构建系统，其中 Make 构建系统以一个 Makefile 文件格式定义构建指令。

OpenCV 使用一组名为 CMake 的构建工具，该构建工具自动使用 Make、g++ 以及其他工具。我们需要安装 CMake 3 或一个更新的版本。此外，我们还将安装几个第三方库。其中一些是标准 OpenCV 特性所必需的，还有一些是可选的、用于支持一些额外特性的依赖项。

作为一个例子，让我们安装下面这些可选依赖项：

- libdc1394：这是一个以编程方式控制 IEEE 1394（火线）摄像头的库，这在工业应用领域中很常见。OpenCV 可以利用这个库从这些摄像头采集照片或视频。
- libgphoto2：这是一个通过有线或无线连接以编程方式控制摄像机的库。libphoto2 库支持大量来自于佳能、富士、徕卡、尼康、奥林巴斯、松下、索尼和其他厂商的摄像机。OpenCV 可以利用这个库从这些摄像机采集照片和视频。

在安装完这些依赖项之后，我们将配置、编译、安装 OpenCV。详细步骤如下：

1）在 Ubuntu 14.04 及其衍生版本（包括 Linux Mint 17）上，标准库中的 cmake 包是 CMake 2，这对于我们的目标来说太过陈旧。我们需要确保没有安装 cmake 包，然后我们需要安装 cmake 3 包以及其他必要的开发和打包工具。要完成这些，请运行以下命令：

```
$ sudo apt-get remove cmake
$ sudo apt-get install build-essential cmake3 pkg-config
```

在 Ubuntu 的最新版本及其衍生版本以及 Debian Jessie 上，cmake 3 包并不存在，而 cmake 就是 CMake 3。运行下列命令安装 cmake 及其他必要的开发和打包工具：

```
$ sudo apt-get install build-essential cmake pkg-config
```

2）如果你的系统使用代理服务器访问网络，那么定义两个环境变量：HTTP_PROXY

和 HTTPS_PROXY，它们的值等于代理服务器的 URL，例如 http://myproxy.com:8080。这样确保 CMake 可以使用代理服务器为 OpenCV 下载一些附加依赖项。（如果不确定，不要定义这两个环境变量。你可能没有使用代理服务器。）

3）运行以下命令安装 OpenCV 的依赖项，这些依赖项用于 Python 绑定以及从 Video-4Linux（V4L）兼容摄像头进行视频采集（包含大多数网络摄像头）。

```
$ sudo apt-get install python-dev libv4l-dev
```

如果你更喜欢用 Python 3，那么在上述命令中用 Python 3-dev 替换 python-dev。

4）运行下列命令，安装可选的 OpenCV 依赖项：

```
$ sudo apt-get install libdc1394-22-dev libgphoto2-dev
```

5）从 http://opencv.org/releases.html 下载 OpenCV 源代码的 ZIP 压缩包（选择最新版本）。解压至任意一个目标文件夹中，我们将其命名为 <opencv_unzip_destination>。

6）从 https://github.com/opencv/opencv_contrib/releases 下载 opence_contrib 的一个 ZIP 压缩包（选择最新版本）。解压至任意一个目标文件夹中，我们将其命名为 <opencv_contrib_unzip_destination>。

7）打开命令提示符。创建一个文件夹用以存储我们的编译：

```
$ mkdir <build_folder>
```

将目录更改为新创建的编译文件夹：

```
$ cd <build_folder>
```

8）安装完我们的依赖项后，现在我们来配置 OpenCV 的构建系统。要想理解所有配置选项，我们可以阅读 <opencv_unzip_destination>/opencv/sources/CMakeLists.txt 中的代码。但是，作为一个示例，我们将只用到一个发布构建的选项，包含 Python 绑定、支持 OpenGL 互操作性以及支持附加摄像头类型和视频类型。要使用 Python 2.7 绑定为 OpenCV 创建 Makefiles，运行以下命令（但要用实际路径替换尖括号及其中的内容）：

```
$ cmake -D CMAKE_BUILD_TYPE=RELEASE -D BUILD_EXAMPLES=ON -D
WITH_1394=ON
-D WITH_GPHOTO2=ON -D BUILD_opencv_python2=ON
-D PYTHON2_EXECUTABLE=/usr/bin/python2.7
-D PYTHON_LIBRARY2=/usr/lib/python2.7/config-x86_64-linux-
gnu/libpython2.7.so -D PYTHON_INCLUDE_DIR2=/usr/include/python2.7 -
D BUILD_opencv_python3=OFF
-D
OPENCV_EXTRA_MODULES_PATH=<opencv_contrib_unzip_destination>/module
s <opencv_unzip_destination>
```

或者，要使用 Python 3 绑定为 OpenCV 创建 Makefiles，运行以下命令（用实际路径替换尖括号及其中的内容，并且如果你的 Python 3 的版本不是 3.6 的话，用你的实际版本号替换 3.6)：

```
$ cmake -D CMAKE_BUILD_TYPE=RELEASE -D BUILD_EXAMPLES=ON -D
WITH_1394=ON -D WITH_GPHOTO2=ON -D BUILD_opencv_python2=OFF
-D BUILD_opencv_python3=ON -D PYTHON3_EXECUTABLE=/usr/bin/python3.6
-D PYTHON3_INCLUDE_DIR=/usr/include/python3.6
-D PYTHON3_LIBRARY=/usr/lib/python3.6/config-3.6m-x86_64-linux-
gnu/libpython3.6.so -D
OPENCV_EXTRA_MODULES_PATH=<opencv_contrib_unzip_destination>
<opencv_unzip_destination>
```

9）运行以下命令，用 Makefiles 指定的方式编译并安装 OpenCV：

```
$ make -j8
$ sudo make install
```

现在，我们已经具备了为 Debian Jessie 及其衍生系统开发 OpenCV 应用程序所需的一切内容了。同样，要为 Android 开发应用程序，我们还需要安装 Android Studio，在 1.3 节中有介绍。

1.2.4 在 Fedora 及其衍生系统（包括 RHEL 和 CentOS）上安装 Python 和 OpenCV

在 Fedora、RHEL 和 CentOS 上，预先安装的 Python 可执行文件是 Python 2.7。我们可以使用系统包管理器 yum 安装标准库的 Numpy、SciPy、Requests 和 wxPython。要完成这一安装过程，请打开终端并运行以下命令：

```
$ sudo yum install numpy scipy python-requests wxPython
```

标准库并没有提供一个 PyInstaller 包。相反，我们使用 Python 自己的包管理器 pip 来获取 PyInstaller。首先，要确保已安装了 pip，请运行以下命令：

```
$ sudo yum install python-pip
```

现在，运行下面的命令，安装 PyInstaller。

```
$ pip install --user pyinstaller
```

标准库中包含了一个 opencv 包，而且这个包还包括了 opencv_contrib 模块和 Python 绑定，但却是一个较低版本（3.4.4 或更低版本，取决于具体的操作系统）。因此，我们想使用 pip 获得 OpenCV4 和 opencv_contrib 模块。运行以下命令：

```
$ pip install --user opencv-contrib-python
```

如果你更喜欢使用 python 3 可执行文件，不管是 Python 3.6 还是 3.7（取决于具体的操作系统），需将上述 pip 命令用 pip3 命令替换。你不需要修改 yum 命令，因为像 numpy 之类的相关包已经包括了 Python 2 和 Python 3 的子包。

现在，我们已经具备了在Fedora及其衍生系统上开发OpenCV应用程序所需的一切内容。同样，要想为Android开发应用程序，我们需要安装Android Studio，在1.3节将对其进行介绍。

1.2.5 在openSUSE及其衍生系统上安装Python和OpenCV

在openSUSE上，预先安装的python可执行文件是Python2.7。我们可以使用系统包管理器yum安装标准库的NumPy、SciPy、Requests和wxPython。要完成这一安装，请打开终端并运行以下命令：

```
$ sudo yum install python-numpy python-scipy python-requests python-
wxWidgets
```

尽管openSUSE和Fedora都使用yum包管理器，但是它们所使用的标准库却是不同的，并且包的名称也是不一样的。

标准库没有提供PyInstaller包。作为替代，我们可以使用Python自带的包管理器pip来获取PyInstaller。首先，确保已安装好了pip，请运行以下命令：

```
$ sudo yum install python-pip
```

现在，通过运行以下命令，安装PyInstaller：

```
$ pip install --user pyinstaller
```

标准库包含一个python2-opencv包（以及Python 3的一个python3-opencv包），但这是OpenCV的一个较低版本（3.4.3或更低版本，取决于具体的操作系统）。因此，我们想要使用pip来获取OpenCV 4以及opencv_contrib模块。运行以下命令：

```
$ pip install --user opencv-contrib-python
```

如果你更喜欢使用Python 3可执行文件，无论是Python 3.4，还是3.6，或是3.7（这取决于具体的操作系统），请将上述pip命令替换为pip 3命令。你并不需要修改yum命令，因为像python-numpy之类的相关包已经包含了Python 2和Python 3的子包。

现在，我们已经具备了为openSUSE及其衍生系统开发OpenCV应用程序所需的一切内容。接下来，我们需要按照跨平台步骤来安装一个Android开发环境。

1.3 安装Android Studio和OpenCV

Android Studio是Google官方为Android应用程序开发推出的一款**集成开发环境**（Integrated Development Environment, IDE）。自从2014年第一个稳定版本发布以来，

Android Studio 越来越受欢迎，并且已经取代了 Eclipse，成为 Android 开发人员首选的 IDE。虽然 OpenCV 的一些文档仍然包含 Eclipse 中有关 Android 开发的过时教程，但是目前 OpenCV 的 Android 库和 Android 示例项目主要用于 Android Studio。

在 https://developer.android.com/studio/install 上 Google 提供了有关 Android Studio 安装的一个很好的跨平台教程。请阅读教程中与你的操作系统相关的内容。

从 https://opencv.org/releases.html 下载 OpenCV Android 包的最新版本。将其解压到任意一个目标文件夹，我们将该目标文件夹命名为 <opencv_android_pack_unzip_destination>。这个文件夹有两个子文件夹：

- <opencv_android_pack_unzip_destination>/sdk 包含了 openCV4Android SDK。这个子文件夹由 Java 或 C++ 库以及编译指令组成，我们可以将这些内容导入到 Android Studio 项目中。
- <opencv_android_pack_unzip_destination>/samples 包含了可以在 Android Studio 中进行编译的示例项目。但是，在 OpenCV 4.0.1 中这些示例已经过时了。在 Android 6.0 或更高版本上，这些示例都无法访问摄像头，因为它们在运行时没有以所需的方式请求用户权限。

至此，我们已经获得了 OpenCV Android 应用程序开发环境的核心组件。接下来，让我们来看一看 Unity，它是可以部署到 Android 和其他平台的一个游戏引擎。

1.4　安装 Unity 和 OpenCV

Unity（https://unity3d.com）是一个三维游戏引擎，支持 64 位 Windows 或 Mac 上的开发，并可以部署到许多平台（包括 Windows、Mac、Linux、iOS、Android、WebGL 以及一些游戏机）上。在我们的一个项目中，我们将使用 Unity 以及由 Enox 软件公司开发的一个名为 OpenCV for Unity 的插件（http://enoxsoftware.com/）。Unity 项目的主要编程语言是 C#，而 OpenCV for Unity 插件提供了一个 C# 的 API（应用程序接口），该 API 是在 Android 的 OpenCV Java API 上建模的。

Unity 有三个版本的授权计划：个人版、加强版和专业版，它们都支持我们想要使用的插件。不同版本适用于不同规模的公司，这些在 http://store.unity.com 许可证页面均有描述。个人版许可是免费的。加强版和专业版许可都有订购费用。如果你还不是 Unity 的订阅者，你可以等到准备开始第 6 章项目的工作时再进行订购。一旦你准备好了，从 http://store.unity.com 获取你的许可，然后从 http://unity3d.com/get-unity/download 下载 Unity Hub。Unity Hub 是一个管理 Unity 许可证和安装的应用程序。使用 Unity Hub 在你的操作系统上安装 Unity。你可以从 Unity 资源商店（位于 http://assetstore.unity.com/packages/tools/integration/opencv-for-unity-21088）购买用于 OpenCV for Unity 插件，我们在第 6 章建立 Unity 项目时，将详细介绍如何获取插件。

在安装 Unity 前，我们可以从 https://unity3d.com/unity/demos/ 的演示中获得一些灵感。这些演示包括有关开发过程的视频、文章，在某些情况下，还包括可供不同平台下载的可玩游戏。这些演示还包括了源代码以及可以在 Unity 中打开的艺术资源。安装好 Unity 以后，我们可以学习这些演示项目以及其他演示项目。查看 http://unity3d.com/learn/resources/downloads 上可供下载的资源，还可以查看 https://unity3d.com/learn 上的教程、视频和文档。

正如你所看到的，有许多官方资源是为 Unity 初学者准备的，所以，我希望你现在可以自己去浏览一下这些资源。

1.5 安装树莓派

树莓派是一种廉价的、低功耗的**单板计算机**（Single-Board Computer, SBC）。可以将树莓派用作一台桌面电脑、一个服务器，或控制其他电子设备的一个嵌入式系统。Pi 有几种型号。目前，旗舰版是约 35 美元的 3B+ 型号[㊀]。与其他型号相比，它拥有更快的 CPU、更多的内存、更迅捷的以太网端口，因此无论是依赖于本地计算资源还是依赖于云端，它都是计算机视觉实验的一个理想选择。但是，其他型号也可以用于计算机视觉项目。

有几种操作系统可供树莓派使用。我们将使用 Raspbian，这是 Debain Stretch 到 ARM（一个主要的 Linux 发行版）的一个端口。

从 http://downloads.raspberrypi.org/raspbian_latest 下载最新版的 Raspbian 磁盘镜像。你无须解压下载的文件。在编写本书时，这个 ZIP 文件名为 2018-11-13-raspbianstretch.zip。因为你的文件名可能不同，我们把这个文件命名为 <raspbian_zip>。

<raspbian_zip> 文件包含一个磁盘镜像，我们需要将这个文件刻录到一个容量至少为 4G 的 SD 存储卡（最好是 8GB 或更大容量的 SD 卡，以便有足够的空间容纳 OpenCV 以及我们的项目）。写入过程中，卡上的所有现存数据都将丢失。要刻录 SD 卡，可以使用一个名为 Etcher 的跨平台、开源应用程序。从 http://www.balena.io/etcher/ 下载并安装它（安装程序可用于 Windows 或 Mac。或者，可移植应用程序可用于 Windows、Mac 或 Linux）。插入一个 SD 卡，打开 Etcher。你将看到如图 1-1 所示的窗口。

Etcher 的用户界面如此清晰明了，就连詹姆斯·邦德也很难从中找出歧义。单击“Select image”按钮，选择 <raspbian_zip>。单击“Select drive”按钮，选择你的 SD 驱动器。单击“Flash !”按钮，将镜像刻录到 SD 卡。等待刻录过程结束。退出 Etcher 并弹出 SD 卡。

现在，让我们将注意力转向树莓派的硬件。确认断开了树莓派的微型 USB 电源线。连接一个 HDMI 显示器或电视、USB 键盘、USB 鼠标，以及（可选的）以太网电缆。然后，

㊀ 在翻译本书时，树莓派 4 刚刚发布上市。——译者注

将 SD 卡牢牢地插入 Pi 底部的槽中。连接 Pi 电源线。Pi 应当从 SD 卡启动。在第一次启动期间，文件系统将会扩展到填满整个 SD 卡[⊖]。在 Raspbian 桌面第一次出现的时候，系统将显示一系列的设置对话框。按照对话框中的说明设置你的登录密码，选择一个适当的地区、时区和键盘。Raspbian 默认为 UK 键盘布局，如果你使用的是 US 或其他键盘布局，就会出现问题。如果你现在已经接入了互联网，你还可以使用设置对话框执行系统更新。

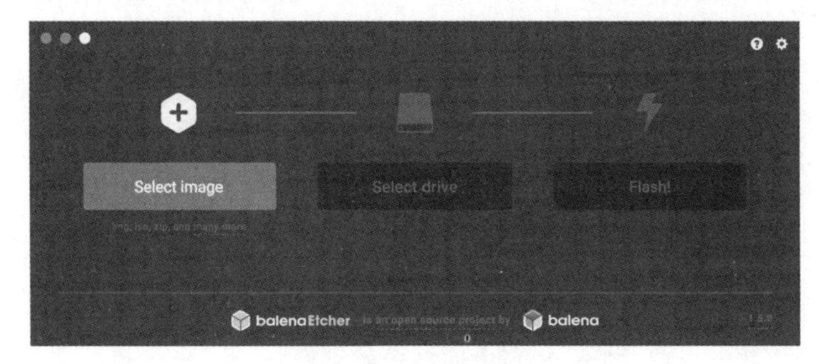

图 1-1 Etcher 用户界面

设置完成后，不妨花点时间欣赏一下 Raspbian 的桌面壁纸，浏览一下系统的无限视野，就像作者在图 1-2 中所做的那样。

图 1-2 欣赏 Raspbian 的桌面壁纸，浏览系统的无限视野

在其核心（或种子）中，Raspbian 只是一个拥有 LXDE 桌面和一些专用开发工具的 Debian Linux 系统。如果你本来就熟悉 Debian 或诸如 Ubuntu 之类的衍生系统，你应该有宾至如归的感觉。否则，你可能想要浏览一下发布在树莓派官网（https://www.raspberrypi.org/help/）上的针对初学者的文档和指南。

现在，作为一个练习，让我们利用**虚拟网络计算**（Virtual Network Computing，VNC）共

⊖ 如果你的 SD 卡容量大于 4G 时，且 Raspbian 版本为 Stretch 或更高版本。——译者注

享我们的 Raspbian 桌面，这样我们就能够在 Windows、Mac 或 Linux 机器上操控 Raspbian 了。

在 Pi 上，首先，我们需要确定本地网络地址，我们将其命名为 <pi_ip_address>。打开 LXTerminal，运行下面的命令：

```
$ ifconfig
```

输出应该包含一条类似于 inetaddr:192.168.1.93 的开头行，尽管这些数字可能会有所不同。在本例中，<pi_ip_address> 是 192.168.1.93。

现在，我们需要运行以下命令，在 Pi 上安装一个 VNC 服务器：

```
$ sudo apt-get install tightvncserver
```

要启动服务器，运行以下命令：

```
$ tightvncserver
```

在出现提示时，输入一个密码，其他用户必须要输入密码才能连接到这个 VNC 服务器上。稍后，如果你想要更改密码，运行下面这条命令：

```
$ vncpasswd
```

除非 Pi（或它所连接的以太网套接字）有一个静态 IP 地址，否则每次重启时地址都可能会改变。因此，在每次重启时，我们需要再次运行 ifconfig 来确认新的地址。此外，重启之后，还需要运行 tightvncserver 来重新启动 VNC 服务器。有关如何在 Pi 上设置静态 IP 地址并在启动时自动运行 tightvncserver 的相关说明，可以在 http://www.neil-black.co.uk/raspberrypi/raspberry-pi-beginners-guide/ 上查看 Neil Black 的在线树莓派初学者指南。

现在，在同一局域网的另一台机器上，我们可以通过一个 VNC 客户端来访问 Pi 的桌面了。这些步骤与使用的平台有关，步骤如下：

1）在 Windows 上，从 https://www.realvnc.com/download/ 下载 VNC Viewer 客户端。将其解压到任意一个目标文件夹，并且运行可执行文件（如 VNC-Server-6.4.0-Windows.exe），这个文件在解压后的文件夹中可以找到。在 VNC server 服务器端的字段中输入 vnc://<pi_ip_address>:5901，然后单击“Connect”按钮。当有提示信息出现时，输入之前创建的 VNC 密码。

2）在 Mac 上，打开 Safari，然后在地址栏中输入 vnc://<pi_ip_address>:5901。应该会出现一个“Connect to Shared Computer”窗口。单击“Connect”按钮。当有提示信息出现时，输入之前创建的 VNC 密码。

3）通常，Ubuntu 自带了一个名为 Vinagre 的 VNC 客户端。但是，如果我们还没有 Vinagre，在终端运行以下命令，我们可以在 Ubuntu 或任意一个基于 Debian 的系统上安装 Vinagre：

```
$ sudo apt-get install vinagre
```

打开 Vinagre（可能会在系统的应用程序菜单或启动程序中作为**远程桌面浏览器**（Remote Desktop Viewer，RDV）列出）。单击工具栏上的“Connect”按钮。在 Host 字段中输入 vnc://<pi_ip_address>:5901。单击右下角的“Connect”按钮。

现在，你应该知道如何准备和驾驭 Pi 了。

安装树莓派摄像头模块

Raspbian 支持大多数立刻可用的 USB 网络摄像头。而且，Raspbian 还支持下列**摄像头串行接口**（Camera Serial Interface，CSI）摄像头，这种摄像头提供更快的传输速度。

- **树莓派摄像头模块**：一个 RGB 摄像头要 25 美元[1]。
- Pi NoIR：这是一款售价 30 美元的同款摄像头，拥有可移除红外滤光片，这样它不仅可以感知可见光，而且还可以感知红外光谱中最接近可见光的部分——**近红外**（Near Infrared，NIR）。

与 USB 网络摄像头相比，摄像头模块或 NoIR 可以达到足够高的帧率，这增加了我们在 Pi 上实现交互式计算机视觉的可能性。因此，我推荐大家购买这些 Pi 专用的 CSI 摄像头。但是，与其低廉的价格相对应的是，它们的色彩还原效果很差，自动曝光效果一般，而且焦距是固定的。

如果还在犹豫不决，那还是选择树莓派摄像头模块，不要选择 NoIR 了，因为根据拍摄的对象和光线的不同，近红外对视觉不会起到辅助作用，只会干扰视觉效果。

有关安装树莓派摄像头模块或 NoIR 的细节，请参阅官方教程 http://www.raspberrypi.org/help/camera-module-setup/。硬件安装好后，你就需要配置 Raspbian 以使用摄像头了。从 Raspbian 的启动菜单，选择“Preferences | Raspbian Pi Configuration”，如图 1-3 所示。

弹出“Raspberry Pi Configuration”窗口。找到“Interfaces”选项卡，选择“Camera: Enable”，如图 1-4 所示。

单击“OK”按钮，当出现提示时，重启系统。

编写本书时，摄像头模块和 NoIR 与 OpenCV 不能立即工作。我们需要加载一个内核模块，通过 Video for Linux 2（V4L2）驱动程序增加对摄像头的支持。要在单个会话中执行此操作，请在终端运行以下命令[2]：

```
$ sudo modprobe bcm2835-v4l2
```

或者，在每次启动时就加载这个内核模块，运行以下命令，就会将模块添加到“/etc/modules”文件中：

[1] 国产的兼容摄像头大约是 25 人民币。——译者注

[2] 命令中的 v4l2 中的 l 是字母 L 的小写而不是数字 1，这让很多初试者找不到配置失败的原因。——译者注

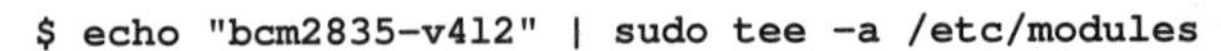

```
$ echo "bcm2835-v4l2" | sudo tee -a /etc/modules
```

图 1-3 启动 Raspbian 配置选项

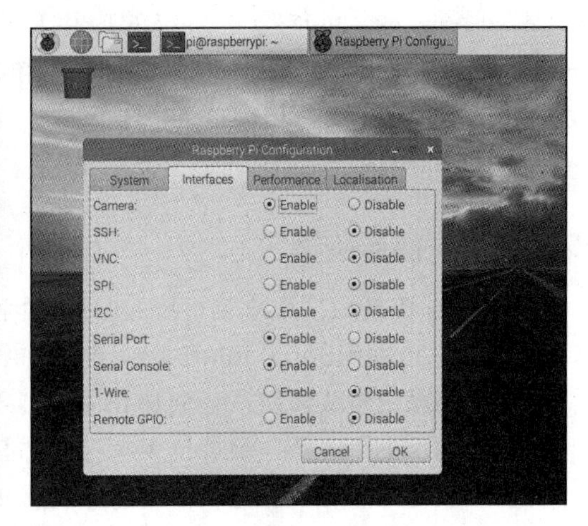

图 1-4 树莓派配置窗口

Raspbian 的未来版本（2018-11-13 以后的版本）可能会预先配置，以使用这个内核模块。你可以编辑“/etc/modules”，查看“bcm2835-v4l2”是否已经在此列出。

再次重启系统，以便加载这个内核模块。现在，我们可以使用 Camera 模块或 NoIR 与任意一个支持 V4L2 驱动程序（包括 OpenCV）的摄像头软件。

1.6 查找 OpenCV 文档、帮助和更新

OpenCV 的文档是在线的，网址为 http://docs.opencv.org/master/。文档包括最新的 OpenCV C++ API 及其最新的 Python API（基于 C++ API）的一个组合 API。最新 Java API 文档也是在线的，网址为 http://docs.opencv.org/master/javadoc/。

如果文档还无法回答你的问题，试着去 OpenCV 社区搜索一下。下面这些网站是提问、回答和分享经验的好地方。

- OpenCV 官方论坛——http://answers.opencv.org/questions/。
- PyImageSearch 网站，Adrian Rosebrock 在这里讲授计算机视觉和机器学习——http://www.pyimagesearch.com/。
- 本书作者编写的 OpenCV 书籍的支持网站——http://nummist.com/opencv/。

最后，如果你是一位高级用户，想要尝试最新版本（不稳定版本）OpenCV 源代码中的新特性、错误调试和样例脚本，可以查看 http://github.com/opencv/opencv/ 上的项目库，以及 http://github.com/opencv/opencv_contrib/ 上的 opencv_contrib 模块库。

1.7 树莓派的替代产品

除了树莓派以外，许多其他低成本的单板计算机（SBC）也非常适合运行各类桌面Linux发行版和OpenCV应用程序。树莓派3代提供了一个四核ARMv8处理器以及1GB内存。但是，一些有竞争力的单板计算机（SBC）提供8核ARM处理器以及2GB的内存，可以实时运行一些更为复杂的计算机视觉算法。另外，不同于目前的任何一种Pi机型，一些竞争者还提供了USB 3.0接口[㊀]，支持范围广泛的高分辨率或高速摄像头。与这些优势相伴的是更高的价格和更高的功耗。下面列出一些示例：

- Odroid XU4（http://www.hardkernel.com/shop/odroid-xu4-special-price/）：一个8核、2GB内存，搭载USB 3.0接口的单板计算机。它可以运行Ubuntu及其他Linux发行版。在编写本书时，Odorid上的促销价格是49美元。
- 香蕉派（Banana Pi）M3（http://www.banana-pi.org/m3.html）：一个8核、2GB内存，搭载了一个SATA接口可接入高速存储设备的单板计算机。它与许多树莓派配件都是兼容的，并且可以运行Ubuntu、Raspbian以及其他Linux发行版本。如果直接从工厂订购，价格通常在75美元左右。
- 橙子派（Orange Pi）3代（http://www.orangepi.org/Orange%20Pi%203/）：一个4核单板机，搭载了2GB内存和USB 3.0接口。它可以运行Ubuntu和其他Linux发行版本。如果直接从工厂订购，价格一般在40美元左右。

如果你想要分享你使用单板计算机开发计算机视觉项目的经验，请给我来信josephhowse@nummist.com。我会将其发布到社区智库中（http://nummist.com/opencv/）。

1.8 本章小结

所有的内容全都安装、设置好了！现在，我们拥有了一组多样化的开发工具，可以在许多不同环境下探索OpenCV。另外，万一有人让我们匆忙完成一个项目的话，学习一些有关应用程序框架的知识并将这些应用程序框架全部安装、设置好没有任何坏处。

记住，詹姆斯·邦德知识渊博。在一场极具象征意义的对话中，他与穷凶极恶的海洋学家卡尔·斯特龙伯格进行了面对面的交谈（1977年上映的《铁金刚勇破海底城》）。虽然我们并没有看到邦德研究过有关鱼类的书籍，但是他不得不在镜头关机后进行一些睡前阅读。

这个故事告诉我们，要做好一切准备工作。接下来，我们将讨论如何使用OpenCV以及我们已经安装好的几个Python库和工具，创建可以在网上搜索和分类图像的一个GUI应用程序。

㊀ 第4代树莓派也提供了USB 3.0接口。——译者注

Chapter 2 第 2 章

搜索世界各地的豪华住宿

今天住新婚套房，明天住牢房。特工的住宿安排就是这样非常不可预测。

每天，军情六处的人都会预订一间星级酒店房间，而一些邪恶的追随者不得不挑选一间仓库或破旧的公寓，外加一盏灯、一把椅子和一些打包工具。对于小型任务或短租，把地点的选择留给一个易犯错误的人是可以容忍的。但是，对于长期租赁或收购，开发一个专门的搜索引擎，不用再去做跑腿活儿和漫无目的的猜想，难道不是更明智的做法吗？

有了这样的想法，我们将要着手开发一个名为“Luxocator：The Luxury Locator”的桌面应用程序。这是一个搜索引擎，通过关键字搜索在网络上找到图像，并根据图像中的某些视觉线索将每个图像分类为：奢华的室内场景、奢华的室外场景、斯大林风格的室内场景或斯大林风格的室外场景。

确切地说，我们的分类器依赖于不同图像或图像集中颜色统计分布的比较。这一主题名为**颜色直方图分析**。我们将学习如何有效地存储和处理统计模型，以及如何在一个应用程序包中与代码一起重新分发统计模型。具体来说，本章包含下列编程主题：

- 使用 OpenCV 的 Python 绑定以及 NumPy 和 SciPy 库，根据颜色直方图分析来分类图像。
- 使用 Bing 图像搜索 API 从 Web 搜索中获取图像。
- 用 wxPython 构建一个 GUI 应用程序。
- 使用 PyInstaller 将一个 Python 应用程序打包为可在其他系统上运行的可执行文件。

2.1 技术需求

本章的项目有下列软件依赖项：

- Python 环境及下列模块：OpenCV、NumPy、SciPy、Requests、wxPython 和可选项 PyInstaller

第 1 章对安装说明做了介绍。关于版本需求的问题，请参阅安装说明。附录 C 对运行 Python 代码的基本说明做了介绍。

本章的完整项目可以在本书的 GitHub 库（https://github.com/PacktPublishing/OpenCV-4-for-Secret-Agents-Second-Edition）的 Chapter002 文件夹中找到。

2.2 设计 Luxocator 应用程序

本章使用 Python。Python 是一种高级的解释性语言，拥有大量数值计算和科学计算的强大第三方库，Python 让我们可以专注于系统的功能，而不是子系统细节的实现。对于我们的第一个项目，这种高层次的视角正是我们所需要的。

让我们来看一下 Luxocator 功能的概述以及支持这些功能的 Python 库的选择。类似于许多计算机视觉应用程序，Luxocator 项目有如下 6 个基本步骤。

1）**获取一组静态参考图像**：对于 Luxocator 项目，我们（开发人员）选择奢华室内场景的某些图像，以及斯大林风格室内场景的其他图像，等等。然后将这些图像加载到内存中。

2）**基于参考图像训练模型**：对于 Luxocator 项目，我们的模型用归一化的颜色直方图（即，图像像素的颜色分布）来描述每一张图像。我们使用 OpenCV 和 NumPy 执行计算。

3）**存储训练结果**：对于 Luxocator 项目，我们使用 SciPy 压缩参考直方图，并将其写入磁盘，或从磁盘读取。

4）**获取一组动态查询图像**：对于 Luxocator 项目，我们通过一个 Python 封装器使用 Bing 搜索 API 来获取查询图像。我们还使用 Requests 库下载全分辨率的图像。

5）**比较查询图像和参考图像**：对于 Luxocator 项目，我们根据每个查询图像和每个参考图像直方图的交集对查询图像和参考图像进行比较。然后，根据这些比较的平均结果进行分类。我们使用 NumPy 执行计算。

6）**给出比较结果**：对于 Luxocator 项目，我们提供一个 GUI 来启动搜索和导航结果。这个跨平台的 GUI 是用 wxPython 开发的。在每个图像的下方显示诸如 Stalinist、exterior 之类的分类标签，如图 2-1 所示。

我们可以选择使用 PyInstaller 来构建 Luxocator 项目，以便该项目可以部署给那些没有 Python 或上述库的用户。但是要记住，你可能需要自己进行额外的故障排除，以使 PyInstaller 能够在某些环境（包括草莓派或其他 ARM 设备）中工作。

图 2-1 用 wxPython 开发的跨平台图形用户界面

2.3 直方图的创建、比较和存储

“灰绿色常出现在公共机构例如医院、学校、政府大楼的墙上，以及各种合适的用品和设备上。”

——“机构绿”，塞根医学词典（2012）

我不愿对墙上油漆的理想颜色作笼统的描述，墙上油漆的颜色要视情况而定。我在许多色彩缤纷的墙壁上找到了慰藉。我的母亲是个画家，而且我也喜欢绘画。

但并非所有的颜色都是涂料。一些颜色是污垢，一些颜色是混凝土、大理石、胶合板或红木，一些颜色就是透过一大扇窗户的天空、海洋、高尔夫球场、游泳池或按摩浴缸，一些颜色就是丢弃的塑料和啤酒瓶、炉子上烘焙的食物或死去的害虫，一些颜色则是未知的。也许是油漆掩盖了污垢。

一个典型的摄像头可以捕获至少 1670 万（$256 \times 256 \times 256$）种不同的颜色。对于任意给定的图像，我们可以计算每种颜色的像素数。这组计数称为图像的**颜色直方图**。通常，直方图中的大多数记录为零，这是因为大多数场景不是多色的（很多种颜色）。

我们可以用颜色数除以像素总数来归一化直方图。因为计算出了像素数，即使原始图像的分辨率不同，归一化的直方图也是可比较的。

给出一对归一化的直方图，我们可以在 0 到 1 的范围内度量直方图的相似性。相似性的一种度量方法称为直方图的**交集**，计算如下：

$$d(H_1, H_2) = \sum_I min(H_1(I), H_2(I))$$

下面是等效的 Python 代码（稍后我们将对其进行优化）：

```
def intersection(hist0, hist1):
    assert len(hist0) == len(hist1),
           'Histogram lengths are mismatched'
    result = 0
    for i in range(len(hist0)):
        result += min(hist0[i], hist1[i])
    return result
```

例如，假设在一张图像中，50% 的像素是黑色，50% 的像素是白色。在另一张图像中，100% 的像素是黑色。相似性如下：

```
min(50%, 100%) + min(50%, 0%) = 50% = 0.5
```

此处，相似性为 1 并不表示图像是相同的，而是表示图像之间的归一化直方图是相同的。相对于第一张图像，第二张图像可以大小不同，可以翻转，甚至可以包含随机的、不同顺序的相同像素值。

相反，相似性为 0 并不表示图像在外行人看来是完全不同的，这只是表示图像之间没有共同的颜色。例如，一张图像全是黑色的，另一张图像全是炭灰色的，根据我们的定义，直方图的相似性为 0。

为了对图像进行分类，我们希望找到一个查询直方图和一组多个参考直方图之间的平均相似度。单个参考直方图（和单张参考图像）对于“Luxury”（奢华）、“indoor”（室内）等粗略的分类来说太具体了。

虽然我们只关注一种直方图比较的方法，但是还有其他很多方法可供选择。这些算法以及用 Python 对算法实现的讨论，请参阅 Adrian Rosebrock 的博客：http://www.pyimagesearch.com/2014/07/14/3-ways-compare-histograms-using-opencv-python/。

让我们编写一个名为 HistogramClassifier 的类，创建和存储参考直方图集，并查找一个查询直方图和每一组参考直方图之间的平均相似度。为了支持该功能，我们将使用 OpenCV、NumPy 和 SciPy。创建一个名为 HistogramClassifier.py 的文件，并在顶部添加下列的事务行（Python 解释器的路径）和 import 语句：

```
#!/usr/bin/env python


import numpy # Hint to PyInstaller
import cv2
import scipy.io
import scipy.sparse
```

如果我们在 cv2 模块之前显式导入 numpy 模块，某些版本的 PyInstaller 会工作得更好。记住，OpenCV 的 Python 绑定依赖于 Numpy。另外还要注意，尽管我们使用的是 OpenCV 4，但是将 OpenCV 的 Python 模块命名为 cv2。cv2 这个名字源于对 OpenCV 中具有底层 C++ 实现（命名为 cv2）的部分与原来底层 C 实现（命名为 cv）部分之间的历史上的区分。因此，从 OpenCV 4 开始，所有的都是 cv2。

HistogramClassifier 的一个实例存储了多个变量。一个名为 verbose 的公有类型的布尔值控制日志记录的级别。一个名为 minimumSimilarityForPositiveLabel 的公有类型的浮点数定义了一个相似性阈值——如果所有的平均相似度都低于此值，那么查询图像则属于一个“Unknown”的分类。一些变量存储了与颜色模型相关的值。假设我们的图像有 3 个彩色通道，每个通道 8 位（256 个可能取值）。最后，也是最重要的，一个名为 _references 的字典将字符串键值（如“Luxury”“interior”）映射到参考直方图列表中。让我们在 HistogramClassifier 类的 _init_ 方法中声明这些变量，如下所示：

```
class HistogramClassifier(object):

    def __init__(self):

        self.verbose = False
        self.minimumSimilarityForPositiveLabel = 0.075

        self._channels = range(3)
        self._histSize = [256] * 3
        self._ranges = [0, 255] * 3
        self._references = {}
```

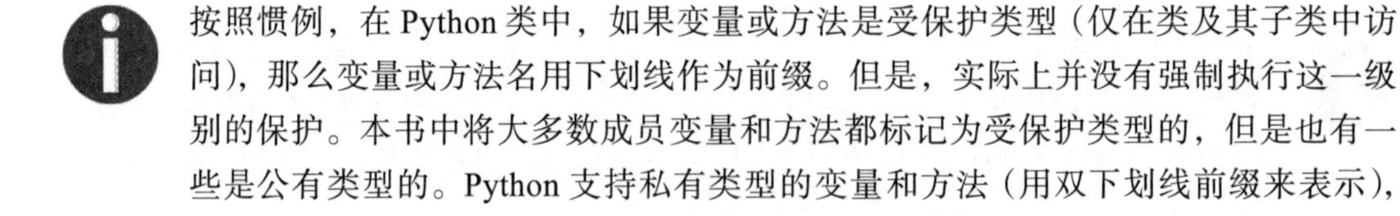

按照惯例，在 Python 类中，如果变量或方法是受保护类型（仅在类及其子类中访问），那么变量或方法名用下划线作为前缀。但是，实际上并没有强制执行这一级别的保护。本书中将大多数成员变量和方法都标记为受保护类型的，但是也有一些是公有类型的。Python 支持私有类型的变量和方法（用双下划线前缀来表示），这些变量和方法是不可访问的，即使是其子类也不能对其进行访问。但是，在本书中我们避免使用私有类型的变量和方法，因为 Python 类通常应该是高度可扩展的。

HistogramClassifier 有一个方法 _createNormalizedHist，该方法接受两个参数——一张图像和一个布尔值，指示是否以**稀疏**（压缩）格式存储生成的直方图。直方图可以使用一个名为 cv2.calcHist 的 OpenCV 函数来计算。作为参数，它接受图像、通道数、直方图大小（即，颜色模型的维度）和每个颜色通道的范围。我们将生成的直方图平展成一维形式，从而更有效地使用内存。然后，我们可以选择使用名为 scipy.sparse.csc_matrix 的一个 SciPy 函数将直方图转换为稀疏形式。

稀疏矩阵使用依赖于默认值（通常为 0）的压缩形式。即，我们不需要单独存储所有的 0 值。相反，我们记录全是零的区间。对于直方图来说，这是一个重要的优化，因为在一张常规图像中，很多地方是没有颜色的。因此，直方图的大多数值是 0。

与未压缩格式相比，稀疏格式提供了更好的内存效率，但计算效率更低。同样的权衡也用于一般的压缩格式。

下面是 _createNormalizedHist 的实现：

```
def _createNormalizedHist(self, image, sparse):
    # Create the histogram.
    hist = cv2.calcHist([image], self._channels, None,
                        self._histSize, self._ranges)
    # Normalize the histogram.
    hist[:] = hist * (1.0 / numpy.sum(hist))
    # Convert the histogram to one column for efficient storage.
    hist = hist.reshape(16777216, 1)  # 16777216 == pow(2, 24)
    if sparse:
        # Convert the histogram to a sparse matrix.
        hist = scipy.sparse.csc_matrix(hist)
    return hist
```

一个公有类型的方法 addReference 接受两个参数——一张图像和一个标签（标签是一个描述分类的字符串）。我们将图像传递给 _createNormalizedHist，以便以稀疏格式创建一个归一化的直方图。稀疏格式更适合于一个参考直方图，因为我们希望在整个分类过程中将很多参考直方图保存在内存中。在创建直方图之后，我们将其添加到 _references 列表中，用标签作为键值。下面是 addReference 的实现：

```
def addReference(self, image, label):
    hist = self._createNormalizedHist(image, True)
    if label not in self._references:
        self._references[label] = [hist]
    else:
        self._references[label] += [hist]
```

对于 Luxocator 来说，参考图像来自于磁盘上的文件。让我们为 HistogramClassifier 提供一个公有类型的方法 addRefereceFromFile，该方法接受一个文件路径而不是直接接受一张图像。这个方法还接受一个标签。我们使用一个名为 cv2.imread 的 OpenCV 方法从文件中加载一张图像，该方法接受一个路径和一个彩色格式。根据我们先前有关三个颜色通道的假设，我们总是希望加载彩色图像，而不是加载灰度图像。该选项表示为 cv2.IMREAD_COLOR 值。加载图像后，我们将该图像及其标签传递给 addReference。addReferenceFromFile 的实现如下所示：

```
def addReferenceFromFile(self, path, label):
    image = cv2.imread(path, cv2.IMREAD_COLOR)
    self.addReference(image, label)
```

现在，我们到了问题的关键所在——公有类型的方法 classify，它接受一个查询图像，以及一个可选的字符串来识别日志输出中的图像。对于每一组参考直方图，我们计算查询直方图的平均相似度。如果所有的相似度值都低于 minimumSimilarityForPositiveLabel，那么我们返回“Unknown”标签。否则，我们返回最相似的一组参考直方图的标签。如果 verbose 的值为 True，我们还记录所有标签及其各自的平均相似度。下面是该方法的实现：

```
def classify(self, queryImage, queryImageName=None):
    queryHist = self._createNormalizedHist(queryImage, False)
    bestLabel = 'Unknown'
    bestSimilarity = self.minimumSimilarityForPositiveLabel
    if self.verbose:
        print('==================================================')
        if queryImageName is not None:
            print('Query image:')

        print(' %s' % queryImageName)
    print('Mean similarity to reference images by label:')
for label, referenceHists in self._references.items():
    similarity = 0.0
    for referenceHist in referenceHists:
        similarity += cv2.compareHist(
                referenceHist.todense(), queryHist,
                cv2.HISTCMP_INTERSECT)
    similarity /= len(referenceHists)
    if self.verbose:
        print(' %8f %s' % (similarity, label))
    if similarity > bestSimilarity:
        bestLabel = label
        bestSimilarity = similarity
if self.verbose:
    print('==================================================')
return bestLabel
```

注意使用 todense 方法来解压缩一个稀疏矩阵。

我们还提供了一个公有类型的方法 classifyFromFile，它接受一个文件路径而不是直接接受一张图像。下面是该方法的实现：

```
def classifyFromFile(self, path, queryImageName=None):
    if queryImageName is None:
        queryImageName = path
    queryImage = cv2.imread(path, cv2.IMREAD_COLOR)
    return self.classify(queryImage, queryImageName)
```

计算所有的参考直方图会需要一些时间。我们不希望每次运行 Luxocator 应用程序时都要重新计算这些参考直方图，因此，我们需要序列化（保存）直方图到磁盘 / 从磁盘反序列化（加载）直方图。为此，SciPy 提供了两个函数：scipy.io.savemat 和 scipy.io.loadmat。这两个函数接受一个文件和各种可选的参数。

我们可以实现一个带有压缩选项的 serialize 方法，如下所示：

```
def serialize(self, path, compressed=False):
    file = open(path, 'wb')
    scipy.io.savemat(
        file, self._references, do_compression=compressed)
```

反序列化时，我们会从 sciy.io.loadmat 得到一个字典。但是，该字典包含的内容比我们原来的 _references 字典要多。它还包含一些序列化元数据和一些附加数组，这些数组将原来在 _references 中的列表封装起来。我们去掉这些不必要的多余内容，并将结果存储回 _references 中。实现如下所示：

```
def deserialize(self, path):
    file = open(path, 'rb')
    self._references = scipy.io.loadmat(file)
    for key in list(self._references.keys()):
        value = self._references[key]
        if not isinstance(value, numpy.ndarray):
            # This entry is serialization metadata so delete it.
            del self._references[key]
            continue
        # The serializer wraps the data in an extra array.
        # Unwrap the data.
        self._references[key] = value[0]
```

这就是我们的分类器。接下来，我们将送入一些参考图像和一个查询图像来测试我们的分类器。

2.4　用参考图像训练分类器

“你能识别这条海岸线吗？给你时间，就可以。”

——图片说明，但丁·斯特拉

（http://www.dantestella.com/technical/hex352.html）

在本书的 GitHub 库中有一个名为 Chapter002/images 的文件夹，里面包含了一小部分参考图像。可以通过添加更多的参考图像进行分类器实验，因为参考图像集越大就越可能产生更可靠的结果。记住，我们的分类器依赖于平均相似度，因此在参考图像中包含指定配色方案的次数越多，分类器支持该配色方案的权重也就越大。

在 HistogramClassifier.py 的末尾，让我们添加一个 main 方法，利用参考图像来训练和序列化一个分类器。我们还将在一些图像上运行分类器作为测试。下面是实现的一部分：

```
def main():
    classifier = HistogramClassifier()
    classifier.verbose = True
    # 'Stalinist, interior' reference images
    classifier.addReferenceFromFile(
            'images/communal_apartments_01.jpg',
            'Stalinist, interior')
```

```
    # ...
    # Other reference images are omitted for brevity.
    # See the GitHub repository for the full implementation.
    # ...
    classifier.serialize('classifier.mat')
    classifier.deserialize('classifier.mat')
    classifier.classifyFromFile('images/dubai_damac_heights.jpg')
    classifier.classifyFromFile('images/communal_apartments_01.jpg')

if __name__ == '__main__':
    main()
```

该方法所需要花费的运行时间（几分钟，甚至更长时间）取决于参考图像的数量。幸运的是，因为我们正在序列化经过训练的分类器，所以不必每次打开主应用程序时都运行这个方法。相反，我们只需要从文件反序列化经过训练的分类器，2.8 节将介绍这部分内容。

对于大量的训练图像，你可能希望修改 HistogramClassifier.py 的 main 函数来使用一个指定文件夹中的所有图像。(对一个文件夹中所有图像进行迭代的示例，请参阅第 3 章代码中的 describe.py 文件。）但是，对于少量的训练图像，我发现在代码中指定图像的一个列表更方便，这样我们就可以对单张图像进行注释和取消注释，以查看训练效果。

接下来，让我们考虑一下主应用程序将如何获取查询图像。

2.5 从网上获取图像

我们的查询图像来自于一个 Web 搜索。在开始实现搜索功能之前，让我们编写一些助手（helper）函数利用 Requests 库获取图像，并将这些图像转换成与 OpenCV 兼容的格式。因为这个功能是高度可重用的，所以我们将其放入一个静态工具函数模块中。让我们创建一个名为 RequestsUtils.py 的文件并导入 OpenCV、NumPy 和 Requests，如下所示：

```
#!/usr/bin/env python


import numpy # Hint to PyInstaller
import cv2
import requests
import sys
```

作为一个全局变量，让我们存储 HEADERS，在发出 Web 请求时我们将会用到头文件的一个字典。一些服务器拒绝来自机器人的请求，为了提高我们的请求被接受的概率，让我们将“User-Agent”头文件设置为模拟 Web 浏览器的一个值，如下所示：

```
# Spoof a browser's User-Agent string.
# Otherwise, some sites will reject us as a bot.
HEADERS = {
    'User-Agent': 'Mozilla/5.0 ' \
                  '(Macintosh; Intel Mac OS X 10.9; rv:25.0) ' \
                  'Gecko/20100101 Firefox/25.0'
}
```

每当接收到一个对 Web 请求的响应时，我们都想要检查状态代码是否是 200 OK。这只是对响应是否有效的一个粗略测试，但是这对于我们来说已经是一个足够好的测试了。我们在下面的 validateResponse 方法中实现了该测试，如果认为响应是有效的就返回 True，否则就记录一条错误信息，并返回 False。

```
def validateResponse(response):
    statusCode = response.status_code
    if statusCode == 200:
        return True
    url = response.request.url
    sys.stderr.write(
            'Received unexpected status code (%d) when requesting %s\n' % \
            (statusCode, url))
    return False
```

在 HEADERS 和 validateResponse 的帮助下，我们可以试着从 URL 获取一张图像，并以与 OpenCV 兼容的格式返回该图像（如果失败，则不返回任何图像）。作为一个中间步骤，我们使用一个名为 numpy.fromstring 的函数将原始数据从一个 Web 响应读入到一个 NumPy 数组。然后，使用一个名为 cv2.imdecode 的函数将该数据解释为一张图像。下面是我们的实现，一个名为 cvImageFromUrl 的函数接受一个 URL 作为参数：

```
def cvImageFromUrl(url):
    response = requests.get(url, headers=HEADERS)
    if not validateResponse(response):
        return None
    imageData = numpy.fromstring(response.content, numpy.uint8)
    image = cv2.imdecode(imageData, cv2.IMREAD_COLOR)
    if image is None:
        sys.stderr.write(
                'Failed to decode image from content of %s\n' % url)
    return image
```

为了测试这两个函数，让我们为 RequestsUtils.py 提供一个从 Web 下载一张图像的主函数，将该图像转换成与 OpenCV 兼容的格式，并使用一个名为 imwrite 的 OpenCV 函数将该图像写入磁盘。下面是我们的实现：

```
def main():
    image = cvImageFromUrl('http://nummist.com/images/ceiling.gaze.jpg')
    if image is not None:
        cv2.imwrite('image.png', image)

if __name__ == '__main__':
    main()
```

为了确认一切都工作正常，打开 image.png（它应该和 RequestsUtils.py 在同一个目录中），并将其与网上的图像进行比较，你可以在 Web 浏览器的 http://nummist.com/images/ceiling.gaze.jpg 上查看图像。

虽然我们在 main 函数中加入了一个对 RequestUtils 模块的简单测试，但是用 Python 编写测试的更复杂、更易于维护的一个方法是使用标准库的 unittest 模块中的类。更多内容可参阅 https://docs.python.org/3/library/unittest.html 上的官方教程。

2.6 从 Bing 图像搜索上获取图像

微软的搜索引擎 Bing 有一个能够让我们在自己的应用程序中发送查询和接受结果的应用程序接口（API）。对于每月有限的查询次数，Bing 搜索 API 是免费使用的（目前，限制是每个月 3000 次查询，每秒 3 次查询）。但是，我们必须执行下面的步骤进行注册：

1）登录 https://azure.microsoft.com/，如果还没有微软账号，那么你需要创建一个账号。

2）访问 https://azure.microsoft.com/en-us/services/cognitive-services/bing-image-search-api/，单击“Try Bing Image Search”按钮。

3）在“Guest”选项旁边，单击“Get started”按钮，开始为期 7 天的免费试用。开始试用之后，访问 https://azure.microsoft.com.en-us/try/cognitive-services/。选择“Search APIs”选项卡，在“Bing Image Search APIs v7”部分，找到 32 字符的 API 密钥（你可能会找到两个标记为“Key1”和“Key2”的密钥，这两个密钥都可以）。复制密钥并将其保存到一个安全的位置。稍后，我们会使用该密钥将我们的 Bing 会话与我们的微软账户关联。

4）作为第 3 步的替代方案，或在 7 天试用期满后，你可以创建一个免费账户。在“Free Azure account”选项旁边，单击“Sign up”按钮，注册一个每月使用次数有限的免费账户（当然，如果你决定强制使用 Luxocator，而不进行正常的活动，那么你总是可以以后再升级到付费账户）。尽管账户是免费的，但是注册过程仍需要你提供一个电话号码和信用卡号以便验证你的身份。完成注册过程后，单击“Portal”选项卡，进入“Microsoft Azure”控制面板。单击“Cognitive Services”，然后单击“Add”，再单击“Bing Search v7”，接着单击“Create”。根据图 2-2 中的示例填写“Create”对话框。单击对话框的“Create”按钮，然后单击“Go to resource”按钮，接着单击“Keys”，找到 32 字符的 API 密钥（你可能看到两个标记为“Key 1”和“Key 2”的密钥，这两个密钥中的任何一个都可以）。复制密钥并将其保存到一个安全的位置。

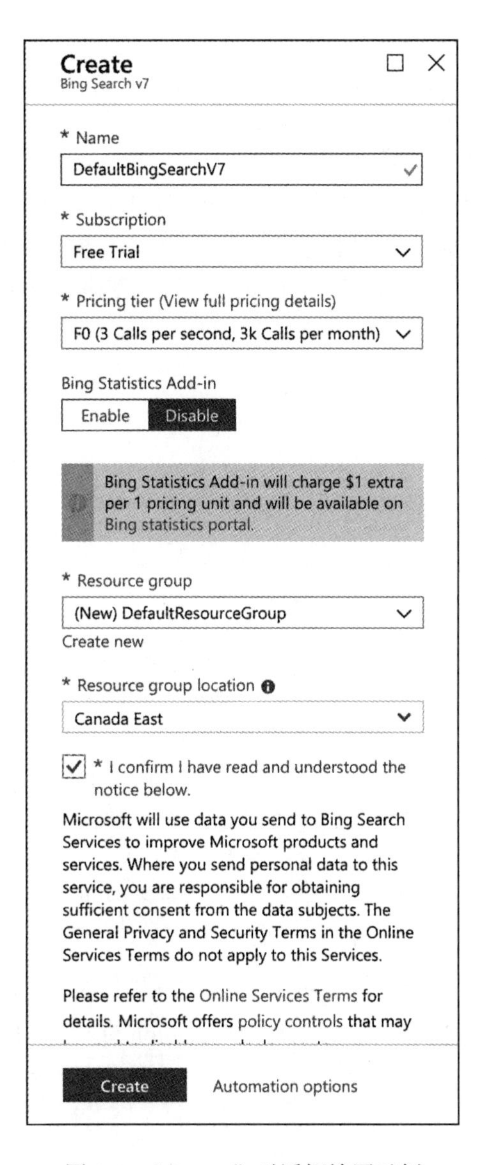

图 2-2 "Create"对话框填写示例

5）创建一个名为 BING_SEARCH_KEY 的环境变量，将其值设置为我们在第 3 步或第 4 步中创建的 API 密钥（稍后在代码中我们将访问这个环境变量的值，以便将 Bing 搜索会话和 API 密钥关联起来）。根据你的操作系统的不同，创建环境变量有很多不同的方法。在 Windows 上，你可以使用控制面板添加一个用户环境变量。在类 Unix 系统上，你可以通过编辑用户的登录脚本（在 Mac、Ubuntu 和其他系统上称为 ~/.profile）来添加一个环境变量的定义。在创建环境变量之后，重新启动（或者注销并重新登录）。

Bing 搜索 API 和其他几个微软 API 都有一个名为 py-ms-cognitive 的第三方 Python 包。

我们可以使用 Python 的包管理器 pip 来安装该 Python 包。打开一个终端（在类 Unix 系统上）或者命令提示符（在 Windows 上），并运行下列命令：

```
$ pip install --user py-ms-cognitive
```

构建在 py-ms-cognitive 之上，我们需要一个高级接口，用于提交一个查询字符串并在生成的图像列表中导航，该列表应该采用 OpenCV 兼容的格式。我们将创建一个类 ImageSearchSession 来提供这样一个接口。首先，让我们创建一个文件 ImageSearchSession.py，并在顶部添加下列 import 语句：

```
#!/usr/bin/env python


from py_ms_cognitive import PyMsCognitiveImageSearch
PyMsCognitiveImageSearch.SEARCH_IMAGE_BASE = \
        'https://api.cognitive.microsoft.com/bing/v7.0/images/search'

import numpy # Hint to PyInstaller
import cv2
import os
import pprint
import sys

import RequestsUtils
```

注意，我们正在修改 py-ms-cognitive Python 包的一个静态变量 PyMsCognitiveImage-Search.SEARCH_IMAGE_BASE。我们这样做是因为在默认情况下 py_ms_cognitive 使用一个过期的基地址 URL 作为 Bing 搜索的 API 终端。

对于 py_ms_cognitive，我们正在使用 OpenCV、美化打印（用于记录搜索的 JSON 结果）、系统库以及我们的网络工具函数。

与 HistogramClassifier 一样，ImageSearchSession 有一个名为 verbose 的公有类型的布尔值来控制日志记录的级别。而且 ImageSearchSession 有存储当前查询的成员变量、有关当前图像结果的元数据，以及帮助我们导航到前一个和下一个结果的元数据。可以通过以下代码来初始化这些变量：

```
class ImageSearchSession(object):

    def __init__(self):
        self.verbose = False
        self._query = ''
        self._results = []
        self._offset = 0
        self._numResultsRequested = 0
        self._numResultsReceived = 0
        self._numResultsAvailable = 0
```

我们为很多成员变量提供了获取器，如下所示：

```
    @property
    def query(self):
        return self._query

    @property
    def offset(self):
        return self._offset

    @property
    def numResultsRequested(self):
        return self._numResultsRequested

    @property
    def numResultsReceived(self):
        return self._numResultsReceived

    @property
    def numResultsAvailable(self):
        return self._numResultsAvailable
```

给定这些变量，我们一次只获取几个结果就可以浏览大量的结果（通过窗口查看结果）。我们可以根据需要将窗口移动到更早或更晚的结果，只需根据请求的结果数量来调整偏移量，并将偏移量固定到有效范围。下面是 searchPrev 和 searchNext 方法的一些实现，这些都依赖于我们稍后将实现的更通用的搜索方法：

```
    def searchPrev(self):
        if self._offset == 0:
            return
        offset = max(0, self._offset - self._numResultsRequested)
        self.search(self._query, self._numResultsRequested, offset)

    def searchNext(self):
        if self._offset + self._numResultsRequested >= \
                self._numResultsAvailable:
            return
        offset = self._offset + self._numResultsRequested
        self.search(self._query, self._numResultsRequested, offset)
```

更通用的 search 方法接受一个查询字符串、一个最大结果数量，以及一个相对于第一个可用结果的偏移量。我们在成员变量中存储这些参数，以便在 searchPrev 和 searchNext 方法中重用。搜索方法还用到了前面定义的 BING_SEARCH_KEY 环境变量。下面是该方法实现的第一部分：

```
    def search(self, query, numResultsRequested=50, offset=0):
        if 'BING_SEARCH_KEY' in os.environ:
            bingKey = os.environ['BING_SEARCH_KEY']
        else:
            sys.stderr.write(
                    'Environment variable BING_SEARCH_KEY is undefined. '
                    'Please define it, equal to your Bing Search API '
                    'key.\n')
            return

        self._query = query
```

```
        self._numResultsRequested = numResultsRequested
        self._offset = offset
```

然后，我们设置搜索参数，指定结果应该是 JSON 格式，并且应该只包含彩色图片：

```
    params = {'color':'ColorOnly', 'imageType':'Photo'}
```

以 JSON 格式设置一个搜索和请求结果。我们通过输出错误信息来处理所有的异常，将搜索结果的数量设置为 0，并提前返回：

```
    searchService = PyMsCognitiveImageSearch(
            bingKey, query, custom_params=params)
    searchService.current_offset = offset

    try:
        self._results = searchService.search(numResultsRequested,
                                             'json')
    except Exception as e:
        sys.stderr.write(
                'Error when requesting Bing image search for '
                '"%s":\n' % query)
        sys.stderr.write('%s\n' % str(e))
        self._offset = 0
        self._numResultsReceived = 0
        return
```

如果请求成功，则继续解析 JSON。我们存储有关实际接收到的结果数和可用结果数的元数据：

```
    json = searchService.most_recent_json
    self._numResultsReceived = len(self._results)
    if self._numResultsRequested < self._numResultsReceived:
        # py_ms_cognitive modified the request to get more results.
        self._numResultsRequested = self._numResultsReceived
    self._numResultsAvailable = int(json[u'totalEstimatedMatches'])
```

如果 verbose 的公有类型变量是 True，则输出 JSON 结果。下面是该方法实现的结尾：

```
    if self.verbose:
        print('Received results of Bing image search for '
              '"%s":' % query)
        pprint.pprint(json)
```

尽管 search 方法获取结果的一个文本描述，包括图像 URL，但它实际上并没有获取任何全尺寸的图像。这很好，因为全尺寸的图像可能很大，我们根本就不需要全尺寸的图像。相反，我们提供另一个方法 getCvImageAndUrl 来检索在当前结果中具有指定索引的图像和图像 URL。将索引作为一个参数给出。作为可选的第二个参数，该方法接受一个布尔值来指示是否应该使用一个缩略图，而不是使用全尺寸的图像。我们使用 cvImageFromUrl 来获取和转换该缩略图或全尺寸图像。下面是我们的实现：

```
def getCvImageAndUrl(self, index, useThumbnail = False):
    if index >= self._numResultsReceived:
        return None, None
    result = self._results[index]
    if useThumbnail:
        url = result.thumbnail_url
    else:
        url = result.content_url
    return RequestsUtils.cvImageFromUrl(url), url
```

getCvImageAndUrl 的调用者负责优雅地处理下载缓慢或下载失败的图像。回忆一下，我们的 cvImageFromUrl 函数只记录一个错误，并在下载失败时返回 None 值。

为了测试 ImageSearchSession，让我们编写一个主函数来实例化类，将 verbose 设置为 True，搜索 'luxury condo sales'，并将第一个生成的图像写入磁盘。下面是其实现：

```
def main():
    session = ImageSearchSession()
    session.verbose = True
    session.search('luxury condo sales')
    image, url = session.getCvImageAndUrl(0)
    cv2.imwrite('image.png', image)

if __name__ == '__main__':
    main()
```

现在，有了一个分类器和一个搜索会话，我们几乎已经为进入 Luxocator 应用程序的前端做好准备了。我们只需要一些工具函数来帮助我们准备打包和显示数据与图像。

2.7　为应用程序准备图像和资源

除了 RequestsUtils.py 和 ImageSearchSession.py 之外，让我们用下面的 impot 语句创建另一个名为 ResizeUtils.py 的文件：

```
import numpy # Hint to PyInstaller
import cv2
```

为了在一个 GUI 中显示图像，通常必须要调整图像的大小。一种流行的调整大小的模式名为 aspect fill。此处我们希望保留图像的长宽比，而将其较大的维度（横向图像是宽度，纵向图像是高度）更改为某个值。OpenCV 没有直接提供这个调整大小的模式，而是提供了一个函数 cv2.resize 接受一张图像、目标维度，以及可选的参数（包括一个插值算法）。我们可以编写自己的函数 cvResizeAspectFill，它接受一张图像、最大尺寸，以及用于放大和缩小尺寸的首选插值方法。函数 cvResizeAspectFill 决定了 cv2.resize 合适的参数以及这些参数的传递，下面是实现：

```
def cvResizeAspectFill(src, maxSize,
                       upInterpolation=cv2.INTER_LANCZOS4,
                       downInterpolation=cv2.INTER_AREA):
    h, w = src.shape[:2]
    if w > h:
        if w > maxSize:
            interpolation=downInterpolation
        else:
            interpolation=upInterpolation
        h = int(maxSize * h / float(w))
        w = maxSize
    else:
        if h > maxSize:
            interpolation=downInterpolation
        else:
            interpolation=upInterpolation
        w = int(maxSize * w / float(h))
        h = maxSize
    dst = cv2.resize(src, (w, h), interpolation=interpolation)
    return dst
```

有关 OpenCV 支持的插值方法的描述，可参阅 https://docs.opencv.org/master/da/d54/group_imgproc_transform.html#ga47a974309e9102f5f08231edc7e7529d 上的官方文档。对于放大图像，我们默认使用 cv2.INTER_LANCZOS4，这会产生尖锐的结果。对于缩小图像，我们默认使用 cv2.INTER_AREA，这将生成无云纹结果（云纹是一种人为结果，当在某个放大倍数下锐化平行线或同心圆时，它们看起来就像交叉线）。

现在，让我们用下面的 import 语句创建名为 WxUtils.py 的另一个文件：

```
import numpy # Hint to PyInstaller
import cv2
import wx
```

因为 wxPython 3 和 wxPython 4 之间的 API 发生了变化，所以对于我们来说检查导入了哪个版本是很重要的。我们使用下列代码获得一个版本字符串，例如“4.0.3”，并解析主版本号，例如主版本号 4：

```
WX_MAJOR_VERSION = int(wx.__version__.split('.')[0])
```

OpenCV 和 wxPython 使用不同的图像格式，因此我们将实现一个转换函数 wxBitmapFromCvImage。OpenCV 以 BGR 顺序存储颜色通道，而 wxPython 则期望以 RGB 顺序存储颜色通道。我们可以使用 OpenCV 函数 cv2.cvtColor 对图像数据相应地进行重新格式化。然后，我们可以使用一个 wxPython 函数 wx.BitmapFromBuffer 将重新格式化后的数据读入到一个 wxPython 位图，并返回该位图。下面是实现：

```
def wxBitmapFromCvImage(image):
    image = cv2.cvtColor(image, cv2.COLOR_BGR2RGB)
    h, w = image.shape[:2]
```

```
    # The following conversion fails on Raspberry Pi.
    if WX_MAJOR_VERSION < 4:
        bitmap = wx.BitmapFromBuffer(w, h, image)
    else:
        bitmap = wx.Bitmap.FromBuffer(w, h, image)
    return bitmap
```

在某些版本的树莓派和 Raspbian 上，wx.BitmapFromBuffer 会出现一个特定平台的 bug，将导致其失败。有关解决方法可参阅本书末尾的附录 A。

我们还有一个实用工具模块要完成。用 Python 标准库中的 os 和 sys 模块导入语句创建一个 PyInstallerUtils.py 文件：

```
import os
import sys
```

当使用 PyInstaller 打包我们的应用程序时，资源路径将会发生变化。因此，不管是否已经打包了应用程序，我们都需要一个能够正确解析路径的函数。让我们添加一个函数 pyInstallerResourcePath，该函数解析一个指定路径，这个指定路径与应用程序目录（'_MEIPASS' 属性）相关，或与当前工作目录（'.'）相关。实现如下所示：

```
def resourcePath(relativePath):
    basePath = getattr(sys, '_MEIPASS', os.path.abspath('.'))
    return os.path.join(basePath, relativePath)
```

我们的实用工具模块现在已经完成了，我们可以继续实现 Luxocator 应用程序的前端了。

2.8　将所有内容集成到 GUI 中

对于 Luxocator 应用程序的前端，让我们创建一个名为 Luxocator.py 的文件。这个模块依赖于 OpenCV、wxPython，以及一些 Python 的标准操作系统和线程功能。该模块还依赖于我们在本章编写的所有其他模块。在文件的顶部添加下列事务代码行和 import 语句：

```
#!/usr/bin/env python


import numpy # Hint to PyInstaller
import cv2
import os
import threading
import wx

from HistogramClassifier import HistogramClassifier
from ImageSearchSession import ImageSearchSession
import PyInstallerUtils
import ResizeUtils
import WxUtils
```

现在，让我们将 Luxocator 类实现为 wx.Frame 的一个子类，表示一个类似于窗口内容的 GUI 框架。我们的大多数 GUI 代码都在 Luxocator 类的 _init_ 方法中，因此，这是一个大而并不十分复杂的方法。我们的 GUI 元素包括一个搜索控件、previous 按钮和 next 按钮、一个位图，以及一个显示分类结果的标签。所有这些 GUI 元素都存储在成员变量中。将位图限制在某个最大尺寸内（默认情况下，较大的维度有 768 个像素），其他元素都位于位图的下方。将一些方法注册为回调函数，处理诸如关闭窗口、按下 Esc 键、输入一个搜索字符串、单击 next 或 previous 按钮等事件。除了 GUI 元素之外，其他成员变量还包括 HistogramClassifier 和 ImageSearchSession 类的实例。下面是初始化程序的实现，中间穿插了一些我们正在使用的 GUI 元素的说明：

```
class Luxocator(wx.Frame):

    def __init__(self, classifierPath, maxImageSize=768,
                 verboseSearchSession=False,
                 verboseClassifier=False):

        style = wx.CLOSE_BOX | wx.MINIMIZE_BOX | wx.CAPTION | \
            wx.SYSTEM_MENU | wx.CLIP_CHILDREN
        wx.Frame.__init__(self, None, title='Luxocator', style=style)
        self.SetBackgroundColour(wx.Colour(232, 232, 232))

        self._maxImageSize = maxImageSize
        border = 12
        defaultQuery = 'luxury condo sales'

        self._index = 0
        self._session = ImageSearchSession()
        self._session.verbose = verboseSearchSession
        self._session.search(defaultQuery)

        self._classifier = HistogramClassifier()
        self._classifier.verbose = verboseClassifier
        self._classifier.deserialize(classifierPath)

        self.Bind(wx.EVT_CLOSE, self._onCloseWindow)

        quitCommandID = wx.NewId()
        self.Bind(wx.EVT_MENU, self._onQuitCommand,
                  id=quitCommandID)
        acceleratorTable = wx.AcceleratorTable([
            (wx.ACCEL_NORMAL, wx.WXK_ESCAPE, quitCommandID)
        ])
        self.SetAcceleratorTable(acceleratorTable)
```

有关 wxPython 中的位图、控件和布局使用的更多内容，请参阅维基百科的官方网站 http://wiki.wxpython.org/。

搜索控件（接下来的内容）值得特别关注，因为它包含多个控件，而且它的行为在不同的操作系统上略有不同。它可能有三个子控件——一个文本字段、一个“Search（搜索）”

按钮以及一个“Cancel（取消）”按钮。在文本字段处于激活状态时，按下“Enter”键就会产生一个回调。如果按下“Search”和“Cancel”按钮，那么它们也有响应单击的回调函数。我们可以设置搜索控件及其回调函数，如下所示：

```
self._searchCtrl = wx.SearchCtrl(
        self, size=(self._maxImageSize / 3, -1),
        style=wx.TE_PROCESS_ENTER)
self._searchCtrl.SetValue(defaultQuery)
self._searchCtrl.Bind(wx.EVT_TEXT_ENTER,
                      self._onSearchEntered)
self._searchCtrl.Bind(wx.EVT_SEARCHCTRL_SEARCH_BTN,
                      self._onSearchEntered)
self._searchCtrl.Bind(wx.EVT_SEARCHCTRL_CANCEL_BTN,
                      self._onSearchCanceled)
```

相对而言，标签、previous 和 next 按钮以及位图没有任何与我们相关的子控件。我们可以按照下面的方式设置这些控件：

```
self._labelStaticText = wx.StaticText(self)

self._prevButton = wx.Button(self, label='Prev')
self._prevButton.Bind(wx.EVT_BUTTON,
                      self._onPrevButtonClicked)

self._nextButton = wx.Button(self, label='Next')
self._nextButton.Bind(wx.EVT_BUTTON,
                      self._onNextButtonClicked)

self._staticBitmap = wx.StaticBitmap(self)
```

我们的控件是水平排列的，搜索控件位于窗口的左侧边缘，previous 和 next 按钮位于右侧边缘，标签位于搜索控件和 previous 按钮的中间。我们使用 wx.BoxSizer 的一个实例来定义这个水平布局：

```
controlsSizer = wx.BoxSizer(wx.HORIZONTAL)
controlsSizer.Add(self._searchCtrl, 0,
                  wx.ALIGN_CENTER_VERTICAL | wx.RIGHT,
                  border)
controlsSizer.Add((0, 0), 1) # Spacer
controlsSizer.Add(
        self._labelStaticText, 0, wx.ALIGN_CENTER_VERTICAL)
controlsSizer.Add((0, 0), 1) # Spacer
controlsSizer.Add(
        self._prevButton, 0,
        wx.ALIGN_CENTER_VERTICAL | wx.LEFT | wx.RIGHT,
        border)
controlsSizer.Add(
        self._nextButton, 0, wx.ALIGN_CENTER_VERTICAL)
```

布局最好的地方是它们可以嵌套（就像俄罗斯娃娃一样），一个布局嵌套在另一个布局里面。控件的水平布局需要显示在位图下方。我们使用另一个 wx.BoxSizer 实例来定义这种垂直布局关系：

```
self._rootSizer = wx.BoxSizer(wx.VERTICAL)
self._rootSizer.Add(self._staticBitmap, 0,
                    wx.TOP | wx.LEFT | wx.RIGHT, border)
self._rootSizer.Add(controlsSizer, 0, wx.EXPAND | wx.ALL,
                    border)

self.SetSizerAndFit(self._rootSizer)

self._updateImageAndControls()
```

这是 __init__ 方法的结尾。

正如我们在下面的代码中所看到的，我们为 ImageSearchSession 实例和 Histogram-Classifier 实例的 verbose 属性提供了 getter 和 setter 方法：

```
@property
def verboseSearchSession(self):
    return self._session.verbose

@verboseSearchSession.setter
def verboseSearchSession(self, value):
    self._session.verbose = value

@property
def verboseClassifier(self):
    return self._classifier.verbose

@verboseClassifier.setter
def verboseClassifier(self, value):
    self._classifier.verbose = value
```

我们的 _onCloseWindow 回调只通过调用超类的 Destroy 方法来清除应用程序。其实现过程如下：

```
def _onCloseWindow(self, event):
    self.Destroy()
```

类似地，我们已经将 Esc 键连接到 _onQuitCommand 回调来关闭窗口。这将反过来调用 _onCloseWindow。下面是 _onQuitCommand 的实现：

```
def _onQuitCommand(self, event):
    self.Close()
```

我们的 _onSearchEntered 回调通过 ImageSearchSession 的搜索方法提交查询字符串。然后，调用一个助手方法 _updateImageAndControls 异步获取图像和更新 GUI，我们稍后将会学习到。下面是 _onSearchEntered 的实现：

```
def _onSearchEntered(self, event):
    query = event.GetString()
    if len(query) < 1:
        return
    self._session.search(query)
    self._index = 0
    self._updateImageAndControls()
```

我们的 _onSearchCanceled 回调只清除搜索控件的文本字段，代码如下所示：

```
def _onSearchCanceled(self, event):
    self._searchCtrl.Clear()
```

我们剩下 GUI 事件的回调 _onNextButtonClicked 和 _onPrevButtonClicked，检查是否有更多的结果可用，如果有可用的结果，那么就使用 ImageSearchSession 的 searchNext 或 searchPrev 方法。然后，使用 _updateImageAndControls 助手方法异步获取图像并更新 GUI。下面是回调的实现：

```
def _onNextButtonClicked(self, event):
    self._index += 1
    if self._index >= self._session.offset + \
            self._session.numResultsReceived - 1:
        self._session.searchNext()
    self._updateImageAndControls()

def _onPrevButtonClicked(self, event):
    self._index -= 1
    if self._index < self._session.offset:
        self._session.searchPrev()
    self._updateImageAndControls()
```

_disableControls 方法禁用搜索控件、previous 按钮和 next 按钮，如下所示：

```
def _disableControls(self):
    self._searchCtrl.Disable()
    self._prevButton.Disable()
    self._nextButton.Disable()
```

相反，_enableControls 方法启用搜索控件、previous 按钮（如果我们还没有第一个可用的搜索结果）和 next 按钮（如果我们还没有最后可用的搜索结果）。实现如下所示：

```
def _enableControls(self):
    self._searchCtrl.Enable()
    if self._index > 0:
        self._prevButton.Enable()
    if self._index < self._session.numResultsAvailable - 1:
        self._nextButton.Enable()
```

_updateImageAndControls 方法首先禁用这些控件，因为在处理完成当前查询之前，我们不想处理任何新的查询。然后，显示一个忙状态的光标并在后台线程上启动另一个助手方法 _updateImageAndControlsAsync。实现如下所示：

```
def _updateImageAndControls(self):
    # Disable the controls.
    self._disableControls()
    # Show the busy cursor.
    wx.BeginBusyCursor()
    # Get the image in a background thread.
    threading.Thread(
            target=self._updateImageAndControlsAsync).start()
```

背景方法 _updateImageAndControlsAsync 首先获取一张图像并将其转换为 OpenCV 格式。如果无法获取和转换图像，那么就使用错误信息作为标签。否则，将图像进行分类并调整到合适的大小来显示。然后，将调整大小的图像和分类标签传递给第三个也是最后一个助手方法 _updateImageAndControlsResync，更新主线程中的 GUI。下面是 _updateImageAndControlsAsync 的实现：

```
def _updateImageAndControlsAsync(self):
    if self._session.numResultsRequested == 0:
        image = None
        label = 'Search had no results'
    else:
        # Get the current image.
        image, url = self._session.getCvImageAndUrl(
            self._index % self._session.numResultsRequested)
        if image is None:
            # Provide an error message.
            label = 'Failed to decode image'
        else:
            # Classify the image.
            label = self._classifier.classify(image, url)
            # Resize the image while maintaining its aspect ratio.
            image = ResizeUtils.cvResizeAspectFill(
                image, self._maxImageSize)
    # Update the GUI on the main thread.
    wx.CallAfter(self._updateImageAndControlsResync, image,
                 label)
```

同步回调 _updateImageAndControlsResync 隐藏忙状态的光标，并从获取的图像创建一个 wxPython 位图（如果没有成功地获取和转换图像，那么只有一个黑色位图），显示图像及其分类标签，调整 GUI 元素大小，重新启用控件并刷新窗口。实现如下所示：

```
def _updateImageAndControlsResync(self, image, label):
    # Hide the busy cursor.
    wx.EndBusyCursor()
    if image is None:
        # Provide a black bitmap.
        bitmap = wx.Bitmap(self._maxImageSize,
                           self._maxImageSize / 2)
    else:
        # Convert the image to bitmap format.
        bitmap = WxUtils.wxBitmapFromCvImage(image)
    # Show the bitmap.
    self._staticBitmap.SetBitmap(bitmap)
    # Show the label.
    self._labelStaticText.SetLabel(label)
    # Resize the sizer and frame.
    self._rootSizer.Fit(self)
    # Re-enable the controls.
    self._enableControls()
    # Refresh.
    self.Refresh()
```

无法成功获取和转换图像时，用户看到的界面如图 2-3 所示，包含一个黑色的占位图像。

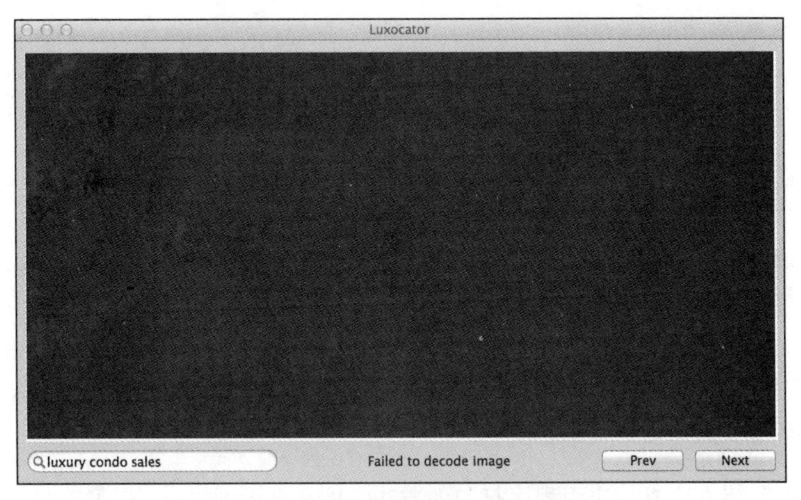

图 2-3　无法成功获取和转换图像时的位图

相反，成功获取并转换一张图像时，用户看到的分类结果如图 2-4 所示。

图 2-4　成功获取并转换图像时的分类结果界面截图

这样就完成了 Luxocator 类的实现。现在，让我们编写一个 main 方法，设置资源路径并启动 Luxocator 的一个实例：

```
def main():
    os.environ['REQUESTS_CA_BUNDLE'] = \
            PyInstallerUtils.resourcePath('cacert.pem')
    app = wx.App()
```

```
    luxocator = Luxocator(
            PyInstallerUtils.resourcePath('classifier.mat'),
            verboseSearchSession=False, verboseClassifier=False)
    luxocator.Show()
    app.MainLoop()

if __name__ == '__main__':
    main()
```

注意，其中一个资源是一个名为 cacert.pem 的证书包。这个证书包是请求建立一个 SSL 连接所需要的，而这正是 Bing 所需要的。你可以在本章代码包中找到它的一个副本，可以从网站 http://nummist.com/opencv/7376_02.zip 下载。将 cacert.pem 放在和 Luxocator.py 相同的文件夹中。注意，我们的代码设置了一个环境变量 REQUESTS_CA_BUNDLE，请求使用该环境变量来定位证书包。

根据安装方法或与应用程序打包的方法，Requests 可能有（也可能没有）证书包的一个内部版本。为了可预测性，最好提供这个外部版本。

2.9 运行 Luxocator 并解决 SSL 问题

此时，你可以运行 Luxocator.py，输入搜索关键字，并在结果中导航。留意 Luxocator 可能输出到终端的所有错误。在一些系统上，特别是 Ubuntu 14.04 及其派生系统（如 Linux Mint 17）上，在 Luxocator 试图访问一个 HTTPS URL 时，你可能会在请求库中遇到一个错误。该错误的症状类似于下面的一条错误信息：

```
requests.exceptions.SSLError: [Errno 1] _ssl.c:510: error:14077410:SSL
routines:SSL23_GET_SERVER_HELLO:sslv3 alert handshake failure
```

如果你遇到了这个问题，可以试着通过安装其他与 SSL 相关的包，并将 Requests 包降级到更早的版本来解决这个问题。Ubuntu 14.04 及其派生系统的一些用户报告说，他们通过运行下列命令解决了这个问题：

```
$ sudo apt-get install python-dev libssl-dev libffi-dev
$ pip install --user pyopenssl==0.13.1 pyasn1 ndg-httpsclient
```

另外，Ubuntu 14.04 及其派生系统的一些用户报告说，他们通过将操作系统升级到更新的版本解决了这个问题。注意，这个问题不是 Luxocator 特有的，而是会影响到使用 Requests 包的所有软件，因此它可能是一个系统层面的问题。

当你对测试 Luxocator 应用程序的结果感到满意时，让我们继续构建一个可以更容易地分发到其他用户系统的 Luxocator 应用程序包吧。

2.10 编译 Luxocator 发行版

为了告诉 PyInstaller 如何构建 Luxocator，我们必须创建一个说明文件，我们将其命名为 Luxocator.spec。实际上，说明文件是一个 Python 脚本，它使用一个名为 Analysis 的 PyInstaller 类，以及名为 PYZ、EXE 和 BUNDLE 的 PyInstaller 函数。Analysis 类用来负责分析一个或多个 Python 脚本（在我们的示例中，只有 Luxocator.py），并追踪必须与这些脚本绑定的所有依赖项，以便生成可重新分发的应用程序。有时 Analysis 类会出错或遗漏，因此我们在初始化 Analysis 类后，要修改依赖项列表。然后，我们压缩脚本，生成一个可执行文件，并分别使用 PYZ、EXE 和 BUNDLE（为 Mac）生成一个应用程序包。实现如下所示：

```
a = Analysis(['Luxocator.py'],
             pathex=['.'],
             hiddenimports=[],
             hookspath=None,
             runtime_hooks=None)


# Include SSL certificates for the sake of the 'requests' module.
a.datas.append(('cacert.pem', 'cacert.pem', 'DATA'))

# Include our app's classifier data.
a.datas.append(('classifier.mat', 'classifier.mat', 'DATA'))


pyz = PYZ(a.pure)

exe = EXE(pyz,
          a.scripts,
          a.binaries,
          a.zipfiles,
          a.datas,
          name='Luxocator',
          icon='win\icon-windowed.ico',
          debug=False,
          strip=None,
          upx=True,
          console=False)

app = BUNDLE(exe,
             name='Luxocator.app',
             icon=None)
```

注意，这个脚本指定了必须与应用程序绑定的三个资源文件：cacert.pem、classifier.mat 和 winicon-windowed.ico。在前一节中，我们已经讨论了 cacert.pem，classifier.mat 是 HistogramClassifier.py 中主函数的输出。在本书 GitHub 库的 Chapter002/win 文件夹中包含了窗口图标文件 winicon-windowed.ico。另外，如果你愿意的话，可以提供自己的图标文件。

有关PyInstaller的Analysis类、说明文件以及其他功能的更多内容，请参阅https://pyinstaller.readthedocs.io/上的官方文档。

现在，让我们编写一个特定平台的shell脚本来清除所有原来的编译，训练我们的分类器，然后使用PyInstaller打包应用程序。在Windows上，创建包含下列命令的一个名为build.bat的脚本：

```
set PYINSTALLER=pyinstaller

REM Remove any previous build of the app.
rmdir build /s /q
rmdir dist /s /q

REM Train the classifier.
python HistogramClassifier.py

REM Build the app.
"%PYINSTALLER%" --onefile --windowed Luxocator.spec

REM Make the app an executable.
rename dist\Luxocator Luxocator.exe
```

如果pyinstaller.exe不在系统的路径中，那么你需要更改build.bat脚本对PYINSTALLER变量的定义，以便为pyinstaller.exe提供一个完整的路径。

类似地，在Mac或Linux上，创建一个名为build.sh的脚本。使其可执行（例如：在终端运行$ chmod +x build.sh）。该文件应该包含下列命令：

```
#!/usr/bin/env sh


# Search for common names of PyInstaller in $PATH.
if [ -x "$(command -v "pyinstaller")" ]; then
    PYINSTALLER=pyinstaller
elif [ -x "$(command -v "pyinstaller-3.6")" ]; then
    PYINSTALLER=pyinstaller-3.6
elif [ -x "$(command -v "pyinstaller-3.5")" ]; then
    PYINSTALLER=pyinstaller-3.5
elif [ -x "$(command -v "pyinstaller-3.4")" ]; then
    PYINSTALLER=pyinstaller-3.4
elif [ -x "$(command -v "pyinstaller-2.7")" ]; then
    PYINSTALLER=pyinstaller-2.7
else
    echo "Failed to find PyInstaller in \$PATH"
    exit 1
fi
echo "Found PyInstaller in \$PATH with name \"$PYINSTALLER\""

# Remove any previous build of the app.
rm -rf build
rm -rf dist
```

```
# Train the classifier.
python HistogramClassifier.py

# Build the app.
"$PYINSTALLER" --onefile --windowed Luxocator.spec

# Determine the platform.
platform=`uname -s`

if [ "$platform" = 'Darwin' ]; then
    # We are on Mac.
    # Copy custom metadata and resources into the app bundle.
    cp -r mac/Contents dist/Luxocator.app
fi
```

如果 pyinstaller 可执行文件（或一个类似的可执行文件，如：Python 3.6 的 pyinstaller-3.6）不在你的系统路径中，那么你需要更改 build.sh 脚本对 PYINSTALLER 变量的定义，以便为 pyinstaller 提供一个完整的路径。

注意，在 Mac（Darwin 平台）上，作为编译后的步骤，我们正在手动修改应用程序包的内容。我们这样做是为了重写 PyInstaller 在所有 Mac 应用程序中放置的默认应用程序图标和默认属性文件（应该注意的是，某些 PyInstaller 版本的默认属性不支持 Retina 模式，因此它们使应用程序在最新的 Mac 硬件上看起来像素化。我们的自定义解决了这个问题）。本书的 GitHub 库在一个名为 chapter002/mac/Contents 的文件夹中包含了自定义的 Mac 应用程序内容。你可以修改它的文件以提供你想要的所有图标和属性。

运行特定平台的编译脚本之后，我们应该在 dist/Luxocator.exe（Windows）、dist/Luxocator.app（Mac）或 dist/Luxocator（Linux）上编译一个可重新分发的 Luxocator 应用程序。如果在我们的开发机器上正使用 64 位的 Python 库，那么该编译将只在 64 位系统上工作。否则该编译应该同时适用于 32 位和 64 位系统。测试编译的最佳方法是在另一台没有安装任何相关库（如，OpenCV）的机器上运行该编译。

2.11　本章小结

在一个任务中就会发生这么多事情！我们训练了一个 OpenCV/NumPy/SciPy 直方图分类器，进行了 Bing 图像搜索，建立了一个 wxPython 应用程序，并使用 PyInstaller 将其打包。现在，你已经为创建其他与计算机视觉、Web 请求和 GUI 相结合的 Python 应用程序做好了充分的准备。

在我们的下一个任务中，我们将通过构建一个功能齐全的猫识别器来深入研究 OpenCV 和计算机视觉。

第二部分 Part 2

追　　踪

实时地检测、分类、识别和度量现实世界中的物体。与更广泛的应用程序框架和库进行集成。

本部分包含第 3～6 章共 4 章内容。

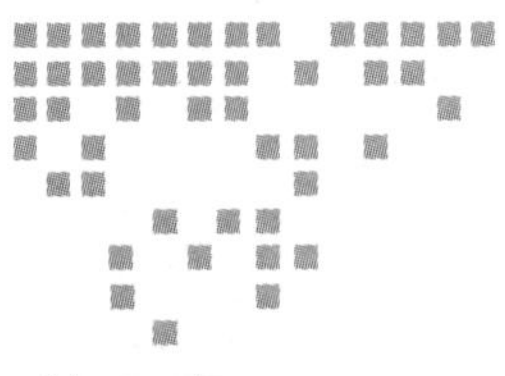

Chapter 3 第3章

训练智能警报器识别坏蛋和他的猫

想象一下，这一天是2015年1月1日。世界力量的平衡又在发生变化。立陶宛将加入欧元区。俄罗斯、白俄罗斯、亚美尼亚、哈萨克斯坦和吉尔吉斯斯坦正在形成欧亚经济联盟。*OpenCV for Secret Agents* 第1版即将印刷。有一天，如果你看到了恩斯特·斯塔夫罗·布罗菲尔德（Ernst Stavro Blofeld），你会认出他吗？

让我提醒你一下，作为**反特工、恐怖主义、复仇和敲诈勒索特别行动队（SPECTRE）**中的头号人物，布罗菲尔德是一个超级恶棍，他曾经无数次躲避詹姆斯·邦德的追杀，后来因为一场知识产权纠纷被拍成了电影。布罗菲尔德最后一次以匿名角色出现是在1981年的电影 *For Your Eyes Only* 中，我们看到他从一架直升机上坠落，在工厂的烟囱里掉下来，高喊着“邦……德”。

尽管如此戏剧性的退场，但是布罗菲尔德死亡的证据尚不明确。毕竟很难认出布罗菲尔德这个人。摄像头很少拍摄到他的脸。早在20世纪60年代，他就通过整形手术改变了自己的身份，并且把他的追随者变成了自己的样子。半个世纪过去了，我们不禁要问，布罗菲尔德是个死人，还是仅仅是一个虚构的人物呢？又或许是哥伦比亚电视剧中的一个漂亮女演员。

有一件事是肯定的。如果布罗菲尔德还活着，就一定有一只蓝眼睛的、白色安哥拉猫陪伴在他身旁（由兽医奇迹或动物标本保存）。在每一部电影里，拍打这只猫是布罗菲尔德的一个癖好。他的脸可能不一样，但是他腿上的猫是一样的。在布罗菲尔德登上决定命运的直升机之前，我们最后一次见到那只猫从他的腿上跳下来。

一些评论员注意到布罗菲尔德和奥斯丁·鲍尔斯的死敌邪恶博士之间的相似之处。然而，通过比较他们膝盖上的猫，我们可以证明这两个坏蛋并不完全一样。

其寓意是：两种方法来识别比一种方法更好。虽然我们无法看到这个人的脸，但总不至于看不到他的猫吧。

当然，终于在 2015 年 10 月 26 日揭开了悬疑，布罗菲尔德在《幽灵党》中再度归来。时隔 34 年他和他的猫看起来一点儿没变。

为了自动搜索恶棍和他们的猫，我们将开发一个名为 Angora Blue（一个听起来有点天真的代号，暗指布罗菲尔德猫的蓝眼睛）的桌面应用程序或树莓派应用程序。当 Angora Blue 以一定的置信度识别出一个指定的恶棍或指定的猫时，就会发送一封邮件提醒我们。我们还将开发一个名为“交互式识别器（Interactive Recognizer）”的 GUI 应用程序，它将根据我们交互式提供的摄像头图像和名称来训练 Angora Blue 的识别模型。为了区分脸和背景，交互式识别器借助于 OpenCV 自带的人脸检测模型，以及使用一个原始脚本和第三方图像数据库训练的一个猫脸检测模型。

或许你已经听说了，OpenCV 自带了一组预先训练好的猫脸检测器。这是真的！我们为本书的第 1 版原创性地开发了这些猫脸检测器。后来，我将猫脸检测器贡献给了 OpenCV，并对其进行改进维护。本章介绍了我用来训练这些官方 OpenCV 猫脸检测器最新版本的过程。

本章内容繁多，但却是值得花时间来学习的，因为你将学习一个过程，这个过程适用于检测和识别任何动物脸、甚至任何对象的脸。

3.1 技术需求

本章项目有下列软件依赖项：

- **包含以下模块的 Python 环境**：OpenCV（包括 opencv_contrib）、Numpy、SciPy、Requests、wxPython 以及在第 1 章中已介绍过的（可选的）PyInstaller 安装说明。相关版本的需求，请参阅安装说明。在附录 C 中介绍了运行 Python 代码的基本说明。

本章已完成的项目可在本书的 GitHub 库 http://github.com/PacktPublishing/OpenCV-4-for-Secret-Agents-Second-Edition 的 Chapter003 文件夹中找到。

3.2 机器学习的通识理解

本章，我们的工作建立在机器学习技术之上，这意味着软件根据统计模型进行预测或决策。特别地，我们的方法是一种有监督学习，这就是说我们（程序员或用户）要向软件提供数据示例和正确的响应。软件创建统计模型用于从这些示例中进行推断。人们提供的示例称为参照数据或训练数据（或计算机视觉环境中的参考图像或训练图像）。相反，软件推断与测试数据（或计算机视觉环境中的测试图像或场景）有关。

有监督学习非常类似于早期儿童教育中使用的抽认卡教学法。教师给孩子们看了一系列的图片（训练图像），然后说，

“这是一头奶牛。哞！这是一匹马。咴！”

然后，在一次去农场郊游时（一个场景），希望孩子们能分辨出一匹马和一头奶牛。但是，我必须得承认，我曾经把一匹马误认为是一头奶牛，在那以后的许多年里，我都会因为这个错误的分类而受到嘲笑。

除了被广泛使用在视觉和语义问题中的有监督学习以外，还有另外两种广泛使用的机器学习方法——无监督学习和强化学习。**无监督学习**要求软件在一些无意义的，也没有人给出正确例子的数据中找出一定的结构，比如簇。分析生物结构（如基因组）就是无监督学习的一个常见问题。另一方面，**强化学习**要求软件对一系列问题的解决方案进行实验优化，由人指定最终目标，而软件必须设置中间目标。汽车驾驶和游戏竞技是强化学习的常见问题。

除了是一个计算机视觉库以外，OpenCV 还提供了一个通用的机器学习模块，可以处理任意类型的数据，而不一定是图像。有关此模块以及机器学习概念的更多内容，请参阅 https://docs.opencv.org/4.0.0-beta/d6/de2/tutorial_py_table_of_ contents_ ml.html 上的官方 OpenCV-Python 教程中的机器学习部分。与此同时，本章还将继续介绍更专业的机器学习功能和概念，OpenCV 用户常将这些内容用于人脸检测和识别。

3.3 设计交互式识别器应用程序

让我们从中间层开始这个项目——“交互式识别器”应用程序，以便了解所有层是如何连接的。比如第 2 章中的 Luxocator 项目，“交互式识别器”是由 wxPython 构建的一个 GUI 应用程序。如图 3-1 所示，她是我的同事，Numm 汽车公司的首席科学家、高级女领袖 Sanibel San Delphinium Andromeda。

应用程序使用一个从磁盘加载的人脸检测模型，维护一个人脸识别模型，并将该模型保存到磁盘上，之后再从磁盘加载。用户可以指定所有检测到的脸部身份，并将此输入添加到脸部识别模型中。检测结果通过在视频画面中勾画人脸来显示，而识别结果通过在下方的文本中给出脸部名称来显示。具体而言，我们可以说这个应用程序有以下几个执行流程：

1）从文件加载一个脸部检测模型。检测模型的角色是区分背景和脸。

2）如果在前一次运行交互识别器时保存了一个脸部识别模型，则从文件中加载该模型。否则就新建一个。识别模型的作用是区分不同个体的脸部。

3）从摄像头中采集和显示一个实时视频。

图 3-1 交互式猫脸识别器

4）对于视频的每一帧，如果有脸部的话，就检测最大的脸部。如果检测到脸部：

a. 在脸部四周画一个长方形。

b. 允许用户以短字符串（最多四个字符）的形式输入脸部的身份，如 Joe 或 Puss。当用户单击“Add to Model”按钮时，训练模型识别用户指定的脸部（Joe、Puss，或其他身份）。

c. 如果识别模型至少训练了一张脸，则显示识别器对当前这张脸的预测，即根据识别器显示当前这张脸最可能的身份。同时，对这个预测显示一个距离度量（非置信度）。

5）如果识别模型至少训练了一张脸，则允许用户单击“Clear Model”按钮，删除模型（包括保存在文件中的所有版本）并创建一个新的。

6）退出时，如果识别模型至少训练了一张脸，那么将该模型保存到文件中，以便将其加载到交互式识别器和 Angora Blue 的后续运行中。

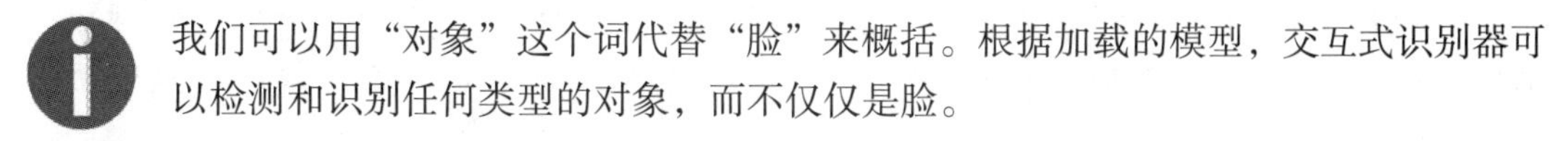

我们可以用“对象”这个词代替“脸”来概括。根据加载的模型，交互式识别器可以检测和识别任何类型的对象，而不仅仅是脸。

我们使用一种名为**哈尔级联**（Haar cascade）的检测模型和一种名为**局部二值模式**（Local Binary Patters，LBP）或**局部二值模式直方图**（Local Binary Pattern Histogram，LBPH）的识别模型。另外，我们也可以用 LBPH 进行检测和识别。作为检测模型，与哈尔级联相比，LBP 级联速度更快，但一般不太可靠。OpenCV 自带有一些哈尔级联和 LBP 级联文件，包括几个脸部检测模型。OpenCV 还包括用于生成此类文件的命令行工具。API 提供高层类来加载和使用哈尔级联或 LBP 级联，并加载、保存、训练和使用 LBPH 识别模型。让我们来了解一下这些模型的基本概念。

3.4 理解哈尔级联和LBPH

“曲奇怪兽：嗨，你知道吗？咬了一口的曲奇圈看上去像是一个C。咬了一口的甜甜圈看上去也像是一个C！但是甜甜圈不如曲奇那么好吃。喔，还有月亮有时看上去也像是一个C！但你却不能吃掉月亮。”

——“C是曲奇”芝麻街

想一想观察云！如果你躺在地上，抬头仰望云层，也许你会把一片云的形状想象成盘子里捣碎的一堆土豆泥。如果你登上一架飞机，飞向这片云层，你仍会看到云层和蓬松的土豆泥块状质地之间有一些相似之处。然而，如果你可以切下一片云，并放在显微镜下观察它，你可能会看到冰晶，这一点儿也不像捣碎土豆泥的微观结构。

同样，在由像素组成的一张图像中，人或计算机视觉算法都可以看到许多不同的形状或图案，这在一定程度上取决于放大的倍数。在哈尔级联的创建过程中，裁剪或缩放图像的各个部分，这样我们就能一次只考虑几个像素（尽管这些像素可以代表任意放大倍数）。这个图像样本称为一个“**窗口**”。我们从其他像素值中减去一些灰度像素值，以度量窗口与某些明、暗区域交界处常见形状的相似性。示例包括一条边、一个角或一条细线，如图3-2所示。如果一个窗口与其中的一个原型有很高的相似性，那么就将其选作**特征**。在相同对象的所有图片中，我们希望在相似的位置相似的放大倍数下找到一些相似的特征。

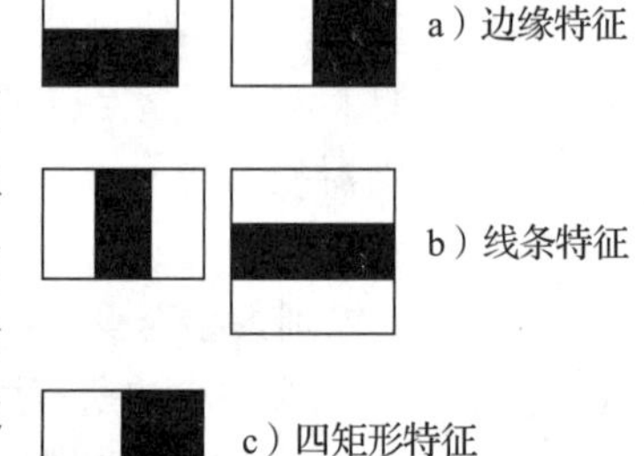

图3-2 哈尔级联特征

并非所有特征都是同等重要的。在一组图像间，我们可以知道一个特征是包含我们对象（**正样本训练集**）的真正典型的图像，还是不包含我们对象（**负样本训练集**）的非典型的图像。根据对对象和非对象的区分程度，我们给出特征的不同等级和**阶段**。一组阶段一起形成了一个**级联**或一系列比较标准。必须通过每个阶段，才能得到一个正的检测结果。相反，只在几个阶段实现一个负的检测结果，也许只有唯一一个阶段（一个重要的优化）。就像训练图像一样，通过不同的窗口检测场景，最终我们可能会在一个场景中检测到多个对象。

有关OpenCV中的哈尔级联的更多内容，请参阅官方文档https://docs.opencv.org/4.0.0-beta/d7/d8b/tutorial_py_face_detection.html。

顾名思义，LBPH模型是基于直方图的。对于一个窗口中的每个像素，我们记录下一定半径内每个相邻像素是较亮的还是较暗的。我们的直方图计算出每个相邻位置中较暗的像素。例如，如图3-3所示，假设一个窗口包含下列两个半径为1像素的邻域。

对这两个邻居进行计数（并没有计算窗口中的其他邻居），可以将我们的直方图可视化，如图 3-4 所示。

Black	White	Black
White	White	White
Black	White	Black

Black	Black	Black
White	White	White
White	White	White

图 3-3　两个半径为 1 像素的邻域

2	1	2
0	0	0
1	0	1

图 3-4　直方图的可视化

如果我们计算多个对象的多组参考图像的 LBPH，就可以确定哪一组 LBPH 参考集与场景中的某一片段（如检测到的脸）的 LBPH 距离最小。根据最短距离的参考集，我们可以预测场景中脸（或其他对象）的身份。

LBPH 模型擅长捕捉任意对象的精细纹理细节，而不仅仅是脸部的纹理细节。此外，LBPH 模型还适用于需要更新模型的那些应用程序，如交互式识别器。任意两幅图像的直方图都是独立计算的，因此添加一个新的参考图像，无须重新计算模型的其余部分。

OpenCV 还实现了其他一些常用的脸部识别模型，如 EigenFaces 和 Fisherfaces。我们之所以采用 LBPH 是因为它支持实时更新，而 Eigenfaces 和 Fisherfaces 不支持实时更新。关于这三种识别模型的更多内容，请参阅官方文档 https://docs.opencv.org/4.0.0-beta/da/d60/tutorial_face_main.html。

另外，对于检测而不是识别，我们可以将 LBPH 模型组织成多个测试的一个级联，这非常像一个哈尔级联。与 LBPH 识别模型不同，LBP 级联不能实时更新。

哈尔级联、LBP 级联和 LBPH 识别模型在旋转或翻转方面并不具有鲁棒性。例如，如果我们看到一个倒过来的脸，哈尔级联检测不到这张倒过来的脸，这是因为哈尔级联只训练了正向的脸。同样的，如果我们训练了一个 LBPH 识别模型来识别一只猫，猫的左脸是黑色的、右脸是橙色的，那么这个模型就可能无法识别出镜像中的同一只猫。唯一例外的是，我们可以在训练集中包括镜像，但是如果另一只猫的左脸是橙色的，右脸是黑色的，则可能会得到一个假阳性的识别结果。

除非另有说明，我们可以假设哈尔级联和 LBPH 模型都训练了**正立**的对象。即，在图像的坐标空间中，对象不是倾斜的，也不是倒立的。如果一个人是倒立的，我可以把摄像头倒过来拍一张他的脸，或者，同样地，在软件中应用 180 度旋转的方法，给他的脸拍一张正立的照片。

有一些值得关注的方向名词。**正面**、**背面**、**侧面**对象在图像中显示其正面、背面或侧面。大多数计算机视觉人员，包括本书作者在内，在图像坐标空间中表示左和右。例如，如果我们说左眼，对于正立的、正面的、非镜像的脸来说，我们指的是对象的右眼，这是因为图像空间中的左和右相对于正立的、正面的、非镜像对象的左和右，方向是相反的。

图 3-5 显示了我们如何在一个非镜像图像（左图）和镜像图像（右图）中标记左眼和右眼。

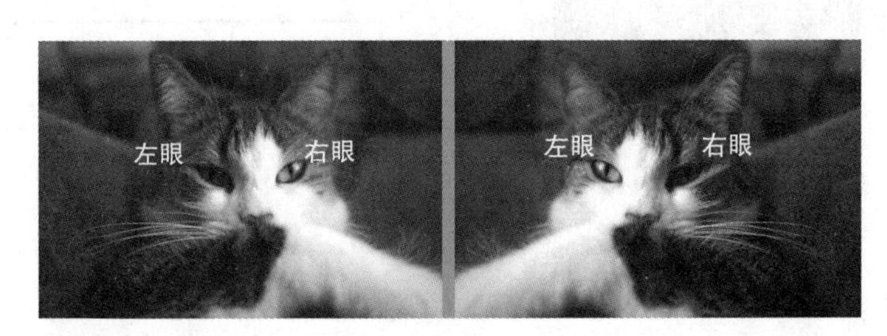

图 3-5 在非镜像图像（左图）和镜像图像（右图）中标记左眼和右眼

我们人类和猫科动物的检测器处理的是正立、正面的脸部。

当然，在真实世界的照片中，我们不能指望一张脸是完全正立的。这个人的头部或摄像头可能会略微倾斜。此外，我们都不能指望在脸和背景边界区域处的图像之间是相似的。我们必须要非常小心地对训练图像进行预处理，使得脸部被旋转到一个近似完美的正立姿态，并且裁剪掉边界区域。在裁剪时，我们应该把脸部的主要特征（如眼睛）放在一个明确的位置上。这些注意事项将在本章的 3.6 节中进一步讨论。

如果我们必须在不同的旋转方向上检测脸部，一个选择是在将其发送给检测器之前就对场景进行旋转。例如，我们可以试着在原始场景中检测脸部，然后在场景旋转了 15 度的情况下检测脸部，然后在场景旋转了 –15 度（345 度）的情况下检测脸部，然后在场景旋转 30 度的情况下检测脸部，等等。类似地，我们可以将场景的镜像版本发送给检测器。根据对不同场景的测试，这种方法可能非常慢而不适于实时使用，因此，本章我们不使用这种方法。

3.5 实现交互式识别器应用程序

让我们来新建一个文件夹，用于保存本章的项目，包括与交互式识别器相关的下列子文件夹和文件。

- cascades/haarcascade_frontalface_alt.xml：正面人脸的一个检测模型，应该包含在 OpenCV 的路径（例如，<opencv_unzip_destination>/data/haarcascades/haarcascade_frontalface_alt.xml）中，或者包含在 /opt/local/share/OpenCV/haarcascades/haarcascade_frontalface_alt.xml 的 MacPorts 安装中。复制或链接到该版本。（或者从本书的 Git-

Hub 库中获得。）

- ❑ cascades/lbpcascade_frontalface.xml：一个可供选择的（更快但可靠性较差）正面人脸检测模型。应该将它包含到 OpenCV 的路径（如，<opencv_unzip_destination>/data/lbpcascades/lbpcascade_frontalface.xml）中，或者包含在 /opt/local/share/OpenCV/lbpcascades/lbpcascade_frontalface.xml 的 MacPorts 安装中。复制或链接到该版本。或者，从本书的 GitHub 库中获得。
- ❑ cascades/haarcascade_frontalcatface.xml：一个正面的猫科动物脸部检测模型。我们将在本章后面编译它。（或者从本书的 GitHub 库中获取一个预编译版本）。
- ❑ cascades/haarcascade_frontalcatface_extended.xml：另一个可供选择的正面猫科动物脸部检测模型。该版本对于可能包括胡须和耳朵的斜纹图案很敏感。我们将在本章的后面编译它。（或者从本书的 GitHub 库中获取一个预编译版本。）
- ❑ cascades/lbpcascade_frontalcatface.xml：另一种可选择的（更快但可靠性较差）用于正面猫科动物脸部检测的模型。我们将在本章后面编译它。（或者从本书的 GitHub 库中获取一个预编译版本。）
- ❑ recognizers/lbph_human_faces.xml：一个特定人类个体脸部的识别模型。它由 InteractiveHumanFaceRecognizer.py 生成，如后文所述。
- ❑ recognizers/lbph_cat_faces.xml：一个特定猫科动物脸部的识别模型。它由 InteractiveCatFaceRecognizer.py 生成，如后文所述。
- ❑ ResizeUtils.py：用于调整图像大小的工具函数。可以复制或链接到上一章的 ResizeUtils.py 版本。我们还将增加一个函数来调整摄像头捕获的尺寸。
- ❑ WxUtils.py：用于 wxPython GUI 应用程序的工具函数。可复制或链接到第 2 章中的 WxUtils.py 版本。
- ❑ BinasciiUtils.py：将人类可读的标识符转换成数字并返回的工具函数。
- ❑ InteractiveRecognizer.py：一个封装了 Interactive Recognizer 应用程序并公开某些配置变量的类。我们将在本节中实现这个类。
- ❑ InteractiveHumanFaceRecognizer.py：启动交互式识别器某一版本的脚本，该版本是为正面人脸配置的。我们将在本节中实现这一脚本。
- ❑ InteractiveCatFaceRecognizer.py：启动交互式识别器某一版本的脚本，该版本是为正面猫科动物脸部配置的。我们将在本节中实现这一脚本。

让我们从已有的 ResizeUtils 模块的一个附加部分开始吧。我们希望能够指定摄像头采集图像的分辨率。摄像头的输入由一个名为 VideoCapture 的 OpenCV 类表示，其中包含与各种摄像头参数（包括分辨率）有关的 get 和 set 方法。（顺便提一下，VideoCapture 也可以表示一个视频文件。）无法保证摄像头就一定支持指定的拍摄分辨率。我们需要检查设置拍摄分辨率的任何尝试成功与否。因此，让我们向 ResizeUtils.py 添加下面这个工具函数，试着设置一个拍摄分辨率并返回实际的拍摄分辨率。

```
def cvResizeCapture(capture, preferredSize):

    # Try to set the requested dimensions.
    w, h = preferredSize
    capture.set(cv2.CAP_PROP_FRAME_WIDTH, w)
    capture.set(cv2.CAP_PROP_FRAME_HEIGHT, h)

    # Sometimes the dimensions fluctuate at the start of capture.
    # Discard two frames to allow for this.
    capture.read()
    capture.read()

    # Try to return the actual dimensions of the third frame.
    success, image = capture.read()
    if success and image is not None:
        h, w = image.shape[:2]
    return (w, h)
```

现在，让我们考虑一下新模块 BinasciiUtils 的需求。OpenCV 的识别器使用 32 位整数作为标识符。GUI 要求用户给出一张脸的一个编号，而不是一个名字，这是不太友好的。我们可以保存一个字典实现编号到名字的映射，并且我们可以将这个字典连同识别模型一起保存到磁盘上，但这是我的偷懒解决方案。可以将四位或更少的 ASCII 字符转换成 32 位整数（反之亦然）。例如，假设名字是 Puss，每个字母的 ASCII 编码分别是 80、117、115 和 115。由于每个字母是一个字节或 8 位，我们可以将移位操作应用于 ASCII 码，以得到下面的值：

$$(80 << 24) + (117 << 16) + (115 << 8) + 115 = 1,349,874,547$$

我们将允许用户输入最多 4 个字符的名字，并且在后台，我们将对模型存储的 32 位整数进行转换。让我们创建 BinasciiUtils.py，并将下列导入函数和转换函数放入 BinasciiUtils.py 中：

```
import binascii

def fourCharsToInt(s):
    return int(binascii.hexlify(bytearray(s, 'ascii')), 16)

def intToFourChars(i):
    return binascii.unhexlify(format(i, 'x')).decode('ascii')
```

现在，让我们继续编写 InteractiveRecognizer.py。它应当以下面这些 import 导入语句开始：

```
import numpy
import cv2
import os
import sys
import threading
import wx

import BinasciiUtils
import ResizeUtils
import WxUtils
```

我们的 InteractiveRecognizer 应用程序类接受几个参数，这些参数允许我们用不同的标题、不同的突显颜色、不同的识别模型、不同的检测模型，以及不同的微调检测行为创建应用程序的不同变体。让我们来看看初始化程序的声明：

```
class InteractiveRecognizer(wx.Frame):

    def __init__(self, recognizerPath, cascadePath,
                 scaleFactor=1.3, minNeighbors=4,
                 minSizeProportional=(0.25, 0.25),
                 rectColor=(0, 255, 0),
                 cameraDeviceID=0, imageSize=(1280, 720),
                 title='Interactive Recognizer'):
```

初始化程序的参数定义如下：

- recognizerPath：这是一个包含了识别模型的文件。该文件无须在应用程序启动时就存在。相反，在应用程序退出时，才将识别模型（如果有）保存在这里。
- cascadePath：这是一个包含检测模型的文件。该文件必须在应用程序启动时就存在。
- scaleFactor：检测器在多个不同的尺度下搜索脸部。该参数指定每个尺度与下一个更小尺度间的比值。比值越大表示搜索越快，但检测越少。
- minNeighbors：如果检测器遇到两个都可能通过脸部检测的重叠区域，就将这两个重叠区域称为邻居。minNeighbors 参数指定为了通过检测，一张脸必须拥有的最小邻居个数。这里 minNeighbors>0，基本原理是：可以在几个不同的地方裁剪一张真实的脸，但是看起来仍然像一张脸。需要的邻居数量越大意味着更少的检测量和更低的误报率。
- minSizeProportional：将摄像头垂直分辨率或水平分辨率的比例中较小的值表示为脸的最小宽度和高度。例如：如果摄像头分辨率是 640x480，并且 minSizeProportional=(0.25, 0.25)，这个脸的尺寸至少达到 120x120（以像素为单位）才能够通过检测。最小尺寸越大意味着搜索速度越快，但是检测量更少。(0.25, 0.25) 这个默认值适用于离摄像头较近的脸。
- rectColor：这是检测到的脸部矩形轮廓的颜色。与 OpenCV 中的大多数颜色元组一样，它的顺序指定为**蓝、绿和红（BGR）**(而不是 RGB)。
- cameraDeviceID：用于输入的摄像头设备 ID。通常，网络摄像头的编号是从 0 开始的，所有连接到外部的摄像头的编号总是在内部摄像头的编号的前面。一些摄像头驱动程序保留了固定的设备 ID 号。例如，OpenNI 为 Kinect 保留了 900，为 Asus Xtion 保留了 910。
- imageSize：采集图像的首选分辨率。如果摄像头不支持这个分辨率，则使用另一个分辨率。
- title：应用程序的标题，如窗口标题栏所示。

我们还提供一个 public 类型的布尔变量来配置摄像头画面是否为镜像。默认为镜像，因为用户找到自己的镜像图像更为直观：

```
self.mirrored = True
```

另一个布尔值跟踪应用程序是仍在继续运行，还是正在关闭。这条信息与清理后台线程相关：

```
self._running = True
```

采用一个名为 cv2.VideoCapture 的 OpenCV 类，我们打开一个摄像头画面，并得到它的分辨率，命令如下：

```
self._capture = cv2.VideoCapture(cameraDeviceID)
size = ResizeUtils.cvResizeCapture(
        self._capture, imageSize)
self._imageWidth, self._imageHeight = size
```

我们定义变量来保存采集、处理和显示的图像。一开始，这些都为 None 值。为了在一个线程中采集和处理图像，然后在另一个线程中将它们绘制到屏幕上，我们将使用一种称为**双向缓冲**的模式。当在一个线程上准备一个帧（**后缓冲区**）时，将在另一个线程上绘制另一帧（**前缓冲区**）。当两个线程都完成了一轮工作后，我们将交换缓冲区，这样旧的后缓冲区成为新的前缓冲区，反之亦然（只需更改引用，而不复制数据）。为了在一个线程安全的方式下实现这种设计，我们需要声明一个**互斥锁**（也称为**互斥**），它表示一种权限或资源（本例中，是对前缓冲区的访问），每次只能有一个线程获得访问权限。我们将在本节后面的 _onVideoPanelPaint 和 _runCaptureLoop 方法中看到这种锁的使用。下面是图像和锁的初始化声明：

```
self._image = None
self._grayImage = None
self._equalizedGrayImage = None

self._imageFrontBuffer = None
self._imageFrontBufferLock = threading.Lock()
```

接下来，我们设置与检测和识别相关的变量。这些变量大多数只是用来存储供以后使用的初始化参数。此外，我们保留了当前检测到的脸部的一个引用，最初为 None。我们初始化一个 LBPH 识别器，并加载我们可能在上一次运行应用程序时保存的任意一个识别模型。同样，我们通过从文件中加载一个哈尔级联或 LBP 级联来初始化一个检测器。相关代码如下所示：

```
self._currDetectedObject = None

self._recognizerPath = recognizerPath
self._recognizer = cv2.face.LBPHFaceRecognizer_create()
if os.path.isfile(recognizerPath):
    self._recognizer.read(recognizerPath)
    self._recognizerTrained = True
else:
    self._recognizerTrained = False
```

```
self._detector = cv2.CascadeClassifier(cascadePath)
self._scaleFactor = scaleFactor
self._minNeighbors = minNeighbors
minImageSize = min(self._imageWidth, self._imageHeight)
self._minSize = (int(minImageSize * minSizeProportional[0]),
                 int(minImageSize * minSizeProportional[1]))
self._rectColor = rectColor
```

完成了设置与计算机视觉相关的变量之后，我们继续进行 GUI 的实现，这些主要是样板代码。首先，在下列代码片段中，我们使用特定的样式、大小、标题和背景颜色设置窗口，并且为关闭事件绑定一个句柄。

```
style = wx.CLOSE_BOX | wx.MINIMIZE_BOX | wx.CAPTION | \
    wx.SYSTEM_MENU | wx.CLIP_CHILDREN
wx.Frame.__init__(self, None, title=title,
                  style=style, size=size)
self.SetBackgroundColour(wx.Colour(232, 232, 232))

self.Bind(wx.EVT_CLOSE, self._onCloseWindow)
```

接下来，我们为 Escape 键设置一个回调，因为按键不是一个 GUI 控件，没有直接与按键关联的 Bind 方法，所以我们需要设置与之前在 wxWidgets 中看到的略有不同的回调。我们将一个新的菜单事件和回调绑定到 InteractiveRecognizer 实例，然后我们使用一个名为 wx.AcceleratorTable 的类，将一个键盘快捷键映射到菜单事件。（注意，我们的应用程序实际上没有菜单，键盘快捷键也不需要实际菜单项。）代码如下：

```
quitCommandID = wx.NewId()
self.Bind(wx.EVT_MENU, self._onQuitCommand,
          id=quitCommandID)
acceleratorTable = wx.AcceleratorTable([
    (wx.ACCEL_NORMAL, wx.WXK_ESCAPE, quitCommandID)
])
self.SetAcceleratorTable(acceleratorTable)
```

下列代码初始化 GUI 控件（包括一个视频面板、文本字段、按钮和标签）并设置事件的回调：

```
self._videoPanel = wx.Panel(self, size=size)
self._videoPanel.Bind(
        wx.EVT_ERASE_BACKGROUND,
        self._onVideoPanelEraseBackground)
self._videoPanel.Bind(
        wx.EVT_PAINT, self._onVideoPanelPaint)

self._videoBitmap = None

self._referenceTextCtrl = wx.TextCtrl(
        self, style=wx.TE_PROCESS_ENTER)
self._referenceTextCtrl.SetMaxLength(4)
self._referenceTextCtrl.Bind(
        wx.EVT_KEY_UP, self._onReferenceTextCtrlKeyUp)

self._predictionStaticText = wx.StaticText(self)
```

```
# Insert an endline for consistent spacing.
self._predictionStaticText.SetLabel('\n')

self._updateModelButton = wx.Button(
        self, label='Add to Model')
self._updateModelButton.Bind(
        wx.EVT_BUTTON, self._updateModel)
self._updateModelButton.Disable()

self._clearModelButton = wx.Button(
        self, label='Clear Model')
self._clearModelButton.Bind(
        wx.EVT_BUTTON, self._clearModel)
if not self._recognizerTrained:
    self._clearModelButton.Disable()
```

类似于 Luxocator（第 2 章的项目），交互式识别器将图像放在顶部，一排控件放在底部。布局代码如下所示：

```
border = 12

controlsSizer = wx.BoxSizer(wx.HORIZONTAL)
controlsSizer.Add(self._referenceTextCtrl, 0,
                  wx.ALIGN_CENTER_VERTICAL | wx.RIGHT,
                  border)
controlsSizer.Add(
        self._updateModelButton, 0,
        wx.ALIGN_CENTER_VERTICAL | wx.RIGHT, border)
controlsSizer.Add(self._predictionStaticText, 0,
                  wx.ALIGN_CENTER_VERTICAL)
controlsSizer.Add((0, 0), 1) # Spacer
controlsSizer.Add(self._clearModelButton, 0,
                  wx.ALIGN_CENTER_VERTICAL)

rootSizer = wx.BoxSizer(wx.VERTICAL)
rootSizer.Add(self._videoPanel)
rootSizer.Add(controlsSizer, 0, wx.EXPAND | wx.ALL, border)
self.SetSizerAndFit(rootSizer)
```

最后，初始化程序启动执行图像采集和图像处理（包括检测和识别）的后台线程。在一个后台线程上执行密集的计算机视觉工作是很重要的，这样就不会阻塞对 GUI 事件的处理。启动线程的代码如下所示：

```
self._captureThread = threading.Thread(
        target=self._runCaptureLoop)
self._captureThread.start()
```

对于各种各样的输入事件和后台作业，InteractiveRecognizer 有许多以不确定顺序运行的方法。首先，我们将查看输入事件句柄，然后再来处理一部分运行于后台线程上的图像通道（采集、处理和显示）。

关闭窗口时，我们要确保后台线程停止。然后，如果要训练识别模型，我们还要将其保存至文件。相关回调的实现如下所示：

```
def _onCloseWindow(self, event):
    self._running = False
    self._captureThread.join()
    if self._recognizerTrained:
        modelDir = os.path.dirname(self._recognizerPath)
        if not os.path.isdir(modelDir):
            os.makedirs(modelDir)
        self._recognizer.write(self._recognizerPath)
    self.Destroy()
```

在单击窗口的标准 X 按钮时，除了关闭窗口外，我们还需要在 _onQuitCommand 回调中关闭窗口，我们将该回调链接到 Esc 按钮。回调的实现代码如下所示：

```
def _onQuitCommand(self, event):
    self.Close()
```

我们处理视频面板的擦除事件时不做任何事情，因为我们只是想在旧的视频帧上进行绘制，而不是要擦除它。我们通过获取允许线程安全访问前端图像缓冲区的锁，来处理视频面板的绘制事件，将图像转换为 wxPython 位图，再将这个位图绘制到面板上。两个相关回调的实现代码，如下所示：

```
def _onVideoPanelEraseBackground(self, event):
    pass

def _onVideoPanelPaint(self, event):

self._imageFrontBufferLock.acquire()

if self._imageFrontBuffer is None:
    self._imageFrontBufferLock.release()
    return

# Convert the image to bitmap format.
self._videoBitmap = \
        WxUtils.wxBitmapFromCvImage(self._imageFrontBuffer)

self._imageFrontBufferLock.release()

# Show the bitmap.
dc = wx.BufferedPaintDC(self._videoPanel)
dc.DrawBitmap(self._videoBitmap, 0, 0)
```

当用户在文本字段中添加或删除文本时，_onReferenceTextCtrlKeyUp 回调（如下所示）调用一个助手方法，检查“Add to Model”按钮是启用还是禁用的：

```
def _onReferenceTextCtrlKeyUp(self, event):
    self._enableOrDisableUpdateModelButton()
```

在单击“Add to Model”按钮时，它的回调会将新的训练数据提供给识别模型。如果 LBPH 模型没有先验训练数据，我们就必须使用识别器的 train 方法。否则，我必须使用识别器的 update 方法。这两个方法都接受两个参数——一个图像列表（脸部）和一个整数 NumPy 数组（脸的标识符）。我们一次只使用一个图像来训练或更新模型，这样用户就可以交互式地测试模型的每个增量变化效果。图像是最近检测到的脸，标识符是使用 Binascii-

Utils.fourCharsToInt 函数从文本字段中的文本转换得到的。“Add to Model”按钮回调的实现如下所示：

```
def _updateModel(self, event):
    labelAsStr = self._referenceTextCtrl.GetValue()
    labelAsInt = BinasciiUtils.fourCharsToInt(labelAsStr)
    src = [self._currDetectedObject]
    labels = numpy.array([labelAsInt])
    if self._recognizerTrained:
        self._recognizer.update(src, labels)
    else:
        self._recognizer.train(src, labels)
        self._recognizerTrained = True
        self._clearModelButton.Enable()
```

在单击“Clear Model”按钮时，它的回调删除识别模型（包括已经保存至磁盘的各个版本）并创建一个新的模型。此外，我们记录未训练的模型，并且在重新训练模型前，禁用“Clear Model”按钮。实现代码如下所示：

```
def _clearModel(self, event=None):
    self._recognizerTrained = False
    self._clearModelButton.Disable()
    if os.path.isfile(self._recognizerPath):
        os.remove(self._recognizerPath)
    self._recognizer = cv2.face.LBPHFaceRecognizer_create()
```

我们的后台线程要运行一个循环。在每次迭代中，我们使用 VideoCapture 对象的 read 方法来采集一幅图像。除了图像之外，read 方法还要返回一个 success 标记，但是我们并不需要这个标记，因为我们只是检查图像是否为 None。如果图像不为 None，我们就调用一个名为 _detectAndRecognize 的助手方法，再将图像镜像处理后显示出来。我们还获取锁来执行一个线程安全的前图像缓冲区和后图像缓冲区的交换。交换后，我们通知视频面板通过从新的前缓冲区绘制位图来刷新自身。这个循环的实现代码如下所示：

```
def _runCaptureLoop(self):
    while self._running:
        success, self._image = self._capture.read(
                self._image)
        if self._image is not None:
            self._detectAndRecognize()
            if (self.mirrored):
                self._image[:] = numpy.fliplr(self._image)

            # Perform a thread-safe swap of the front and
            # back image buffers.
            self._imageFrontBufferLock.acquire()
            self._imageFrontBuffer, self._image = \
                    self._image, self._imageFrontBuffer
            self._imageFrontBufferLock.release()

            # Send a refresh event to the video panel so
            # that it will draw the image from the front
            # buffer.
            self._videoPanel.Refresh()
```

通过调用 self._capture.read(self._image)，我们通知 OpenCV 重用 self._image 中的图像缓冲区（如果 self.image 不是 None，而且大小也正确的话），这样我们就不必每次采集一个新帧时都分配一个新的内存了。一种可替代的方法是调用无参数的 self._capture.read()，这种方法虽然有效，但是效率较低。在这种情况下，我们每次采集一个新帧时，就会分配一个新的内存。

回忆一下，在 _onCloseWindow 回调将 _running 设置为 False 值之后，循环才结束。

_detectAndRecognize 助手方法也在后台线程上运行。该方法首先创建一个**均衡化**的灰度图像。一个**均衡化**图像有一个近似均匀分布的直方图。也就是说，对于某些 bin 的大小，每个 bin 的灰度值中的像素数是近似相等的。这是一种对比度调整，尽管在不同图像中有不同的光照条件和曝光设置，但是也可以使一个对象的外观更可预测。因此，这种方法有助于检测或识别。我们将均衡化图像传递给分类器的 detectMultiScale 方法，同时还使用了在 InteractiveRecognizer 初始化过程时指定的 scaleFactor、minNeighbors 和 minSize 参数。作为 detectMultiScale 的返回值，我们得到一个矩形度量的列表，来描述检测到的脸部的边界。为了显示出来，我们在这些脸的四周绘制绿色的轮廓。如果至少检测到一张脸，我们就会在 _currDetectedObject 成员变量中存储第一张脸的一个均衡灰度版本。_detectAndRecognize 第一部分的实现如下所示：

```
def _detectAndRecognize(self):
    self._grayImage = cv2.cvtColor(
            self._image, cv2.COLOR_BGR2GRAY,
            self._grayImage)
    self._equalizedGrayImage = cv2.equalizeHist(
            self._grayImage, self._equalizedGrayImage)
    rects = self._detector.detectMultiScale(
            self._equalizedGrayImage,
            scaleFactor=self._scaleFactor,
            minNeighbors=self._minNeighbors,
            minSize=self._minSize)
    for x, y, w, h in rects:
        cv2.rectangle(self._image, (x, y), (x+w, y+h),
                      self._rectColor, 1)
    if len(rects) > 0:
        x, y, w, h = rects[0]
        self._currDetectedObject = cv2.equalizeHist(
                self._grayImage[y:y+h, x:x+w])
```

注意，我们在对检测到的脸部区域裁剪后，再对检测到的脸部区域分别执行均衡化。这使我们能够得到一个更好地适应脸部局部对比度（而不是整个图像的全局对比度）的均衡结果。

如果现在检测到了一个脸，并且识别模型至少训练了一个个体，那么我们就可以继续预测这个脸的身份了。我们将已均衡化处理的脸部传递给识别器的 predict 方法，并得到两个返回值——一个整数标识符和一个距离度量（非置信度）。使用 BinasciiUtils.inTo-

FourChars 函数将这个整数转换成一个字符串（最多 4 个字符），这个字符串将是用户之前输入的一个脸的名字。我们显示名字和距离。如果出现错误（例如，如果从文件中加载了一个无效的模型），我们就删除并重新创建这个模型。如果还没有训练模型，我们就给出有关模型训练的说明。_detectAndRecognize 方法中间部分的实现如下所示：

```
if self._recognizerTrained:
    try:
        labelAsInt, distance = self._recognizer.predict(
                self._currDetectedObject)
        labelAsStr = BinasciiUtils.intToFourChars(labelAsInt)
        self._showMessage(
                'This looks most like %s.\n'
                'The distance is %.0f.' % \
                (labelAsStr, distance))
    except cv2.error:
        print >> sys.stderr, \
                'Recreating model due to error.'
        self._clearModel()
else:
    self._showInstructions()
```

如果没有检测到脸，我们就将 _currDetectedObject 设置为 None，并显示说明（如果还没有对模型进行训练），否则就没有描述性文本。在所有条件下，我们通过确认“Add to Model”按钮是启用还是禁用（视情况而定）来结束 _detectAndRecognize 方法。该方法实现的最后一部分如下所示：

```
else:
    self._currDetectedObject = None
    if self._recognizerTrained:
        self._clearMessage()
    else:
        self._showInstructions()

self._enableOrDisableUpdateModelButton()
```

仅在检测到一张脸并且文本字段不为空的情况下，才能启用“Add to Model”按钮。我们可以通过以下方式来实现这个逻辑：

```
def _enableOrDisableUpdateModelButton(self):
    labelAsStr = self._referenceTextCtrl.GetValue()
    if len(labelAsStr) < 1 or \
                self._currDetectedObject is None:
        self._updateModelButton.Disable()
    else:
        self._updateModelButton.Enable()
```

因为我们在多种不同的条件下设置了标签的文本，故可使用下列助手函数来减少重复的代码，代码如下所示：

```
    def _showInstructions(self):
        self._showMessage(
                'When an object is highlighted, type its name\n'
                '(max 4 chars) and click "Add to Model".')

    def _clearMessage(self):
        # Insert an endline for consistent spacing.
        self._showMessage('\n')

    def _showMessage(self, message):
        wx.CallAfter(self._predictionStaticText.SetLabel, message)
```

注意 wx.CallAfter 函数的使用，确保标签是在主线程上进行更新的。

这就是交互式识别器的全部功能。现在，我们只需要为应用程序的两个变体编写 main 函数就行了，首先是交互式人脸识别器。作为 InteractiveRecognizer 的初始化参数，我们为相关的检测模型和识别模型提供应用程序的标题和与 PyInstaller 兼容的路径。我们运行这个应用程序。实现如下所示，我们可以将其放入 InteractiveHumanFaceRecognizer.py 中：

```
#!/usr/bin/env python


import wx

from InteractiveRecognizer import InteractiveRecognizer
import PyInstallerUtils


def main():
    app = wx.App()

    recognizerPath = PyInstallerUtils.resourcePath(
            'recognizers/lbph_human_faces.xml')
    cascadePath = PyInstallerUtils.resourcePath(
            # Uncomment the next argument for LBP.
            #'cascades/lbpcascade_frontalface.xml')
            # Uncomment the next argument for Haar.
            'cascades/haarcascade_frontalface_alt.xml')
    interactiveRecognizer = InteractiveRecognizer(
            recognizerPath, cascadePath,
            title='Interactive Human Face Recognizer')
    interactiveRecognizer.Show()
    app.MainLoop()

if __name__ == '__main__':
    main()
```

记住，需要从 OpenCV 的示例或从本书的 GitHub 库中获得 cascades/haarcascade_frontalface_alt.xml 或 cascades/lpbcascade_frontalface.xml。现在就开始自由地测试交互式人脸识别器吧！

应用程序的第二个变体——交互式猫脸检测器，使用与上面的代码非常相似的代码。我们更改一下应用程序的标题以及检测模型和识别模型的路径。而且，我们还将 scaleFactor 值降低到 1.2，minNeighbors 的值降低到 1，minSizeProportional 的值降低到

（0.125, 0.125），以使得检测器更加灵敏。（猫脸比人脸小，并且结果表明我们的猫脸检测模型比人脸检测模型更不容易出现误报，所以这些调整是合适的。）我们可以将下面的实现放入 InteractiveCatFaceRecognizer.py 中：

```
#!/usr/bin/env python


import wx

from InteractiveRecognizer import InteractiveRecognizer
import PyInstallerUtils


def main():
    app = wx.App()
    recognizerPath = PyInstallerUtils.resourcePath(
            'recognizers/lbph_cat_faces.xml')
    cascadePath = PyInstallerUtils.resourcePath(
            # Uncomment the next argument for LBP.
            #'cascades/lbpcascade_frontalcatface.xml')
            # Uncomment the next argument for Haar with basic
            # features.
            #'cascades/haarcascade_frontalcatface.xml')
            # Uncomment the next argument for Haar with extended
            # features.
            'cascades/haarcascade_frontalcatface_extended.xml')
    interactiveRecognizer = InteractiveRecognizer(
            recognizerPath, cascadePath,
            scaleFactor=1.2, minNeighbors=1,
            minSizeProportional=(0.125, 0.125),
            title='Interactive Cat Face Recognizer')
    interactiveRecognizer.Show()
    app.MainLoop()

if __name__ == '__main__':
    main()
```

在这一阶段，因为 cascades/haarcascade_frontalcatface.xml、cascades/haarcascade_frontalcatface_extended.xml 或 cascades/lpbcascade_frontalcatface.xml 还不存在（除非你已从本书的 GitHub 库中复制了预编译版本），这就导致无法正常运行交互式猫脸识别器。很快，我们就要创建它了！

3.6 设计猫检测模型

我说的“很快”指的是一两天。训练一个哈尔级联会花掉大量的处理时间。训练一个 LBP 级联相对来说要快一点。但是，不管用哪种方法，在开始训练之前我们都要去下载大量的图像。找到一个可靠的网络连接、一个电源插座、至少 4GB 的空闲磁盘空间，以及你能找到的最快的 CPU 和最大的内存。不要试图在树莓派上完成项目的这一部分。让你的计算机远离外部热源或那些可能会阻碍风扇散热的东西。在一台 2.6GHz 英特尔酷睿 i7 处理器和 16GB 内存的 MacBook Pro 机器上，在 4 核处理器 100% 占用的情况下，我的哈尔级联训练的处理时间是 24 小时（对斜纹图案敏感、对触须友好的版本需要的处理时间会更长）。

我们使用下列图像集，这些图像集可免费供研究之用：

- PASCAL Visual Object Classes Challenge 2007（VOC2007）数据集。VOC2007 包含了 10 000 张不同背景、不同光照条件、不同主题对象的图像，因此非常适合用作我们的负样本训练集的基础。这些图像都带有注释数据，包括每个图像中猫的数量（通常为 0）。因此，在建立负样本训练集时，我们可以轻易去掉那些有猫的图像。
- 加州理工学院（Caltech）的正面脸部数据集 Faces1999。这个数据集包含了 450 张在不同光照条件和不同背景下的正面人脸图像。这些图像为我们的负样本训练集提供了有用的补充，因为我们的正面猫脸检测器可能部署在也有正面人脸出现的地方。该数据集中的这些图像中都没有包含猫。
- Urtho 负训练集，最初是一个名为 Urtho 的脸部和眼睛检测项目的一部分。该数据集包含了 3 000 张不同背景的图像。这些图像都没有包含猫。
- 微软研究院的猫头数据集（*Microsoft Cat Dataset 2008*），包括不同背景和不同光照条件下的 10 000 张猫的图像。猫头的旋转不同，但在所有情况下，鼻子、嘴巴、两只眼睛和两只耳朵都是清晰可见的。因此，我们可以说，所有这些包含了正面脸部的图像都适合用作我们的正样本训练集。每个带有注释数据的图像，都标明了嘴巴的中心、眼睛的中心，以及耳朵凹角（每只耳朵三个角点）的坐标。利用这些注释数据，我们就可以拉直并裁剪猫脸，以使正样本训练图像更加相似，如图 3-6 所示。

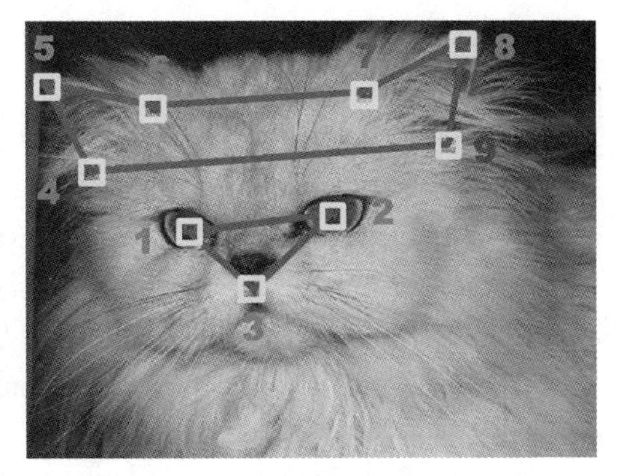

图 3-6　带有注释数据的猫头图像

Urtho 负样本训练集的作者未知。其他带标注的数据集由下列作者慷慨提供，下面列出了部分文献：

- Everingham, M.and Van Gool, L.and Williams, C.K.I.and Winn, J., and Zisserman, A. *The PASCAL Visual Object Classes Challenge 2007 (VOC2007) Results*。
- Weber, Markus. *Frontal face dataset*. California Institute of Technology, 1999。
- Weiwei Zhang, Jian Sun, and Xiaoou Tang. *Cat Head Detection-How to Effectively Exploit Shape and Texture Features*, Proc.of European Conf.Computer Vision, vol.4, pp.802-816, 2008。

我们将对图像进行预处理，并且生成描述正、负样本训练集的文件。经过预处理之后，所有训练图像都是均衡的灰度格式，而且正训练图像是垂直的和裁剪的。描述文件符合 OpenCV 训练工具所期望的某些格式。当训练集准备妥当后，我们将用合适的参数运行 OpenCV 训练工具。输出将是用于检测直立的正面猫脸的一个哈尔级联文件。

3.7 实现猫检测模型的训练脚本

"普拉琳：我这辈子从未见过这么多天线。那人告诉我，他们的设备可以精确定位 400 码外的呼噜声，埃里克是一只快乐的猫，真是小菜一碟。"

——鱼牌照素描，巨蟒剧团之飞翔的马戏团，第 23 集（1970）

项目的该部分用到了数万个文件，包括图像、注释文件、脚本以及训练过程的中间输出和最终输出。让我们给项目创建一个子文件夹 cascade_training 来组织所有这些新素材，这个文件夹最终将包含下列内容：

- cascade_training/CAT_DATASET_01：这是微软猫数据集 2008（Microsoft Cat Dataset 2008）的前半部分。
- cascade_training/CAT_DATASET_02：这是微软猫数据集 2008（Microsoft Cat Dataset 2008）的第二部分。
- cascade_training/faces：这是加州理工学院的脸部数据集（Caltech Faces 1999）。
- cascade_training/urtho_negatives：这是 Urtho 负样本数据集。
- cascade_training/VOC2007：这是 VOC2007 数据集。
- cascade_training/describe.py：用于预处理和描述正、负样本训练集的一个脚本。作为输出，它会在之前的数据集目录以及后续文本描述文件中创建一些新图像。
- cascade_training/negative_description.txt：这是描述负样本训练集的一个生成文本文件。
- cascade_training/positive_description.txt：这是描述正样本训练集的一个生成文本文件。
- cascade_training/train.bat（Windows）或 cascade_training/train.sh（Mac 或 Linux）：这是一个脚本，用来运行拥有合适参数的 OpenCV 级联训练工具。作为输入，它要用到之前的文本描述文件。作为输出，它生成一个尚未提到过的二进制描述文件和级联文件。
- cascade_training/binary_description：这是描述正样本训练集的一个生成二进制文件。
- cascade_training/lbpcascade_frontalcatface/*.xml：这个文件给出了 LBP 级联训练的中间结果和最终结果。
- cascades/lbpcascade_frontalcatface.xml：这是 LBP 级联训练最终结果的一个副本，

在我们应用程序期望的位置。

- ascade_training/haarcascade_frontalcatface/*.xml：这个文件显示了哈尔级联训练的中间结果和最终结果。
- cascades/haarcascade_frontalcatface.xml：这是哈尔级联训练的最终结果的一个副本，位于我们应用程序期望的位置。

有关获取和提取 Microsoft Cat 数据集 2008、Caltech Faces 1999 数据集、Urtho 负样本数据集、以及 VOC2007 数据集的最新说明，请参阅本书 GitHub 网页（https://github.com/PacktPublishing/OpenCV-4-for-Secret-Agents-Second-Edition/）上的 README 文档。久而久之，一些数据集的原始站点或镜像已经永久关闭了，但是其他镜像会在网上不断涌现。

当数据集下载完毕且被解压到合适位置以后，我们来编写 describe.py 文件。首先，需要下列事务行和导入：

```
#!/usr/bin/env python


from __future__ import print_function

import cv2
import glob
import math
import sys
```

我们所有的源图像都需要经过预处理优化后才能作为训练图像。我们需要保存这些预处理版本，因此，让我们为这些将使用的文件全局定义一个扩展：

```
outputImageExtension = '.out.jpg'
```

为了在不同的光照条件和曝光设置下给我们的训练图像一个更可预测的外观，我们需要在这个脚本的多处创建均衡化灰度图像。为此，让我们编写下列助手函数：

```
def equalizedGray(image):
    return cv2.equalizeHist(cv2.cvtColor(
            image, cv2.COLOR_BGR2GRAY))
```

同样，我们需要在脚本中的多个位置添加负样本描述文件。负样本描述文件中的每一行都只是一个图像路径。让我们添加下面这个助手方法，它接受一个图像路径以及一个负样本描述的文件对象，加载图像并保存为均衡化版本，并将均衡化版本的路径添加到描述文件中：

```
def describeNegativeHelper(imagePath, output):
    outputImagePath = '%s%s' % (imagePath, outputImageExtension)
    image = cv2.imread(imagePath)
    # Save an equalized version of the image.
```

```
        cv2.imwrite(outputImagePath, equalizedGray(image))
        # Append the equalized image to the negative description.
        print(outputImagePath, file=output)
```

现在，让我们编写调用 describeNegativeHelper 的函数 describeNegative。首先，它在写入模式中打开一个文件，这样我们就可以编写负样本描述了。然后，我们反复遍历 Caltech Faces 1999 数据集（不包含猫）中的所有图像路径。我们跳过所有路径，输出前一次调用此函数时写入的图像。我们将其余图像路径连同新打开的负样本描述文件一起传递给 describeNegativeHelper，如下所示：

```
    def describeNegative():
        output = open('negative_description.txt', 'w')
        # Append all images from Caltech Faces 1999, since all are
        # non-cats.
        for imagePath in glob.glob('faces/*.jpg'):
            if imagePath.endswith(outputImageExtension):

        # This file is equalized, saved on a previous run.
        # Skip it.
        continue
    describeNegativeHelper(imagePath, output)
```

Urtho 负样本训练集中的每个图像，我们将文件路径传递给 describeNegativeHelper，如下所示：

```
    # Append all images from the Urtho negative training set,
    # since all are non-cats.
    for imagePath in glob.glob('urtho_negatives/*.jpg'):
        if imagePath.endswith(outputImageExtension):
            # This file is equalized, saved on a previous run.
            # Skip it.
            continue
        describeNegativeHelper(imagePath, output)
```

describeNegative 函数的其余部分负责将相关文件路径从 VOC2007 图像集传递给 describeNegativeHelper。VOC2007 中的一些图像确实包含猫。注释文件 VOC2007/ImageSets/Main/cat_test.txt 列出了图像的 ID 和指示图像中是否存在猫的一个标记。这个标记可以是 -1（没有猫）、0（一只或多只猫，作为图像的背景或次要主题对象）、1（一只或多只猫，作为图像的前景或前景主题对象）。我们解析这个注释数据，如果图像中不包含猫，我们将其路径和描述文件传递给 describeNegativeHelper，如下所示：

```
    # Append non-cat images from VOC2007.
    input = open('VOC2007/ImageSets/Main/cat_test.txt', 'r')
    while True:
        line = input.readline().rstrip()
        if not line:
            break
        imageNumber, flag = line.split()
        if int(flag) < 0:
            # There is no cat in this image.
            imagePath = 'VOC2007/JPEGImages/%s.jpg' % imageNumber
            describeNegativeHelper(imagePath, output)
```

现在，我们继续讨论生成正样本描述的助手函数。在将一张脸旋转到正立时，我们还需要旋转表征脸部特征的一个坐标对列表。下面的助手函数接受一个这样的列表以及旋转中心和旋转角度，并返回旋转坐标对的一个新列表：

```
def rotateCoords(coords, center, angleRadians):
    # Positive y is down so reverse the angle, too.
    angleRadians = -angleRadians

xs, ys = coords[::2], coords[1::2]
newCoords = []
n = min(len(xs), len(ys))
i = 0
centerX = center[0]
centerY = center[1]
cosAngle = math.cos(angleRadians)
sinAngle = math.sin(angleRadians)
while i < n:
    xOffset = xs[i] - centerX
    yOffset = ys[i] - centerY
    newX = xOffset * cosAngle - yOffset * sinAngle + centerX
    newY = xOffset * sinAngle + yOffset * cosAngle + centerY
    newCoords += [newX, newY]
    i += 1
return newCoords
```

接下来，让我们编写一个长助手函数来预处理一个正样本训练图像集。这个函数接受两个参数——一个坐标对列表（名为 coords）和一个 OpenCV 图像。参考猫脸上的特征点图。特征点的编号表示这些特征点在注释数据行和 coords 中的排列顺序。函数一开始，我们先得到眼睛和嘴巴的坐标。如果脸是上下颠倒的（常见于玩耍或熟睡中的猫），我们就交换定义的左眼和右眼，使其与正立姿势一致。（在判断一张脸是否上下颠倒时，我们部分依赖于嘴巴相对于眼睛的位置。）然后，我们找到两眼之间的角度并旋转图像，使脸变成正立的。一个名为 cv2.getRotationMatrix2D 的 OpenCV 函数用来定义旋转，另一个名为 cv2.warpAffine 的 OpenCV 函数用来完成旋转。因为边界区域旋转的结果，图像中会出现一些空白区域。我们可以为这些区域指定一种填充颜色，并将其作为 cv2.warpAffine 的一个参数。我们使用 50% 的灰度，因为这样图像均衡化具有最小偏差。preprocessCatFace 函数的第一部分实现如下所示：

```
def preprocessCatFace(coords, image):
    leftEyeX, leftEyeY = coords[0], coords[1]
    rightEyeX, rightEyeY = coords[2], coords[3]
    mouthX = coords[4]
    if leftEyeX > rightEyeX and leftEyeY < rightEyeY and \
            mouthX > rightEyeX:
        # The "right eye" is in the second quadrant of the face,
        # while the "left eye" is in the fourth quadrant (from the
        # viewer's perspective.) Swap the eyes' labels in order to
        # simplify the rotation logic.
        leftEyeX, rightEyeX = rightEyeX, leftEyeX
        leftEyeY, rightEyeY = rightEyeY, leftEyeY
```

```
eyesCenter = (0.5 * (leftEyeX + rightEyeX),
              0.5 * (leftEyeY + rightEyeY))
eyesDeltaX = rightEyeX - leftEyeX
eyesDeltaY = rightEyeY - leftEyeY
eyesAngleRadians = math.atan2(eyesDeltaY, eyesDeltaX)
eyesAngleDegrees = eyesAngleRadians * 180.0 / math.pi
# Straighten the image and fill in gray for blank borders.
rotation = cv2.getRotationMatrix2D(
        eyesCenter, eyesAngleDegrees, 1.0)
imageSize = image.shape[1::-1]
straight = cv2.warpAffine(image, rotation, imageSize,
                          borderValue=(128, 128, 128))
```

除了校正图像外，我们调用rotateCoords，以使特征坐标和校正后的图像匹配。这个函数调用的代码如下所示：

```
# Straighten the coordinates of the features.
newCoords = rotateCoords(
        coords, eyesCenter, eyesAngleRadians)
```

在该阶段进行图像和特征坐标变换，以使猫眼是平直的。接下来，让我们来裁剪图像，去除大部分背景，并标准化眼睛相对于边界的位置。我们将裁剪后的脸部定义为一个正方形区域，宽度与猫耳朵外基点间的距离相等。这个正方形的位置为：一半面积位于猫的两眼中间点的左端、一半位于右端、40%位于上方、60%位于下方。对于一个理想的正面猫脸，这种裁剪去掉了全部背景区域，但是包括了眼睛、下巴和几个肉质区域——鼻子、嘴巴和耳朵内侧的一部分。我们均衡化并返回裁剪后的图像。preprocessCatFace的实现过程如下所示：

```
# Make the face as wide as the space between the ear bases.
# (The ear base positions are specified in the reference
# coordinates.)
w = abs(newCoords[16] - newCoords[6])
# Make the face square.
h = w
# Put the center point between the eyes at (0.5, 0.4) in
# proportion to the entire face.
minX = eyesCenter[0] - w/2
if minX < 0:
    w += minX
    minX = 0
minY = eyesCenter[1] - h*2/5
if minY < 0:
    h += minY
    minY = 0

# Crop the face.
crop = straight[int(minY):int(minY+h), int(minX):int(minX+w)]
# Convert the crop to equalized grayscale.
crop = equalizedGray(crop)
# Return the crop.
return crop
```

在裁剪过程中，我们常常要去除因旋转而产生的空白边缘区域。但是，如果猫脸太靠近原始图像的边界，一些旋转后的灰色边界区域就有可能仍然存在。

图 3-7 和图 3-8 是 processCatFace 函数的输入和输出的一个示例。输入图像如图 3-7 所示。

输出图像如图 3-8 所示。

图 3-7　processCatFace 函数的输入示例

图 3-8　processCatFace 函数的输出示例

为了生成正样本描述文件，我们迭代了 Microsoft Cat 数据集 2008 中的全部图像。对于每一个图像，我们从相应的 .cat 文件中解析猫的特征坐标，并通过将坐标和原始图像传递给 processCatFace 函数生成校正、裁剪和均衡化的图像。我们将每个处理过的图像路径和度量值添加到正样本描述文件中。实现代码如下所示：

```
def describePositive():
    output = open('positive_description.txt', 'w')
    dirs = ['CAT_DATASET_01/CAT_00',
            'CAT_DATASET_01/CAT_01',
            'CAT_DATASET_01/CAT_02',
            'CAT_DATASET_02/CAT_03',
            'CAT_DATASET_02/CAT_04',
            'CAT_DATASET_02/CAT_05',
            'CAT_DATASET_02/CAT_06']
    for dir in dirs:
        for imagePath in glob.glob('%s/*.jpg' % dir):
            if imagePath.endswith(outputImageExtension):
                # This file is a crop, saved on a previous run.
                # Skip it.
                continue
            # Open the '.cat' annotation file associated with this
            # image.
            input = open('%s.cat' % imagePath, 'r')
            # Read the coordinates of the cat features from the
            # file. Discard the first number, which is the number
            # of features.
            coords = [int(i) for i in input.readline().split()[1:]]
            # Read the image.
```

```
        image = cv2.imread(imagePath)
        # Straighten and crop the cat face.
        crop = preprocessCatFace(coords, image)
        if crop is None:
            sys.stderr.write(
                    'Failed to preprocess image at %s.\n' % \
                    imagePath)
            continue
        # Save the crop.
        cropPath = '%s%s' % (imagePath, outputImageExtension)
        cv2.imwrite(cropPath, crop)
        # Append the cropped face and its bounds to the
        # positive description.
        h, w = crop.shape[:2]
        print('%s 1 0 0 %d %d' % (cropPath, w, h), file=output)
```

这里，我们要注意一下正样本描述文件的格式。每一行包含一个训练图像的路径，后面跟着一串数字，这串数字表示图像中正样本对象的数量，以及包含这些对象的矩形框的大小（x、y：宽度和高度）。在我们的例子中，总是有一个猫脸填满了整个裁剪后的图像，所以我们有下面这样一行代码，表示一张 64×64 的图像：

```
CAT_DATASET_02/CAT_06/00001493_005.jpg.out.jpg 1 0 0 64 64
```

假设，如果在图像的对角上有两个 8×8 像素的猫脸，那么在描述文件中的代码行如下所示：

```
CAT_DATASET_02/CAT_06/00001493_005.jpg.out.jpg 2 0 0 8 8 56 56 8 8
```

describe.py 的主函数只调用 describeNegative 和 describePositive 函数，如下所示：

```
def main():
    describeNegative()
    describePositive()

if __name__ == '__main__':
    main()
```

运行 describe.py，然后查看一下生成的文件（包括 negative_description.txt、positive_description.txt，以及遵循 CAT_DATASET_*/CAT_*/*.out.jpg 模式的裁剪后的猫脸的文件名。）

接下来，我们将用到 OpenCV 的两个命令行工具：<opencv_createsamples> 和 <opencv_traincascade>。它们分别负责将正样本描述转换成一个二进制格式和生成一个 XML 格式的哈尔级联。在 Windows 上，这些可执行文件命名为 opencv_createsamples.exe 和 opencv_traincascade.exe。在 Mac 或 Linux 上，这些可执行文件命名为 opencv_createsamples 和 opencv_traincascade。

获得 <opencv_createsamples> 和 <opencv_traincascade> 的最新说明，请参阅本书 GitHub 网页（https://github.com/PacktPublishing/OpenCV-4-for-Secret-Agents-Second-Edition/）上的 README 文档。编写本书时，还没有这两个命令行工具的 OpenCV 4.x 版本，但是它们的 OpenCV 3.4 版本是向前兼容的，并且工作于 4.x 的版本计划在 2019 年夏季推出。

许多标记可以用于为 <opencv_createsamples> 和 <opencv_traincascade> 提供参数，如 https://docs.opencv.org/master/dc/d88/tutorial_traincascade.html 上的官方文档所述。我们使用的标志和值如下所示：

- vec：这是一个路径，指向正样本训练图像的一个二进制描述文件。该文件由 <opencv_createsamples> 生成。
- info：这是一个路径，指向正样本训练图像的一个文本描述文件。我们用 describe.py 生成这个文件。
- bg：这是一个路径，指向负样本训练图像的一个文本描述文件。我们用 describe.py 生成这个文件。
- num：info 中的正样本训练图像的数量。
- numStages：级联的阶数。如我们早前在“哈尔级联和 LBPH 概念”中所讨论的那样，每个阶段都是应用于一个图像区域的一个测试。如果该区域通过了所有的测试，就会将这个区域归类为一个正面猫脸（或正样本训练集所表示的任何一类对象）。我们使用的阶数为 20。
- numPos：每个阶段中使用的正样本训练图像的数量。它应该比 num 的值小得多。（否则训练器会失败，这是因为在新阶段中的新图像已经用完了。）我们使用了 90% 的 num。
- numNeg：每个阶段中使用的负样本训练图像的数量。我们使用了 bg 中 90% 的负样本训练图像。
- minHitRate：**命中率**（hit rate）也称为**灵敏度**（sensitivity）、**召回率**（recall）、或**真阳性率**（true positive rate）。在我们的例子中是正确分类的猫脸的比例。minHitRate 参数指定每个阶段必须达到的最小命中率。比例越大表示训练时间越长，模型和训练数据之间的拟合也就越好。（更好的拟合通常是一件好事，尽管可能会**过拟合**（overfite），导致模型无法在除了训练数据之外的其他数据上进行正确地推断。）我们使用命中率 0.995。对于 20 个阶段而言，这就意味着总命中率为 0.995^20，近似 99%。
- maxFalseAlarmRate：**误报率**（false alarm rate）又称为**漏报率**（miss rate）或**假阳性率**（false positive rate）。在我们的例子中，是将背景或无猫脸图像误分类为猫脸图像的比例。maxFalseAlarmRate 参数指定每个阶段的最大误报率。我们使用误报率 0.5。对于 20 个阶段而言，这意味着总误报率为 0.5^20，大约是百万分之一。
- featureType：在 HAAR（默认）或 LBP 中用到的特征类型。正如我们之前介绍过的，哈尔级联往往更加可靠，但是训练速度会慢很多，而且在运行时间上也会慢一点。
- mode：这是使用的哈尔特征的子集。（对于 LBP，该标志无效。）有效选项是 BASIC（默认）、CORE、和 ALL。CORE 选项使模型在训练和运行时更慢，但是优点是使模型对小点和粗线更敏感。ALL 选项更进一步，使模型的训练和运行速度更慢，但是增加了对斜纹图案的灵敏度（而 BASIC 和 CORE 只对水平和垂直模式敏感）。ALL 选项与检测非正立的主题对象无关。然而，ALL 选项却与包含斜纹图案的检测对象有关。例如，一只猫的胡须和耳朵可能属于斜纹图案。

让我们编写一个 shell 脚本，运行拥有合适标志的 <opencv_createsamples> 和 <opencv_traincascade>，并将生成的哈尔级联复制到交互式猫脸识别器所期望的路径下。在 Windows 上，我们调用脚本 train.bat，并按以下方式来实现它：

```
REM On Windows, opencv_createsamples and opencv_traincascades expect
REM absolute paths.
REM Set baseDir to be the absolute path to this script's directory.
set baseDir=%~dp0

REM Use baseDir to construct other absolute paths.

set vec=%baseDir%\binary_description
set info=%baseDir%\positive_description.txt
set bg=%baseDir%\negative_description.txt

REM Uncomment the next 4 variables for LBP training.
REM set featureType=LBP
REM set data=%baseDir%\lbpcascade_frontalcatface\\
REM set dst=%baseDir%\..\\cascades\\lbpcascade_frontalcatface.xml
REM set mode=BASIC

REM Uncomment the next 4 variables for Haar training with basic
REM features.
set featureType=HAAR
set data=%baseDir%\haarcascade_frontalcatface\\
set dst=%baseDir%\..\\cascades\\haarcascade_frontalcatface.xml
set mode=BASIC

REM Uncomment the next 4 variables for Haar training with
REM extended features.
REM set featureType=HAAR
REM set data=%baseDir%\haarcascade_frontalcatface_extended\\
REM set dst=%baseDir%\..\\cascades\\haarcascade_frontalcatface_extended.xml
REM set mode=ALL

REM Set numPosTotal to be the line count of info.
for /f %%c in ('find /c /v "" ^< "%info%"') do set numPosTotal=%%c

REM Set numNegTotal to be the line count of bg.
for /f %%c in ('find /c /v "" ^< "%bg%"') do set numNegTotal=%%c

set /a numPosPerStage=%numPosTotal%*9/10
set /a numNegPerStage=%numNegTotal%*9/10
set numStages=20
set minHitRate=0.995
set maxFalseAlarmRate=0.5

REM Ensure that the data directory exists and is empty.
if not exist "%data%" (mkdir "%data%") else del /f /q "%data%\*.xml"

opencv_createsamples -vec "%vec%" -info "%info%" -bg "%bg%" ^
      -num "%numPosTotal%"
```

```
opencv_traincascade -data "%data%" -vec "%vec%" -bg "%bg%" ^
        -numPos "%numPosPerStage%" -numNeg "%numNegPerStage%" ^
        -numStages "%numStages%" -minHitRate "%minHitRate%" ^
        -maxFalseAlarmRate "%maxFalseAlarmRate%" ^
        -featureType "%featureType%" -mode "%mode%"

copy /Y "%data%\cascade.xml" "%dst%"
```

在 Mac 或 Linux 上，我们改为调用脚本 train.sh，并按下列方式来实现：

```
#!/bin/sh

vec=binary_description
info=positive_description.txt
bg=negative_description.txt

# Uncomment the next 4 variables for LBP training.
#featureType=LBP
#data=lbpcascade_frontalcatface/
#dst=../cascades/lbpcascade_frontalcatface.xml
#mode=BASIC

# Uncomment the next 4 variables for Haar training with basic
# features.
featureType=HAAR
data=haarcascade_frontalcatface/
dst=../cascades/haarcascade_frontalcatface.xml
mode=BASIC

# Uncomment the next 4 variables for Haar training with
# extended features.

#featureType=HAAR
#data=haarcascade_frontalcatface_extended/
#dst=../cascades/haarcascade_frontalcatface_extended.xml
#mode=ALL

# Set numPosTotal to be the line count of info.
numPosTotal=`wc -l < $info`

# Set numNegTotal to be the line count of bg.
numNegTotal=`wc -l < $bg`

numPosPerStage=$(($numPosTotal*9/10))
numNegPerStage=$(($numNegTotal*9/10))
numStages=20
minHitRate=0.995
maxFalseAlarmRate=0.5

# Ensure that the data directory exists and is empty.
if [ ! -d "$data" ]; then
    mkdir "$data"
else
    rm "$data/*.xml"
fi

opencv_createsamples -vec "$vec" -info "$info" -bg "$bg" \
        -num "$numPosTotal"
```

```
opencv_traincascade -data "$data" -vec "$vec" -bg "$bg" \
        -numPos "$numPosPerStage" -numNeg "$numNegPerStage" \
        -numStages "$numStages" -minHitRate "$minHitRate" \
        -maxFalseAlarmRate "$maxFalseAlarmRate" \
        -featureType "$featureType" -mode "$mode"

cp "$data/cascade.xml" "$dst"
```

将训练脚本的上述版本配置为使用基本的哈尔特征，会运行相当长的时间（或许会不止一天）。通过注释掉与基本哈尔配置相关的变量，并取消与 LBP 配置相关的变量的注释，我们可以将训练时间缩短到几分钟。作为第三种选择，扩展哈尔配置的变量（对斜纹图案敏感）仍然存在，但目前来说已经被注释掉了。

当训练结束后，可以看一看生成的文件，包括下列这些内容：

- 基本的哈尔特征：cascades/haarcascade_frontalcatface.xml 和 cascade_training/haarcascade_frontalcatface/*。
- 扩展的哈尔特征：cascades/haarcascade_frontalcatface_extended.xml 和 cascade_training/haarcascade_frontalcatface_extended/*。
- LBP：cascades/lbpcascade_frontalcatface.xml 和 cascade_training/lbpcascade_frontalcatface/*。

最后，让我们运行 InteractiveCatFaceRecognizer.py，测试我们的级联！

记住，我们的检测器是为正面直立猫脸而设计的。猫应该面对摄像头，而且可能需要一些抚慰以保持这个姿势。例如，你可让猫躺在毛毯上或你的腿上，你也可以轻轻拍打或梳理猫。图 3-9 的图面中正在等待进行测试的是我的同事。

图 3-9 正在等待测试的人和猫

如果你还没有一只愿意参与测试的猫（或人），那么你可以从网上打印一只猫（或人）的几张图像。使用厚重的哑光纸，拿着打印出来的图像，让它对准镜头。使用这些打印出来的图像训练识别器，并用打印出来的其他图像对识别器进行测试。

我们的检测器非常擅长发现正面的猫脸。但是，我鼓励你多做一些实验，以使检测器更好，然后分享你的成果！当前这个版本有时会把一个正面的人脸误认为是一个正面的猫脸。或许我们应该用更多的人脸数据库作为负样本训练图像。或者，如果我们用几个哺乳动物的脸来作为正样本训练图像，我们能创建一个更为一般化的哺乳动物脸部检测器吗？

3.8　设计 Angora Blue 应用程序

Angora Blue 重用我们之前创建的同一个检测和识别模型。它是一个相对线性和简单的应用程序，因为它没有 GUI，也没有修改任何模型。它只是从文件加载检测和识别模型，然后静静地运行一个摄像头，直到识别出具有一定置信度的一张脸。识别到一张脸之后，应用程序会发送一封提醒邮件，然后退出。应用程序具体的执行流程如下所示：

1）从文件中同时加载人类和猫科对象的脸部检测和脸部识别模型。

2）从摄像头采集一个实时视频。对于视频的每一帧，可以执行下列操作：

- 检测画面中的所有人脸。识别每张人脸。如果识别到具有一定置信度的一张脸部，应用程序就会发送一封邮件提醒，然后退出应用程序。
- 检测画面中的所有猫脸。丢弃与人脸相交的所有猫脸。(我们假设这样的猫脸是假阳性，因为我们的猫脸检测器有时会把人脸误认为是猫脸。) 识别剩下的每一个猫脸。如果识别出具有一定置信度的一张脸，就会发送一封电子邮件提醒，然后退出应用程序。

Angora Blue 可以在树莓派上运行。树莓派的小体积使其成为隐形警报系统的一个绝佳平台！确保 Pi 或其他的主机连接到了互联网，以便发送邮件消息。

3.9　实现 Angora Blue 应用程序

Angora Blue 应用程序用到了三个新的文件—GeomUtils.py、MailUtils.py 和 AngoraBlue.py，它们都应放在我们项目的顶部文件夹中。给出应用程序在我们之前工作上的依赖项，下面这些文件与 Angora Blue 相关：

- cascades/haarcascade_frontalface_alt.xml
- cascades/haarcascade_frontalcatface.xml
- recognizers/lbph_human_faces.xml
- recognizers/lbph_cat_faces.xml

- ResizeUtils.py：用于调整图像大小的一个工具函数，包括摄像头采集尺寸。
- GeomUtils.py：用于几何运算的一个工具函数。
- MailUtils.py：用于发送邮件的一个工具函数。
- AngoraBlue.py：在识别到一个人或猫时，发送一封邮件提醒的应用程序。

首先，让我们创建一个 GeomUtils.py。它不需要任何导入语句。添加下面的 interscts 函数，这个函数接受两个矩形作为参数，并返回 True（如果这两个矩形相交）或 False（如果这两个矩形不相交），代码如下所示：

```
def intersects(rect0, rect1):
    x0, y0, w0, h0 = rect0
    x1, y1, w1, h1 = rect1
    if x0 > x1 + w1: # rect0 is wholly to right of rect1
        return False
    if x1 > x0 + w0: # rect1 is wholly to right of rect0
        return False
    if y0 > y1 + h1: # rect0 is wholly below rect1
        return False
    if y1 > y0 + h0: # rect1 is wholly below rect0
        return False
    return True
```

使用 intersects 函数，让我们来编写下面的 difference 函数，该函数接受两个矩形（rects0 和 rects2）的列表，并返回包含了 rects0 中的矩形不与 rects1 中任何矩形相交的一个新列表：

```
def difference(rects0, rects1):
    result = []
    for rect0 in rects0:
        anyIntersects = False
        for rect1 in rects1:

           if intersects(rect0, rect1):
               anyIntersects = True
               break
    if not anyIntersects:
        result += [rect0]
return result
```

之后，我们将使用 difference 函数过滤掉与人脸相交的猫脸。

现在，让我们来创建 MailUtils.py。它需要下面这条导入语句：

```
import smtplib
```

为了完成发送邮件的任务，让我们从 Rosetta 代码中复制下面这个函数，这是一个以多种编程语言提供工具函数的一个免费 wiki，代码如下所示：

```
def sendEmail(fromAddr, toAddrList, ccAddrList, subject, message,
              login, password, smtpServer='smtp.gmail.com:587'):

    # Taken from http://rosettacode.org/wiki/Send_an_email#Python

    header = 'From: %s\n' % fromAddr
```

```
    header += 'To: %s\n' % ','.join(toAddrList)
    header += 'Cc: %s\n' % ','.join(ccAddrList)
    header += 'Subject: %s\n\n' % subject
    message = header + message

    server = smtplib.SMTP(smtpServer)
    server.starttls()
    server.login(login,password)
    problems = server.sendmail(fromAddr, toAddrList, message)
    server.quit()
    return problems
```

默认情况下，sendEmail 函数使用 Gmail。通过指定可选的 smtpServer 参数，我们可以使用一个不同的服务。

直到 2014 年 7 月，为了通过 Gamil 发送一封邮件，Google 账户默认的安全设置要求应用程序不仅要有 SMTP 授权而且还要有 OAuth 授权。sendEmail 函数使用一种安全的 TLS 连接，但它只能处理 SMTP 授权（这对于除 Gmail 以外的大多数 email 服务来说已经足够了）。为了重新配置你的 Google 账户兼容我们的函数，登录你的帐户，打开 https://www.google.com/settings/security/lesssecureapps，选择“Enable”选项，单击“Done”。为了安全，你可能想要给这个项目创建一个虚拟的 Google 账户，并仅在这个虚拟的账户中应用自定义安全配置。此外，除 Gmail 外的大多数 email 服务并不需要特别的配置。

现在，我们正准备实现 AngoraBlue.py。下面从事务行和导入语句开始：

```
#!/usr/bin/env python


import numpy # Hint to PyInstaller
import cv2
import getpass
import os
import socket
import sys

import BinasciiUtils
import GeomUtils
import MailUtils
import PyInstallerUtils
import ResizeUtils
```

Angora Blue 只使用一个 main 函数和一个助手函数 recognizeAndReport。这个助手函数的开始行如下所示，在一个给定的脸部矩形列表上迭代，并使用一个给定的识别器（无论是人识别器，还是猫识别器）获取每个脸部的标签和距离（非置信度），代码如下所示：

```
def recognizeAndReport(recognizer, grayImage, rects, maxDistance,
                       noun, smtpServer, login, password, fromAddr,
                       toAddrList, ccAddrList):
    for x, y, w, h in rects:
        crop = cv2.equalizeHist(grayImage[y:y+h, x:x+w])
```

```
        labelAsInt, distance = recognizer.predict(crop)
        labelAsStr = BinasciiUtils.intToFourChars(labelAsInt)
```

对于测试来说，在此处记录识别结果是很有用的。但是，在最终版本中，我们还是注释掉了日志记录，如下所示：

```
#print('%s %s %d' % (noun, labelAsStr, distance))
```

如果识别出来的任何一张脸都满足一定的置信度（基于 maxDistance 参数），我们就尝试发送一封邮件提醒。如果提醒发送成功，那么函数返回 True，表示确实识别并报告了一张脸。否则返回 False。实现的其余部分如下所示：

```
    if distance <= maxDistance:
        subject = 'Angora Blue'
        message = 'We have sighted the %s known as %s.' % \
                (noun, labelAsStr)
        try:
            problems = MailUtils.sendEmail(
                    fromAddr, toAddrList, ccAddrList, subject,
                    message, login, password, smtpServer)
            if problems:
                sys.stderr.write(
                        'Email problems: {0}\n'.format(problems))
            else:
                return True
        except socket.gaierror:
            sys.stderr.write('Unable to reach email server\n')
return False
```

main 函数从定义检测和识别模型路径开始。如果不存在任何一个识别模型（因为还没有训练这个识别模型），则输出一条错误并退出，如下所示：

```
def main():

    humanCascadePath = PyInstallerUtils.resourcePath(
            # Uncomment the next argument for LBP.
            #'cascades/lbpcascade_frontalface.xml')
            # Uncomment the next argument for Haar.
            'cascades/haarcascade_frontalface_alt.xml')
    humanRecognizerPath = PyInstallerUtils.resourcePath(
            'recognizers/lbph_human_faces.xml')
    if not os.path.isfile(humanRecognizerPath):
        sys.stderr.write(
                'Human face recognizer not trained. Exiting.\n')
        return

    catCascadePath = PyInstallerUtils.resourcePath(
            # Uncomment the next argument for LBP.

        #'cascades/lbpcascade_frontalcatface.xml')
        # Uncomment the next argument for Haar with basic
        # features.
        #'cascades/haarcascade_frontalcatface.xml')
        # Uncomment the next argument for Haar with extended
        # features.
        'cascades/haarcascade_frontalcatface_extended.xml')
```

```
catRecognizerPath = PyInstallerUtils.resourcePath(
        'recognizers/lbph_cat_faces.xml')
if not os.path.isfile(catRecognizerPath):
    sys.stderr.write(
            'Cat face recognizer not trained. Exiting.\n')
    return
```

我们提示用户输入 email 凭证和收件人，在局部变量中保存用户响应，代码如下所示：

```
print('What email settings shall we use to send alerts?')

defaultSMTPServer = 'smtp.gmail.com:587'
print('Enter SMTP server (default: %s):' % defaultSMTPServer)
smtpServer = sys.stdin.readline().rstrip()
if not smtpServer:
    smtpServer = defaultSMTPServer

print('Enter username:')
login = sys.stdin.readline().rstrip()

print('Enter password:')
password = getpass.getpass('')

defaultAddr = '%s@gmail.com' % login
print('Enter "from" email address (default: %s):' % defaultAddr)
fromAddr = sys.stdin.readline().rstrip()
if not fromAddr:
    fromAddr = defaultAddr

print('Enter comma-separated "to" email addresses (default: '
      '%s):' % defaultAddr)
toAddrList = sys.stdin.readline().rstrip().split(',')
if toAddrList == ['']:
    toAddrList = [defaultAddr]

print('Enter comma-separated "c.c." email addresses:')
ccAddrList = sys.stdin.readline().rstrip().split(',')
```

在交互式识别器中，我们从摄像头采集视频开始，并存储视频的分辨率，以计算出相对最小的脸部尺寸。相关代码如下所示：

```
capture = cv2.VideoCapture(0)
imageWidth, imageHeight = \
        ResizeUtils.cvResizeCapture(capture, (1280, 720))
minImageSize = min(imageWidth, imageHeight)
```

我们从文件中加载检测器和识别器，并设置检测的最小脸部尺寸，以及识别的最大距离（非置信度）。我们分别为人和猫科动物指定值。你可能需要根据特定摄像头设置和模型来调整这些值。执行代码如下：

```
humanDetector = cv2.CascadeClassifier(humanCascadePath)
humanRecognizer = cv2.face.LBPHFaceRecognizer_create()
humanRecognizer.read(humanRecognizerPath)
humanMinSize = (int(minImageSize * 0.25),
                int(minImageSize * 0.25))
humanMaxDistance = 25
```

```
catDetector = cv2.CascadeClassifier(catCascadePath)
catRecognizer = cv2.face.LBPHFaceRecognizer_create()
catRecognizer.read(catRecognizerPath)
catMinSize = (int(minImageSize * 0.125),
              int(minImageSize * 0.125))
catMaxDistance = 25
```

我们不断从摄像头读取画面，直到通过脸部识别发送一封邮件提醒。将每一帧都转换成灰度并进行均衡化处理。接下来我们检测、识别人脸，并尽可能发送提醒，代码如下所示：

```
while True:
    success, image = capture.read()
    if image is not None:
        grayImage = cv2.cvtColor(image, cv2.COLOR_BGR2GRAY)
        equalizedGrayImage = cv2.equalizeHist(grayImage)

        humanRects = humanDetector.detectMultiScale(
                equalizedGrayImage, scaleFactor=1.3,
                minNeighbors=4, minSize=humanMinSize)
        if recognizeAndReport(
                humanRecognizer, grayImage, humanRects,
                humanMaxDistance, 'human', smtpServer, login,
                password, fromAddr, toAddrList, ccAddrList):
            break
```

如果还没有发送提醒，我们就继续进行猫的检测和识别。对于猫的检测，我们通过指定一个较高的 minNeighbors 值，尽一切努力过滤掉与人脸相交的所有猫脸，消除假阳性样本。Angora Blue 实现的最后一部分如下所示：

```
            catRects = catDetector.detectMultiScale(
                    equalizedGrayImage, scaleFactor=1.2,
                    minNeighbors=1, minSize=catMinSize)
            # Reject any cat faces that overlap with human faces.
            catRects = GeomUtils.difference(catRects, humanRects)
            if recognizeAndReport(
                    catRecognizer, grayImage, catRects,
                    catMaxDistance, 'cat', smtpServer, login,
                    password, fromAddr, toAddrList, ccAddrList):
                break

if __name__ == '__main__':
    main()
```

在测试 Angora Blue 前，一定要使用交互式人脸识别器和交互式猫脸识别器来训练这两个识别模型。每个模型最好包含两个或更多的个体。然后，在可以看到正面人脸和正面猫脸的地方，安装一台计算机和网络摄像头。让你的朋友和宠物参与下列这些测试用例：

- 模型不认识的一个人，看着摄像头。应该什么都不会发生。如果你收到了一封邮件提醒，则添加 humanMaxDistance，然后再试一次。
- 模型不认识的一只猫，看着摄像头。应该什么都不会发生。如果你收到了一封邮件提醒，则添加 catMaxDistance，然后再试一次。

- 模型认识的一个人，看着摄像头。你应该收到一封邮件提醒。如果没有收到邮件提醒，那么降低 humanMaxDistance，或重新运行交互式人脸识别器，增加指定人脸的更多样本。再试一次 Angora Blue。
- 模型认识的一只猫，看着摄像头。你应该收到一封邮件提醒。如果没有收到邮件提醒，那么降低 catMaxDiatance，或重新运行交互式猫脸识别器，增加指定猫脸的更多样本。再试一次 Angora Blue。

> 同样，如果没有足够的人和猫科动物的志愿者，你只需找一些厚实的哑光纸，打印网上找到的脸。把打印出来的脸拿到摄像头视角可见（并且正立）的位置，但是要保证摄像头不会拍到你，这样识别器才只会识别打印出来的脸，而不会识别到你。

一旦调整好识别模型和 Angora Blue，我们就准备将我们的警报系统部署到支持网络摄像头计算机的一个大型网络中去！让我们开始搜索蓝眼睛的安哥拉人吧！

3.10　编译 Angora Blue 的发行版

我们可以使用 PyInstaller 将 Angora Blue 连同检测和识别模型一起打包发布。因为编译脚本与我们在 Luxocator 项目（见第 2 章）中使用的那些脚本非常类似，所以在这里我们不再对此进行介绍。但是，在本书 GibHub 库中包含了这些脚本。

3.11　搜寻猫科动物的更多乐趣

由 Heather Arthur 开发的 Kittydar（kitty radar 的简称），是用于检测直立正面猫脸的一个开源 JavaScript 库。你可以在 http://harthur.github.io/kittydar/ 上找到它的演示应用程序，并在 https://github.com/harthur/kittydar 上找到它的源代码。

另一个直立正面猫脸的检测器是由微软研究院使用 Microsoft Cat Dataset 2008 数据集开发的。该检测器在下面这篇研究论文中有介绍，但是还没有发布演示应用程序或源代码：

Weiwei Zhang, Jian Sun, and Xiaoou Tang.Cat Head Detection-How to Effectively Exploit Shape and Texture Features, *Proc. of European Conf. Computer Vision*, vol.4, pp.802-816, 2008。

3.12　本章小结

与上一章一样，本章讨论了分类任务，以及 OpenCV、源图像和一个 GUI 之间的一些接口。这次，我们的分类标签有更多的客观含义（一个物种或单个个体的身份），所以分类器的成功或失败就更显而易见了。为了应对这一挑战，我们使用更大的训练图像集，为了提高训练图像的一致性，我们对训练图像进行了预处理，而且我们依次应用了两种可靠的分类技术（用哈尔级联或 LBP 级联进行检测，然后用 LBPH 进行识别）。

本章介绍的方法，以及整个交互式识别器应用程序和一些其他代码，都很好地概括了其他在检测和识别方面的原创工作。有了正确的训练图像，你就可以检测和识别出更多不同姿态的动物。你甚至可以检测到诸如汽车之类的物体，并识别出蝙蝠战车！

在我们的下一个项目中，我们将注意力转向一个运动目标。我们将尝试检测运动中的一个人，并识别特定的姿态。

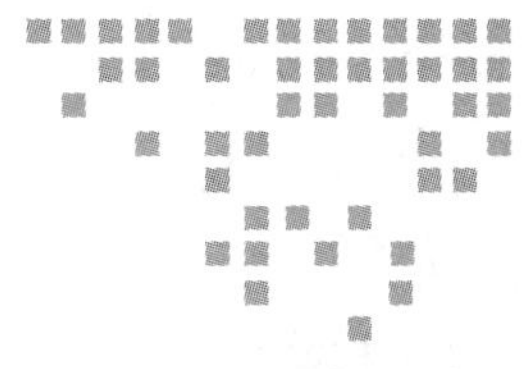

第 4 章 Chapter 4

用轻柔的动作控制手机应用程序

“你已经掌握了所有的招数。”

——拉妮·霍尔 (*Lani Hall*),《巡弋飞弹》(1983)

他扬起眉毛，垂下下巴，扭了扭嘴角，把一只手臂伸进另一只手臂的臂弯里，把手枪对准天花板。这一切看起来都让人印象深刻，但他只是在浪费时间试图记住别人的名字吗?

情报员 007 有几个老朋友，他们的名字都很普通，像比尔·坦纳（Bill Tanner）和菲利克斯·莱特（Felix Leiter）。几乎其他人的所有名字都是一个数字、一个字母、多种语言的混合，或者是一个非常明显的双关语。在喝了几杯伏特加马提尼和镇静剂后，任何一个男人都会开始怀疑自己对名字的记忆是不是在捉弄自己。

为了打消这种疑虑，我们将开发一款 Android 应用程序，根据一系列的“是 / 否”提问，确定一个人的名字。为了让特工能够单独使用这个 App，该 App 将会依赖于手势控制和音频输出，通过一个蓝牙耳机传输，这样其他人就听不见了。

App 的逻辑就像是游戏“二十个问题”。首先，App 通过播放音频片段来提问。然后，用户通过点头或摇头来回答问题。每个问题都比上一个问题更具体，直到 App 猜出一个名字，或者放弃为止。识别两种可能的头部动作——点头或摇头是本章的计算机视觉任务。

具体来说，本章包含下列编程对象：

- 使用 Android Studio 和 Android SDK 在 Java 中构建一个 Android 应用程序。
- 使用 OpenCV 的 Android 摄像头函数来采集、处理、显示来自于 Android 设备的摄像头图像。
- 使用 OpenCV 的脸部检测、特征检测和光流函数来跟踪头部动作。

这款 App 的代码名是 Goldgesture。

4.1 技术需求

本章项目有下列软件依赖项：

❑ Android Studio

❑ OpenCV Android 包

在第 1 章中对安装说明做了介绍。有关任何版本的说明，请参阅安装说明。本章将介绍构建和运行 Android 项目的说明。

在本书的 GitHub 库（https://github.com/PacktPublishing/OpenCV-4-for-Secret-Agents-Second-Editon）的 Chapter004 文件夹中能找到本章完成的项目。如果你想打开完成的项目，只需启动 Android Studio 即可，选择“Open an existing Android Studio project”，然后选择“Chapter004/Goldgesture”文件夹。

4.2 设计 Goldgesture 应用程序

Goldgesture 是一个 GUI 应用程序，用到了 Android SDK 和 OpenCV 的 Android 版 Java 包。它只有一个视图，如图 4-1 所示。App 执行流程如下：

1）不断显示来自正面（自画像）摄像头的实时视频画面。

2）使用 OpenCV 的 CascadeClassifier 类执行人脸检测。

3）检测到一个人脸时：

a. 在脸部周围画一个蓝色矩形框。

b. 使用 OpenCV 的 goodFeaturesToTrack 函数检测脸部特征（即使移动，在后续帧中，这些特征点应该也是很容易跟踪得到的）。在这些特征周围画绿色圆形。

4）人脸运动时，使用 OpenCV 的 calcOpticalFlowPyrLK 函数跟踪每一帧的特征。即使 CascadeClassifier 不太可能连续检测一张脸，该函数可以持续跟踪特征。

5）在特征的中心点上下移动一定距离和一定次数时，就认为是点头。

6）在特征的中心点左右移动一定距离和一定次数时，就认为是摇头。

7）播放一系列音频片段。在每个交接处，根据点头或摇头来选择下一个片段（部分）。

图 4-1 Goldgesture 应用程序界面

8）如果跟踪的可靠性下降到一定程度，或者用户的头部在同时做点头和摇头，则重置跟踪。

Goldgesture 中的人脸检测功能应该在学习第 3 章中的 Angora Blue 项目时就已经很熟悉了。但是，特征跟踪，尤其是光流跟踪，对于我们来说是一个新的主题。在开始建立我们的项目之前，先讨论一下这些概念。

4.3 理解光流

光流（Optical flow）是两个连续视频帧之间物体表观的运动模式。我们在第一帧选择了一些特征点，并试图确定这些特征在第二帧中的位置。该搜索需要注意几个问题：

- 我们没有试图区分摄像头运动和主体运动。
- 我们假设在视频帧之间特征的颜色或亮度保持相似。
- 我们假设相邻像素具有相似的运动。

OpenCV 的 calcOpticalFlowPyrLK 函数实现了计算光流的 Lucas-Kanade 方法。Lucas-Kanade 依赖于每个特征周围的 3 × 3 邻域（即 9 个像素）。从第一帧取每个特征的邻域，根据最小二乘误差，我们试图在第二帧中寻找最佳匹配邻域。Lucas-Kanade 的 OpenCV 的实现使用一个图像金字塔，这就表示它在各种范围内执行搜索。因此，它既支持大的运动又支持小的运动（函数名中的 PyrLK 表示金字塔 Lucas-Kanade）。图 4-2 是金字塔的可视化——从低分辨率（或低倍率）图像到高分辨率（或高倍率）图像的发展。

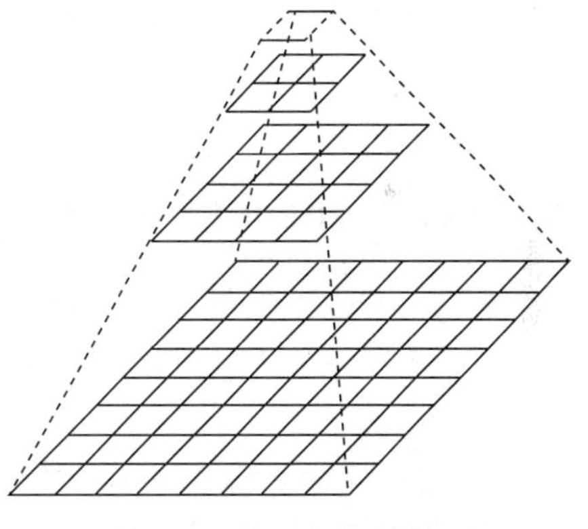

图 4-2　图像金字塔的可视化

有关光流和 Lucas-Kanade 方法的更多详细内容，请参阅 OpenCV 文档的官方网站：http://docs.opencv.org/master/d7/d8b/tutorial_py_lucas_kanade.html。

OpenCV 还提供了其他光流算法的实现。例如，calcOpticalcalFlowSF 函数实现 SimpleFlow 算法，该算法通过假设平滑（均匀）图像区域运动的一致性，对高分辨率视频进行优化。calcOpticalFlowFarneback 函数实现了 Gunnar Farneback 算法，它假定一个邻域即使在运动过程中也可以通过像素值之间的一个多项式关系的系数来识别。这两种算法都是稠密光流的形式，这意味着它们分析图像中的每个像素，而不仅仅是选择的（稀疏的）特征。OpenCV 的更多光流函数在 https//docs.opencv.org/master/dc/d6b/group_video_track.html 和 https://docs.opencv.org/master/d2/d84/group_optflow.html 中有文档说明。

选项众多，为什么选择 calcOpticalFlowPyrLK 呢？你看，这是一个金字塔，正如印和阗对法老德约瑟所说的“金字塔里有开放的空间”。金字塔式的稀疏技术是一种很好的方法，可以廉价而可靠地跟踪一张脸中的一些特征，这些特征可能会随着距离摄像头的远近而改变比例。

就我们的目的而言，在一个检测到的对象（尤其是检测到一张脸）内选取特征很有用。我们选择这张脸的一个内部部分（避免背景区域），然后使用一个名为 goodFeaturesToTrack 的 OpenCV 函数，该函数根据 Jianbo Shi 和 Carlo Tomasi 的论文“*Good Features to Track*, Proc.of IEEE Conf.on Computer Vision and Pattern Recognition, pp.593-600, June 1994”中描述的算法来选择特征。

顾名思义，**好的跟踪特征**（Good Features to Track，GFTT）算法（也称为 **Shi-Tomasi 算法**）考虑了跟踪算法和跟踪用例的需求，并尝试选择与这些算法和用例良好合作的特征。正如论文中详细论述的那样，用于跟踪的良好特征必须有一个稳定的表观，因为摄像头的视角发生了微小的变化。用于跟踪的不良特征的例子是反射（如汽车引擎盖上的阳光）和相交于不同深度的线条（如树枝），因为这些特征随着观看者或摄像头的移动而迅速移动。通过扭曲给定的图像并线性地移动其内容，可以模拟视角变化的影响（尽管不完美）。在此基础上，可以选择最稳定的特征。

OpenCV 除了提供用于跟踪的良好特征外，还提供了多种特征检测算法的实现。有关这些算法的参考资料，请参阅附录 B。

4.4 在 Android Studio 中设置项目

有关 Android Studio 和 OpenCV Android 包的安装复习资料，请参阅 1.3 节。

我们将在一个 Android Studio 项目中，组织 Android 应用程序的所有源代码和资源，如下所示：

1）打开“Android Studio”，从菜单选择“File New New Project…”。应该出现“Create New Project”，显示“Choose your project”表单。选择“Empty Activity”如图 4-3 所示，单击“Next”。

2）“Create New Project”窗口应该显示“Configure your project”表单。我们将应用程序名指定为“Goldgesture”，它的包名是“com.nummist.goldgesture”，这是一个 Java 项目，最低 Android SDK 版本是 API 21 级，即 Android 5.0。你可以选择任意一个新文件夹作为这个项目的位置。填写表单，如图 4-4 所示，然后单击“Finish”。

3）在默认情况下，Android Studio 创建一个名为“MainActivity”的主类。我们重新命名这个主类，给它一个更具描述性的名字“CameraActivity”。右键单击“app/src/main/java/com.nummist.goldgesture/MainActivity”（在 Project 面板中），并从“context”菜单选择“Refactor |Rename…”。出现“Rename”对话框。填写内容如图 4-5 所示，然后单击“Refactor”。

4）我们将定义与 main 类关联的 GUI 布局的 XML 文件重新命名。右键单击“app/src/main/res/layout/activity_main.xml”（在 Project 面板），从“context”菜单选择“Refactor

|Rename…”。“Rename”对话框会再次出现。填写内容如图 4-6 所示，单击“Refactor”。

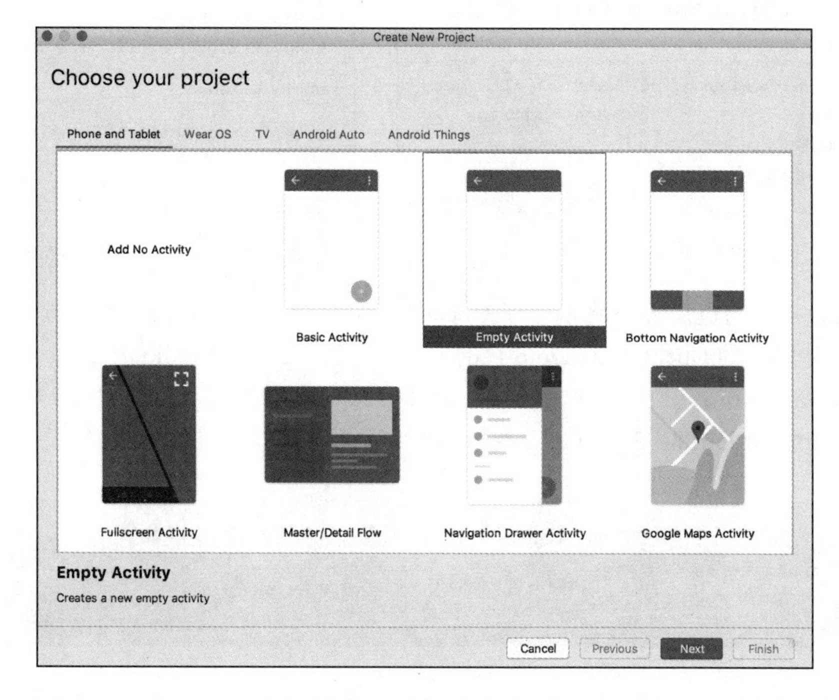

图 4-3　选择项目界面

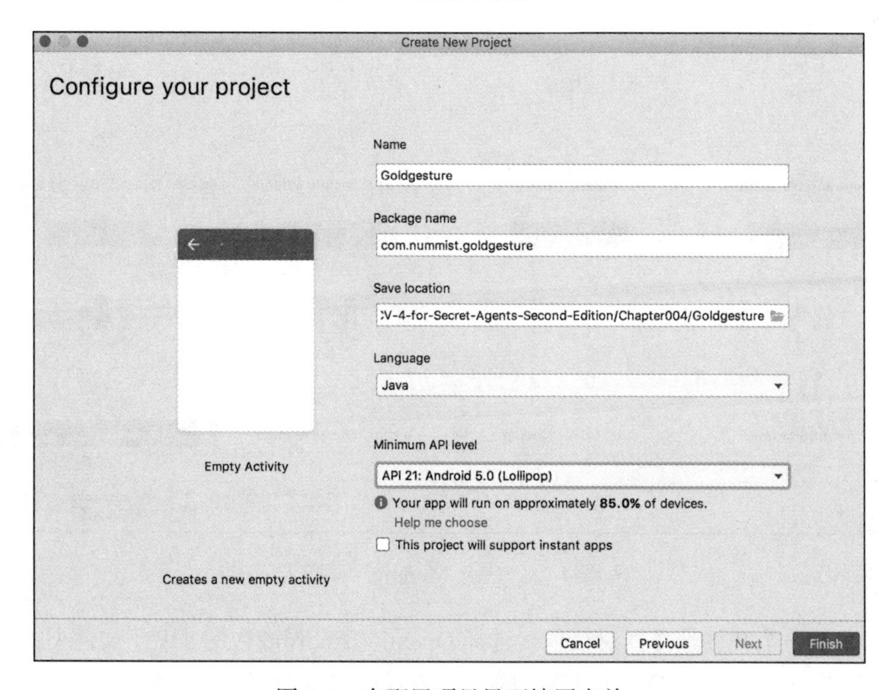

图 4-4　在配置项目界面填写表单

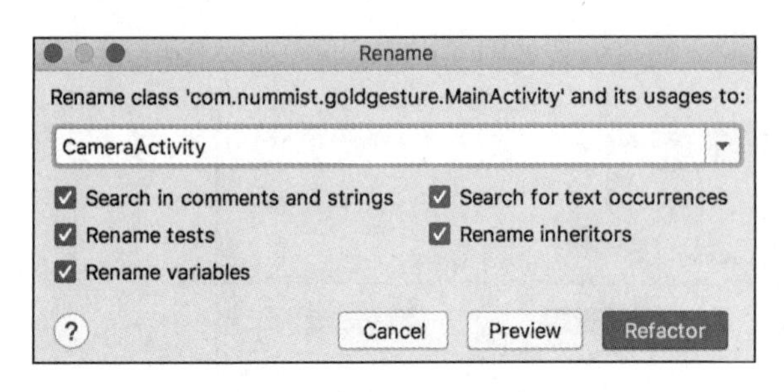

图 4-5 重命名界面

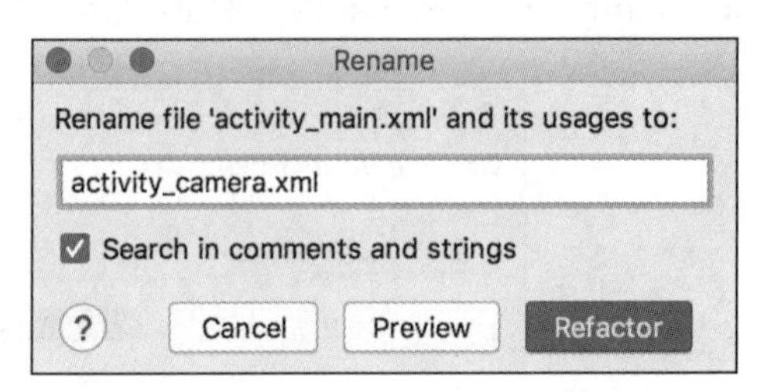

图 4-6 再次出现的重命名对话框

5）因为我们的应用程序将依赖于 OpenCV，我们需要导入 OpenCV 库模块，这是我们在第 1 章中获得的 OpenCV Android 包的一部分。从 Android Studio 的菜单，选择“File |New |New Module…”。出现“Create New Module”对话框，显示“New Module”菜单。选择“Import Gradle Project”，如图 4-7 所示，单击“Next”。

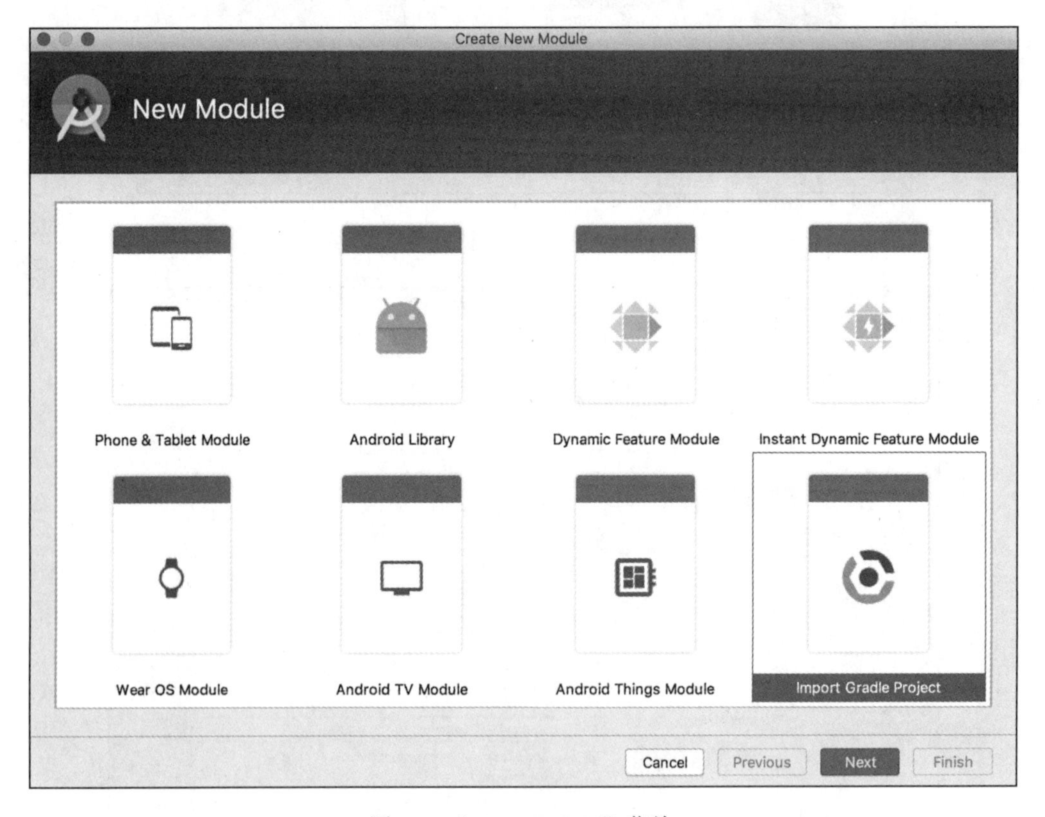

图 4-7 “New Module”菜单

6）会出现一个文件选择器对话框。选择 OpenCV Android 包的 sdk 子文件夹，如图 4-8 所示，单击“Open”或“OK”按钮，确认选项（名字因操作系统而异）。

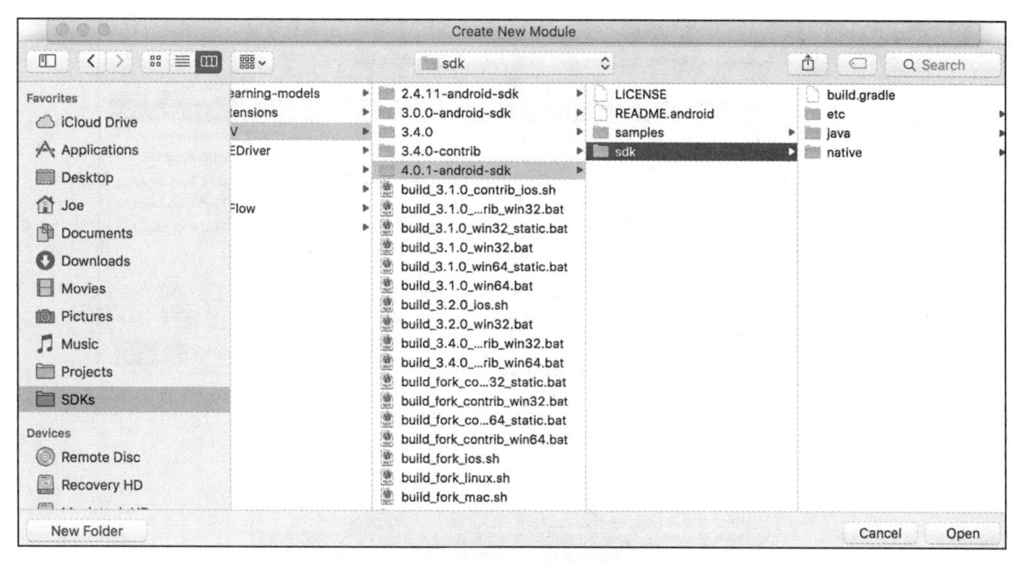

图 4-8　文件选择器对话框

7）“Create New Module”对话框应该显示“Import Module from Source”表单。在“Module name”字段输入：OpenCV，如图 4-9 所示，单击“Finish”。

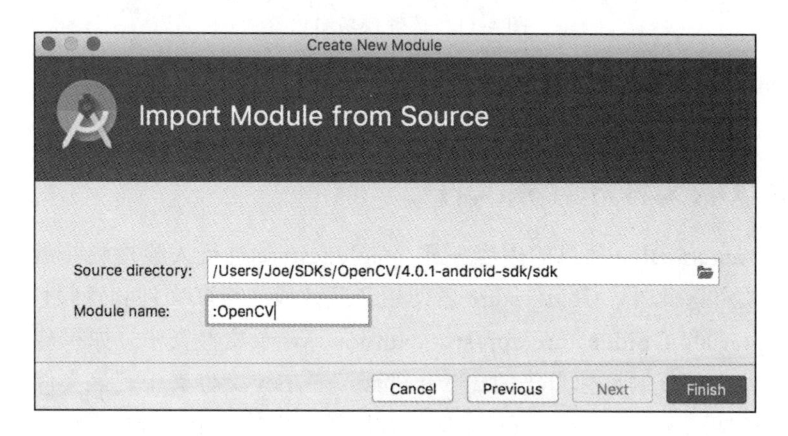

图 4-9　从源代码导入模块表单界面

此时，Android Studio 可能会提示你执行更新并接受许可协议，以便你拥有 OpenCV 的所有依赖项。如果提示你了，就同意。

8）我们需要根据 OpenCV 库模块指定 Goldgesture 应用程序模块。从 Android Studio 菜单选择“File | Project Structure…”。会出现“Project Structure”对话框。在“Modules”下，选择“app”。然后，选择“Dependencies”选项卡，如图 4-10 所示。

9）单击“+”按钮，添加一个依赖项。会出现一个菜单。选择“Module dependency”。出现“Choose Modules”对话框。选择“：OpenCV”，如图 4-11 所示，单击“OK”。

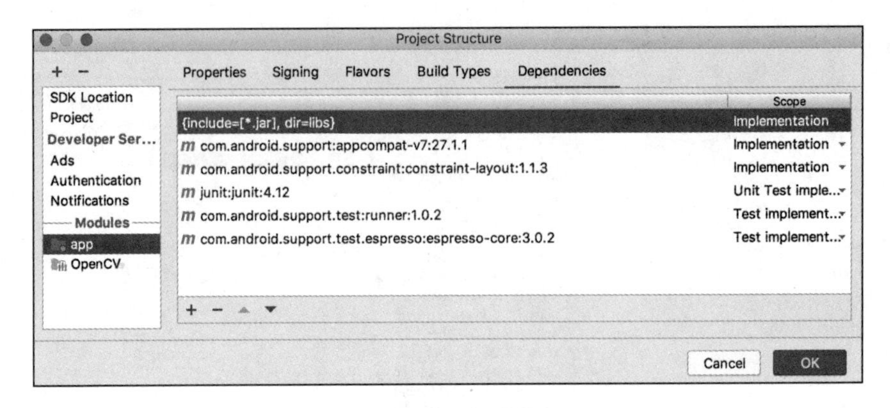

图 4-10 项目结构对话框

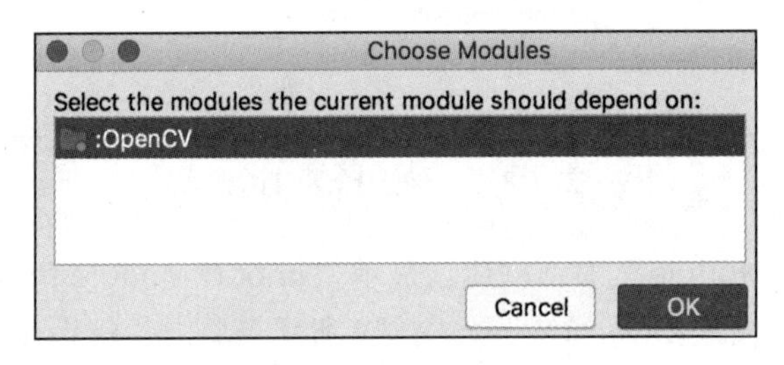

图 4-11 选择模块对话框

现在，OpenCV 库链接到了 Goldgesture。

4.5 获取级联文件和音频文件

与第 3 章 Angora Blue 项目的内容一样，Goldgesture 进行人脸检测并需要 OpenCV 自带的一个级联文件。此外，Goldgesture 还使用音频片段。级联文件和音频片段在本书 GitHub 库的 Chapter004/Goldgesture/app/src/main/res/raw 子文件夹中。如果从头开始重建项目，应该将这些文件复制到你自己的 app/src/main/res/raw 文件夹中。该文件夹是我们希望以原始（未经修改）形式绑定到 Android 应用程序的文件的一个标准位置。默认情况下，该文件夹在新的 Android Studio 项目中并不存在。

要在 Android Studio 中创建该文件夹，在（Project 面板中的）app/src/main/res 文件夹上单击右键，从“context”菜单中选择“New | Android Resource Directory”。会出现“New Resource Directory”窗口。填写内容如图 4-12 所示，单击“OK”。

在创建了“app/src/main/res/raw”文件夹后，可以在 Android Studio 中将文件拖拽到该文件夹中。

使用 Mac 上标准文本 - 语音合成器的 Vicki 语音生成音频片段。例如，在终端运行下列命令，创建其中一个片段：

```
$ say 'You are 007! I win!' -v Vicki -o win_007.mp4
```

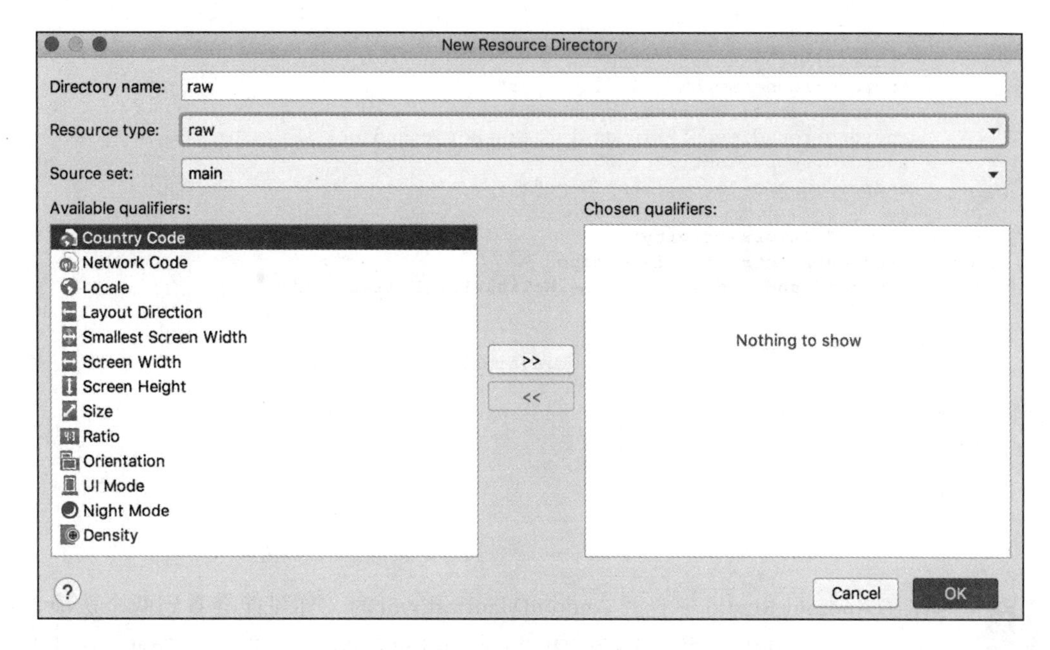

图 4-12　新资源目录窗口

语音合成是全家人的欢乐时光。

Mac 语音合成器将 007 读成“double-O seven”。这是一个特例。例如，008 读作“zero, zero, eight”。

4.6　指定应用程序的需求

AndroidManifest.xml（Android Manifest）是应用程序发布系统信息的地方，Google Play 和其他 App 都可能需要了解这些内容。例如，Goldgesture 需要一个前置摄像头，并允许使用它（有人可能会说，这是一个拍摄许可证）。Goldgesture 还希望在横屏（landscape）模式下运行，而不考虑手机的物理方向，因为 OpenCV 的摄像头预览总是使用摄像头的横屏尺寸（OpenCV 的 Android 文档并没有说明这种行为是否是有意为之。也许未来版本会提供更好的纵向方向支持）。若要指定这些需求，请编辑 app/src/main/AndroidManifest.xml 以匹配下列示例：

```
<?xml version="1.0" encoding="utf-8"?>
<manifest xmlns:android="http://schemas.android.com/apk/res/android"
    package="com.nummist.goldgesture">

    <uses-permission android:name="android.permission.CAMERA" />
```

```
    <uses-feature android:name="android.hardware.camera.front" />

    <application
        android:allowBackup="true"
        android:icon="@mipmap/ic_launcher"
        android:label="@string/app_name"
        android:roundIcon="@mipmap/ic_launcher_round"
        android:supportsRtl="true"
        android:theme="@style/AppTheme">
<activity
android:name=".CameraActivity"
android:screenOrientation="landscape"
android:theme="@android:style/Theme.NoTitleBar.Fullscreen">

<intent-filter>
<action android:name="android.intent.action.MAIN" />

<category android:name="android.intent.category.LAUNCHER" />
</intent-filter>
</activity>
    </application>

</manifest>
```

当你在 Android Studio 中打开 AndroidManifest.xml 时，你可能会看到两个选项卡：一个标记为“Text”，另一个标记为“Merged Manifest”。选择“Text”选项卡，它允许我们直接编辑 AndroidManifest.xml 的源代码（相比之下，“Merged Manifest”选项卡不能直接编辑，它显示了 AndroidManifest.xml 和项目属性中这些设置项的一个组合）。

现在，我们的 App 可以使用一个摄像头并将保持在横屏（landscape）模式。此外，如果我们在 Google Play 上发布这个 App，它将只适用于带前置摄像头的设备。

4.7 将摄像头预览布置为主视图

与很多系统一样，Android 允许程序员在 XML 文件中指定 GUI 的布局。我们的 JAVA 代码可以从这些 XML 文件中加载一个完整的视图或视图的一部分。

Goldgesture 有一个只包含摄像头预览的简单布局，我们使用 OpenCV 在该布局上面绘制一些附加图形。用一个名为 JavaCameraView 的 OpenCV 类来表示摄像头预览。让我们编辑 app/src/main/res/layout/activity_camera.xml，用 JavaCameraView 填充布局，使用前置摄像头，命令如下所示：

```
<?xml version="1.0" encoding="utf-8"?>
<android.support.constraint.ConstraintLayout
    xmlns:android="http://schemas.android.com/apk/res/android"
    xmlns:app="http://schemas.android.com/apk/res-auto"
    xmlns:opencv="http://schemas.android.com/apk/res-auto"
    xmlns:tools="http://schemas.android.com/tools"
```

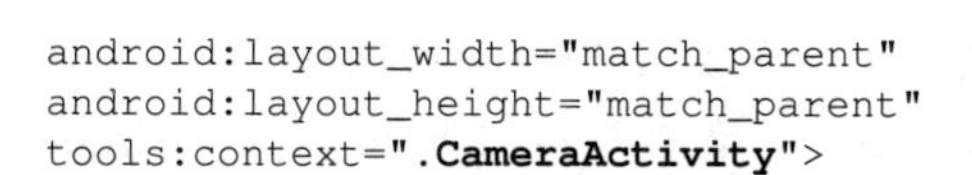

```
    android:layout_width="match_parent"
    android:layout_height="match_parent"
    tools:context=".CameraActivity">

    <org.opencv.android.JavaCameraView

        android:layout_width="fill_parent"
        android:layout_height="fill_parent"
        android:id="@+id/camera_view"
        app:layout_constraintBottom_toBottomOf="parent"
        app:layout_constraintLeft_toLeftOf="parent"
        app:layout_constraintRight_toRightOf="parent"
        app:layout_constraintTop_toTopOf="parent"
        opencv:camera_id="front" />

</android.support.constraint.ConstraintLayout>
```

此外，OpenCV 还提供一个名为 JavaCamera2View 的类。JavaCameraView 和 JavaCamera2View 都是一个名为 CameraBridgeViewBase 接口的实现。不同的是，JavaCamera2View 构建于 Android 摄像头 API 的最新版本之上，但是目前它在许多设备上的帧率比较低。在 OpenCV 的未来版本或未来的 Android 设备上 JavaCamera2View 的性能可能会有所提升，因此你的目标是希望在特定的 Android 设备上运行自己的性能测试。

4.8　跟踪往复动作

一些常见的动作是由重复的前后（来回）动作组成的。例如下列动作类型：

- 点头（yes，或者我在听）
- 摇头（no，或者沮丧）
- 挥手（问候）
- 握手（问候）
- 挥拳（威胁或抗议）
- 摇动手指（责骂）
- 摇动一根或几根手指（招手）
- 用脚轻敲地面（不耐烦）
- 用四根手指轻敲桌子（不耐烦）
- 用两根手指轻敲桌子（谢谢你的茶）
- 踱步（焦虑）
- 跳上跳下（兴奋、喜悦）

为了帮助我们识别这些动作，我们编写一个类 BackAndForthGesture，记录一个值（例如，x 坐标或 y 坐标）在低阈值和高阈值之间震荡的次数。一定数量的震荡可以看成是一个完整的动作。

创建一个文件：app/src/main/java/com/nummist/goldgesture/BackAndForthGesture.

java。为了在 Android Studio 中完成这个任务，右键单击（Project 面板中）文件夹 app/src/main/java/com.nummist.goldgesture，从“context”菜单选择“New |Java Class”。出现“Create New Class”窗口。填写如图 4-13 所示的内容，然后单击“OK”。

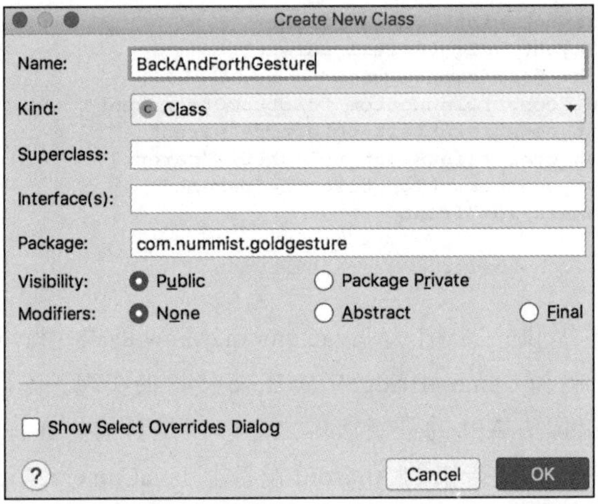

图 4-13 在 Create New Class 中填写的内容截图

作为成员变量，BackAndForthGesture 将存储定义前后运动的最小距离或阈值、初始位置、该位置的最新增量（delta），以及后退和前进动作的次数。该类的代码的第一部分如下所示：

```
package com.nummist.goldgesture;

public final class BackAndForthGesture {

    private double mMinDistance;

    private double mStartPosition;
    private double mDelta;

    private int mBackCount;
    private int mForthCount;
```

前后计数（或振荡次数）是向前计数和向后计数中较小的一个。让我们在下面的 getter 方法中实现这个规则：

```
public int getBackAndForthCount() {
    return Math.min(mBackCount, mForthCount);
}
```

构造函数取一个参数，记录最小的运动距离或阈值：

```
public BackAndForthGesture(final double minDistance) {
    mMinDistance = minDistance;
}
```

要开始跟踪运动，我们调用一个以初始位置为参数的 start 方法。该方法记录了初始位置、复位增量和计数：

```
public void start(final double position) {
    mStartPosition = position;
    mDelta = 0.0;
    mBackCount = 0;
    mForthCount = 0;
}
```

我们将位置看作一维值，因为点头（上下）或摇头（左右）是一个线性动作。对于一个直立的头部，图像的两个维度中只有一个与点头或摇头动作有关。

要继续跟踪运动，我们调用一个以新位置作为参数的 update 方法。该方法重新计算增量，如果刚刚传递了一个阈值，那么就会增加向后的计数或向前的计数。

```
public void update(final double position) {
    double lastDelta = mDelta;
    mDelta = position - mStartPosition;
    if (lastDelta < mMinDistance &&
            mDelta >= mMinDistance) {
        mForthCount++;
    } else if (lastDelta > -mMinDistance &&
            mDelta < -mMinDistance) {
        mBackCount++;
    }
}
```

如果我们认为该动作已经完成了，或者由于其他原因我们认为计数是无效的，就调用 resetCounts 方法：

```
    public void resetCounts() {
        mBackCount = 0;
        mForthCount = 0;
    }
}
```

注意，BackAndForthGesture 本身不包含计算机视觉功能，但是我们传递给它的位置值却将来自于计算机视觉。

4.9　播放的音频片段作为问题和答案

问答序列的逻辑是另一个没有计算机视觉功能的组件。我们将其封装到一个名为 YesNoAudioTree 的类中，该类在应用程序的计算机视觉组件告知“yes”或“no”的答案时，负责播放下一个音频片段。

音频片段是本书 GitHub 库的一部分，属于项目的 app/src/main/res/raw 文件夹。但是，库中的音频片段绝不是关于邦德系列电影中角色的一组详尽的问题和猜测。可随意添加自己的片段和逻辑来播放它们。

创建一个文件 app/src/main/java/com/nummist/goldgesture/YesNoAudioTree.java。我们的 YesNoAudioTree 类需要成员变量存储一个媒体播放器和一个相关上下文、最近播放的音频片段的一个 ID，以及从先前问题的答案中收集到的信息。具体来说，下一个问题取决于此人是否已经被确认为是军情六处（MI6）、中央情报局（CIA）、克格勃（KGB）或犯罪组织的成员。此信息，连同最近问题的答案，将足以让我们建立一个简单的问题树来识别邦德系列电影中的一些角色。该类的实现如下所示：

```
package com.nummist.goldgesture;

import android.content.Context;
import android.media.MediaPlayer;

import android.media.MediaPlayer.OnCompletionListener;

public final class YesNoAudioTree {

    private enum Affiliation { UNKNOWN, MI6, CIA, KGB, CRIMINAL }

    private int mLastAudioResource;
    private Affiliation mAffiliation;

    private Context mContext;
    private MediaPlayer mMediaPlayer;
```

用一个 Context 对象实例化该类，Context 对象是应用程序 Android 环境的一个标准抽象：

```
public YesNoAudioTree(final Context context) {
    mContext = context;
}
```

创建媒体播放器需要 Context 对象，后续会看到该内容。

有关 Android SDK 的 MediaPlayer 类的更多内容，请参阅 http://developer.android.com/reference/android/media/MediaPlayer.html。上的官方文档。

从第一个问题开始，我们调用一个 start 方法。该方法重置有关人的数据，并使用 private 类型的助手方法 play 播放第一个音频片段：

```
public void start() {
    mAffiliation = Affiliation.UNKNOWN;
    play(R.raw.intro);
}
```

若要停止任何当前的片段并清除音频播放器（例如，App 暂停或结束时），我们调用一个 stop 方法：

```
public void stop() {
    if (mMediaPlayer != null) {
        mMediaPlayer.release();
    }
}
```

当用户对一个问题回答“Yes”时，我们调用 takeYesBranch 方法。该方法使用嵌套的 switch 语句，根据之前的答案和最近的问题选择下一个音频片段：

```
public void takeYesBranch() {

    if (mMediaPlayer != null && mMediaPlayer.isPlaying()) {
        // Do not interrupt the audio that is already playing.
        return;
    }

    switch (mAffiliation) {
        case UNKNOWN:
            switch (mLastAudioResource) {
                case R.raw.q_mi6:
                    mAffiliation = Affiliation.MI6;
                    play(R.raw.q_martinis);
                    break;
                case R.raw.q_cia:
                    mAffiliation = Affiliation.CIA;
                    play(R.raw.q_bond_friend);
                    break;
                case R.raw.q_kgb:
                    mAffiliation = Affiliation.KGB;
                    play(R.raw.q_chief);
                    break;
                case R.raw.q_criminal:
                    mAffiliation = Affiliation.CRIMINAL;
                    play(R.raw.q_chief);
                    break;
            }
            break;
        case MI6:
            // The person works for MI6.
            switch (mLastAudioResource) {
                case R.raw.q_martinis:
                    // The person drinks shaken martinis (007).
                    play(R.raw.win_007);
                    break;
                // ...
                // See the GitHub repository for more cases.
                // ...
                default:
                    // The person remains unknown.
                    play(R.raw.lose);
                    break;
            }
            break;
```

```
            // ...
            // See the GitHub repository for more cases.
            // ...
        }
    }
```

类似地，当用户对一个问题回答“No”时，我们调用takeNoBranch方法，该方法也包含大型嵌套的switch语句：

```
    public void takeNoBranch() {

        if (mMediaPlayer != null && mMediaPlayer.isPlaying()) {
            // Do not interrupt the audio that is already playing.
            return;
        }

        switch (mAffiliation) {
            case UNKNOWN:
                switch (mLastAudioResource) {
                    case R.raw.q_mi6:
                        // The person does not work for MI6.
                        // Ask whether the person works for a criminal
                        // organization.
                        play(R.raw.q_criminal);
                        break;
                    // ...
                    // See the GitHub repository for more cases.
                    // ...
                    default:
                        // The person remains unknown.
                        play(R.raw.lose);
                        break;
                // ...
                // See the GitHub repository for more cases.
                // ...
        }
    }
}
```

某些片段结束时，我们希望无须用户回答“Yes”或“No”，就可以自动前进到另一个片段。一个private类型的助手方法takeAutoBranch，在一个switch语句中实现了相关逻辑：

```
private void takeAutoBranch() {
    switch (mLastAudioResource) {
        case R.raw.intro:
            play(R.raw.q_mi6);
            break;

        case R.raw.win_007:
        case R.raw.win_blofeld:
        case R.raw.win_gogol:
        case R.raw.win_jaws:
        case R.raw.win_leiter:
        case R.raw.win_m:
        case R.raw.win_moneypenny:
```

```
            case R.raw.win_q:
            case R.raw.win_rublevitch:
            case R.raw.win_tanner:
            case R.raw.lose:
                start();
                break;
        }
    }
```

每当我们需要播放一个音频片段时，就调用 private 类型的助手方法 play。该方法使用 context 和一个音频片段 ID 来创建 MediaPlayer 的一个实例，并将其作为 play 的一个参数。播放音频并设置一个回调，以便清理媒体播放器，并在片段完成时调用 takeAutoBranch：

```
    private void play(final int audioResource) {
        mLastAudioResource = audioResource;
        mMediaPlayer = MediaPlayer.create(mContext, audioResource);
        mMediaPlayer.setOnCompletionListener(
                new OnCompletionListener() {
                    @Override
                    public void onCompletion(
                            final MediaPlayer mediaPlayer) {
                        mediaPlayer.release();
                        if (mMediaPlayer == mediaPlayer) {
                            mMediaPlayer = null;
                        }
                        takeAutoBranch();
                    }
                });
        mMediaPlayer.start();
    }
}
```

现在，我们已经编写了支持类并且已经准备好处理包括计算机视觉功能在内的应用程序的主类。

4.10　在活动中捕捉图像并跟踪脸部

一个 Android 应用程序是一个状态机，其中每个状态都被称为一个**活动**。一个活动有一个生命周期。例如，可以创建、暂停、恢复、完成一个活动。在两个活动进行转换期间，暂停的或已完成的活动可以向已创建的或已恢复的活动发送数据。一个 App 可以定义很多个活动，并且可以以任意顺序在活动之间进行转换。甚至可以在由 Android SKD 或由其他应用程序定义的活动之间进行转换。

有关 Android 活动及其生命周期的更多内容，请参阅 http://developer.android.com/guide/components/activities.html 上的官方文档。有关 OpenCV 的 Android 和 Java API（用于我们的活动类中）的更多内容，请参阅 https://docs.opencv.org/master/javadoc/index.html 上的官方 Javadocs 文档。

可以将 OpenCV 提供的类和接口看作是一个活动生命周期的附加组件。具体来说就是我们可以使用 OpenCV 的回调方法来处理下列事件：

- 摄像头预览开始
- 摄像头预览停止
- 摄像头预览捕捉到一个新画面

Goldgesture 只使用一个名为 CameraActivity 的活动。CameraActivity 使用一个 CameraBridgeViewBase 对象（更具体地说是一个 JavaCameraView 对象）作为其摄像头预览。（在本章的 4.7 节中，我们在 XML 中实现 CameraActivity 的布局时已经见过。）CameraActivity 实现了名为 CvCamearViewListener2 的接口，该接口为摄像头预览提供了回调。（名为 CvCameraViewListener 的接口也可用于此目的。这两个接口之间的不同是：CvCamearViewListener2 允许我们为捕捉到的图像指定一种格式，而 CvCameraViewListener 则不允许。）类的实现如下所示：

```
package com.nummist.goldgesture;

// ...
// See the GitHub repository for imports
// ...

public final class CameraActivity extends Activity

    implements CvCameraViewListener2 {

// A tag for log output.
private static final String TAG = "CameraActivity";
```

为了可读性和方便编辑，在计算机视觉函数中我们使用静态的 final 变量来存储很多参数。你可能会希望根据实验来调整这些值。首先，我们有脸部检测参数，这些参数你在第 3 章的 Angora Blue 项目中已经熟悉了。

```
// Parameters for face detection.
private static final double SCALE_FACTOR = 1.2;
private static final int MIN_NEIGHBORS = 3;
private static final int FLAGS = Objdetect.CASCADE_SCALE_IMAGE;
private static final double MIN_SIZE_PROPORTIONAL = 0.25;
private static final double MAX_SIZE_PROPORTIONAL = 1.0;
```

为了进行特征选择，我们不使用整个检测到的脸。相反，我们使用不太可能包含任何非脸部背景的内部部分。因此，我们定义了应该从每一侧特征选择中排除的脸的一部分：

```
// The portion of the face that is excluded from feature
// selection on each side.
// (We want to exclude boundary regions containing background.)
private static final double MASK_PADDING_PROPORTIONAL = 0.15;
```

对于使用光流的脸部跟踪，我们定义了一个最小特征数和最大特征数。如果我们没有跟踪到最少的特征数，我们就认为这张脸丢失了。我们还定义了一个最小特征质量（相对于找到的最优特征的质量)、特征之间的最小像素距离，以及在尝试将新特征与原来特征进行匹配时的一个最大可接受的误差值。正如我们将在本节后面看到的，这些参数属于OpenCV 的 calcOpticalFlowPyrLK 函数及其返回值。下面是声明部分：

```
// Parameters for face tracking.
private static final int MIN_FEATURES = 10;
private static final int MAX_FEATURES = 80;
private static final double MIN_FEATURE_QUALITY = 0.05;
private static final double MIN_FEATURE_DISTANCE = 4.0;
private static final float MAX_FEATURE_ERROR = 200f;
```

我们还定义了在我们认为发生了点头或摇头动作之前需要多少次运动（作为图像大小的一个比例）以及需要多少次往复循环：

```
// Parameters for gesture detection
private static final double MIN_SHAKE_DIST_PROPORTIONAL = 0.01;
private static final double MIN_NOD_DIST_PROPORTIONAL = 0.0025;
private static final double MIN_BACK_AND_FORTH_COUNT = 2;
```

我们的成员变量包括摄像头视图、采集图像的尺寸，以及在各处理阶段的图像。将图像存储到 OpenCV 的 Mat 对象中，这类似于我们在 Python 包中看到的 NumPy 数组。OpenCV 总是以横屏格式捕捉图像，但是我们将其重新定位为纵向格式，这是智能手机上更常见的一种脸部图像的方向。相关变量的声明如下所示：

```
// The camera view.
private CameraBridgeViewBase mCameraView;

// The dimensions of the image before orientation.
private double mImageWidth;
private double mImageHeight;

// The current gray image before orientation.
private Mat mGrayUnoriented;

// The current and previous equalized gray images.
private Mat mEqualizedGray;
private Mat mLastEqualizedGray;
```

代码和注释如下所示，我们还声明了与脸部检测和跟踪相关的一些成员变量：

```
// The mask, in which the face region is white and the
// background is black.
private Mat mMask;
private Scalar mMaskForegroundColor;
private Scalar mMaskBackgroundColor;

// The face detector, more detection parameters, and
// detected faces.
private CascadeClassifier mFaceDetector;
private Size mMinSize;
private Size mMaxSize;
private MatOfRect mFaces;

// The initial features before tracking.
private MatOfPoint mInitialFeatures;
```

```
// The current and previous features being tracked.
private MatOfPoint2f mFeatures;
private MatOfPoint2f mLastFeatures;

// The status codes and errors for the tracking.
private MatOfByte mFeatureStatuses;
private MatOfFloat mFeatureErrors;

// Whether a face was being tracked last frame.
private boolean mWasTrackingFace;

// Colors for drawing.
private Scalar mFaceRectColor;
private Scalar mFeatureColor;
```

最后，我们存储之前定义的类实例，即 BackAndForthGesture（在本章的 4.8 节中）和 YesNoAudioTree（在本章的 4.9 节中）：

```
// Gesture detectors.
private BackAndForthGesture mNodHeadGesture;
private BackAndForthGesture mShakeHeadGesture;

// The audio tree for the 20 questions game.
private YesNoAudioTree mAudioTree;
```

现在，我们实现一个 Android 活动的标准生命周期回调。首先，在创建活动时，我们试着加载 OpenCV 库（如果由于某些原因失败了，我们记录一条错误信息并退出）。如果 OpenCV 加载成功了，我们指定即使在没有触摸交互的情况下，也要保持屏幕处于打开的状态（因为所有的交互都是通过摄像头进行的）。而且，我们需要从 XML 文件加载布局，获取对摄像头预览的一个引用，并将本活动设置为摄像头预览事件的句柄。其实现如下所示：

```
@Override
protected void onCreate(final Bundle savedInstanceState) {
    super.onCreate(savedInstanceState);

    if (OpenCVLoader.initDebug()) {
        Log.i(TAG, "Initialized OpenCV");
    } else {
        Log.e(TAG, "Failed to initialize OpenCV");
        finish();
    }

    final Window window = getWindow();
    window.addFlags(

            WindowManager.LayoutParams.FLAG_KEEP_SCREEN_ON);

    setContentView(R.layout.activity_camera);
    mCameraView = (CameraBridgeViewBase)
            findViewById(R.id.camera_view);
    //mCameraView.enableFpsMeter();
    mCameraView.setCvCameraViewListener(this);
}
```

注意，我们还没有初始化大部分成员变量。相反，一旦开始摄像头预览，我们就这样做。当活动暂停时，我们禁用摄像头预览，停止音频，重置动作识别数据，如下列代码所示：

```
@Override
public void onPause() {
    if (mCameraView != null) {
        mCameraView.disableView();
    }
    if (mAudioTree != null) {
        mAudioTree.stop();
    }
    resetGestures();
    super.onPause();
}
```

在活动恢复时（包括创建之后第一次在前台出现），我们检查用户是否授予应用程序使用摄像头的权限。如果还没有得到权限，我们就请求授权。（在某些情况中，Android 要求我们显示请求授权的一个理由。我们通过一个名为 showRequestPermissionRationale 的 private 类型的助手方法实现该请求。）如果已授予了权限，就启用摄像头视图。相关代码如下所示：

```
@Override
public void onResume() {
    super.onResume();
    if (ContextCompat.checkSelfPermission(this,
            Manifest.permission.CAMERA)
            != PackageManager.PERMISSION_GRANTED) {
        if (ActivityCompat.shouldShowRequestPermissionRationale(this,
                Manifest.permission.CAMERA)) {
            showRequestPermissionRationale();
        } else {
            ActivityCompat.requestPermissions(this,
                    new String[] { Manifest.permission.CAMERA },
                    PERMISSIONS_REQUEST_CAMERA);
        }

    } else {
        Log.i(TAG, "Camera permissions were already granted");

        // Start the camera.
        mCameraView.enableView();
    }
}
```

在撤销活动时，我们清理事物的方式和暂停活动时的一样：

```
@Override
public void onDestroy() {
    super.onDestroy();
    if (mCameraView != null) {
        // Stop the camera.
        mCameraView.disableView();
```

```
        }
        if (mAudioTree != null) {
            mAudioTree.stop();
        }
        resetGestures();
    }
```

showRequestPermissionRationale 助手方法显示了一个对话框，解释为什么 Goldgesture 需要使用摄像头。当用户单击对话框的“OK”按钮时，我们请求允许使用摄像头：

```
    void showRequestPermissionRationale() {
        AlertDialog dialog = new AlertDialog.Builder(this).create();
        dialog.setTitle("Camera, please");
        dialog.setMessage(
                "Goldgesture uses the camera to see you nod or shake " +
                "your head. You will be asked for camera access.");
        dialog.setButton(AlertDialog.BUTTON_NEUTRAL, "OK",
                new DialogInterface.OnClickListener() {
                    public void onClick(DialogInterface dialog,
                                        int which) {
                        dialog.dismiss();
                        ActivityCompat.requestPermissions(
                                CameraActivity.this,
                                new String[] {
                                        Manifest.permission.CAMERA },
                                PERMISSIONS_REQUEST_CAMERA);
                    }
                });
        dialog.show();
    }
```

我们实现了一个回调来处理权限请求的结果。如果用户授权使用摄像头的权限，我们将启用摄像头视图。否则，我们记录一条错误并退出：

```
    @Override
    public void onRequestPermissionsResult(final int requestCode,
            final String permissions[], final int[] grantResults) {
        switch (requestCode) {
            case PERMISSIONS_REQUEST_CAMERA: {
                if (grantResults.length > 0 &&
                        grantResults[0] == PackageManager.PERMISSION_GRANTED) {
                    Log.i(TAG, "Camera permissions were granted just now");

                    // Start the camera.
                    mCameraView.enableView();
                } else {
                    Log.e(TAG, "Camera permissions were denied");
                    finish();
                }
                break;
            }
        }
    }
```

现在，让我们将注意力转向摄像头回调。摄像头预览开始时（在加载 OpenCV 库并且获取使用摄像头的权限之后），我们初始化其余的成员变量。首先，我们存储摄像头正在使用的像素维度：

```
@Override
public void onCameraViewStarted(final int width,
                                final int height) {

    mImageWidth = width;
    mImageHeight = height;
```

接下来，我们初始化脸部检测变量，主要是通过一个名为 initFaceDetector 的 private 类型的助手方法。initFaceDetector 的作用包括检测器级联文件 app/main/res/raw/lbpcascade_frontalface.xml 的加载。这个任务涉及用于文件处理和错误处理的大量样板代码，因此将其分解为另一个函数可以提高可读性。后面我们将研究助手函数的实现，下面是其调用：

```
initFaceDetector();
mFaces = new MatOfRect();
```

和我们在第 3 章中所做的一样，我们确定两个图像维度中较小的一个，并将其用于比例大小的计算：

```
final int smallerSide;
if (height < width) {
    smallerSide = height;
} else {
    smallerSide = width;
}

final double minSizeSide =
        MIN_SIZE_PROPORTIONAL * smallerSide;
mMinSize = new Size(minSizeSide, minSizeSide);

final double maxSizeSide =
        MAX_SIZE_PROPORTIONAL * smallerSide;
mMaxSize = new Size(maxSizeSide, maxSizeSide);
```

初始化与特征相关的矩阵：

```
mInitialFeatures = new MatOfPoint();
mFeatures = new MatOfPoint2f(new Point());
mLastFeatures = new MatOfPoint2f(new Point());
mFeatureStatuses = new MatOfByte();
mFeatureErrors = new MatOfFloat();
```

为脸部周围绘制的一个矩形框及特征周围绘制的圆形指定颜色（以 RGB（红、绿和蓝）格式，而不是 BGR（蓝、绿和红））：

```
mFaceRectColor = new Scalar(0.0, 0.0, 255.0);
mFeatureColor = new Scalar(0.0, 255.0, 0.0);
```

初始化与点头识别和摇头识别相关的变量：

```
final double minShakeDist =
        smallerSide * MIN_SHAKE_DIST_PROPORTIONAL;
mShakeHeadGesture = new BackAndForthGesture(minShakeDist);
```

```
final double minNodDist =
        smallerSide * MIN_NOD_DIST_PROPORTIONAL;
mNodHeadGesture = new BackAndForthGesture(minNodDist);
```

初始化并启动音频序列：

```
mAudioTree = new YesNoAudioTree(this);
mAudioTree.start();
```

最后，初始化图像矩阵，这些矩阵大部分被转置为纵向格式：

```
    mGrayUnoriented = new Mat(height, width, CvType.CV_8UC1);

    // The rest of the matrices are transposed.

    mEqualizedGray = new Mat(width, height, CvType.CV_8UC1);
    mLastEqualizedGray = new Mat(width, height, CvType.CV_8UC1);

    mMask = new Mat(width, height, CvType.CV_8UC1);
    mMaskForegroundColor = new Scalar(255.0);
    mMaskBackgroundColor = new Scalar(0.0);
}
```

在摄像头视图停止时，我们不做任何事情。下面是一个空回调方法：

```
@Override
public void onCameraViewStopped() {
}
```

当摄像头捕捉到一帧时，我们开始完成计算机视觉的所有实际工作。首先，我们获取彩色图像（红、绿、蓝和 α（RGBA）格式，而不是 BGR 格式），将其转换为灰度图像，并将其重定位为纵向格式。从横向格式到纵向格式的重新定向相当于将图像内容逆时针旋转了 90 度，或者将图像的 X 和 Y 坐标轴顺时针旋转了 90 度。为此，我们应用转置操作，之后再应用垂直翻转操作。将灰度图像重定向为纵向格式后，我们对其进行均衡化。回调的实现如下所示：

```
@Override
public Mat onCameraFrame(final CvCameraViewFrame inputFrame) {
    final Mat rgba = inputFrame.rgba();

    // For processing, orient the image to portrait and equalize
    // it.
    Imgproc.cvtColor(rgba, mGrayUnoriented,
            Imgproc.COLOR_RGBA2GRAY);
    Core.transpose(mGrayUnoriented, mEqualizedGray);
    Core.flip(mEqualizedGray, mEqualizedGray, 0);
    Imgproc.equalizeHist(mEqualizedGray, mEqualizedGray);
```

我们通过调用 inputFrame.rgba( ) 获取 RGBA 图像，然后将其转换为灰度图像。或者，我们可以通过调用 inputFrame.gray( ) 直接获取灰度图像。在我们的例子中，我们既想获取 RGBA 图像又想获取灰度图像，因为我们使用 RGBA 图像进行显示，使用灰度图像进行检测和跟踪。

接下来，我们声明一个特征列表。标准的 Java List 允许元素的快速插入和删除，而 OpenCV Mat 则不允许，因此，在我们过滤掉不能很好跟踪的特征时，需要一个 List。下面是该声明：

```
final List<Point> featuresList;
```

我们检测脸部——在第 3 章的 Angora Blue 项目中已经熟悉了这个任务。与 OpenCV 的 Python 包不同，存储脸部矩形框的结构体作为一个参数提供：

```
mFaceDetector.detectMultiScale(
        mEqualizedGray, mFaces, SCALE_FACTOR, MIN_NEIGHBORS,
        FLAGS, mMinSize, mMaxSize);
```

如果至少检测到一张脸，我们选取检测到的第一张脸，并在其周围绘制一个矩形框。我们正在一张纵向图像上进行脸部检测，但是我们在横向图像上对原始图像进行绘制，因此坐标的转换是必要的。注意，纵向图像的原点（左上角）对应横向图像的右上角。代码如下所示：

```
if (mFaces.rows() > 0) { // Detected at least one face

    // Get the first detected face.
    final double[] face = mFaces.get(0, 0);

    double minX = face[0];
    double minY = face[1];
    double width = face[2];
    double height = face[3];
    double maxX = minX + width;
    double maxY = minY + height;

    // Draw the face.
    Imgproc.rectangle(
            rgba, new Point(mImageWidth - maxY, minX),
            new Point(mImageWidth - minY, maxX),
            mFaceRectColor);
```

接下来，我们选择检测到的脸部特征。我们通过将一个掩模传递给 OpenCV 的 goodFeatureToTrack 函数来指定感兴趣的区域。掩模是一种图像，它的前景（脸部）为白色，背景为黑色。下面这段代码用于找到感兴趣的区域，创建掩模，并调用 goodFeatureToTrack 及所有相关的参数：

```
// Create a mask for the face region.
double smallerSide;
if (height < width) {
    smallerSide = height;
} else {
    smallerSide = width;
}
double maskPadding =
        smallerSide * MASK_PADDING_PROPORTIONAL;
mMask.setTo(mMaskBackgroundColor);
Imgproc.rectangle(
```

```
            mMask,
            new Point(minX + maskPadding,
                    minY + maskPadding),
            new Point(maxX - maskPadding,
                    maxY - maskPadding),
            mMaskForegroundColor, -1);

    // Find features in the face region.
    Imgproc.goodFeaturesToTrack(
            mEqualizedGray, mInitialFeatures, MAX_FEATURES,
            MIN_FEATURE_QUALITY, MIN_FEATURE_DISTANCE,
            mMask, 3, false, 0.04);
    mFeatures.fromArray(mInitialFeatures.toArray());
    featuresList = mFeatures.toList();
```

注意，我们将这些特征复制到几个变量中：一个初始特征矩阵、一个当前特征矩阵，以及稍后我们将过滤掉的一个可变的特征列表。

根据我们是否已经跟踪到一张脸，我们调用一个助手函数初始化动作数据或更新动作数据。我们还记录了现在正在跟踪的一张脸：

```
    if (mWasTrackingFace) {
        updateGestureDetection();
    } else {
        startGestureDetection();
    }
    mWasTrackingFace = true;
```

或者，我们在这一帧中还没有检测到任何一张脸。然后，我们使用 OpenCV 的 calcOpticalFlowPyrLK 函数更新之前选择的特征，从而得到一个新特征矩阵、一个误差值矩阵，以及一个状态值矩阵（0 是无效特征，1 是有效特征）。通常，无效表示估计的新特征在画面外，因此光流不再跟踪到该特征。我们将新特征转换为一个列表，并过滤掉无效或高误差特征，代码如下所示：

```
    // if (mFaces.rows > 0) { ... See above ... }
    } else { // Did not detect any face
        Video.calcOpticalFlowPyrLK(
                mLastEqualizedGray, mEqualizedGray, mLastFeatures,
                mFeatures, mFeatureStatuses, mFeatureErrors);

        // Filter out features that are not found or have high
        // error.
        featuresList = new LinkedList<Point>(mFeatures.toList());
        final LinkedList<Byte> featureStatusesList =
                new LinkedList<Byte>(mFeatureStatuses.toList());
        final LinkedList<Float> featureErrorsList =
                new LinkedList<Float>(mFeatureErrors.toList());
        for (int i = 0; i < featuresList.size();) {
            if (featureStatusesList.get(i) == 0 ||
                    featureErrorsList.get(i) > MAX_FEATURE_ERROR) {
                featuresList.remove(i);
                featureStatusesList.remove(i);
                featureErrorsList.remove(i);
            } else {
                i++;
```

```
        }
    }
```

如果滤波后剩余的特征太少，那么我们就认为不再跟踪到这张脸，我们丢弃所有的特征。否则，我们将接受的特征放回当前特征矩阵，并更新动作数据：

```
if (featuresList.size() < MIN_FEATURES) {
    // The number of remaining features is too low; we have
    // probably lost the target completely.

    // Discard the remaining features.
    featuresList.clear();
    mFeatures.fromList(featuresList);

    mWasTrackingFace = false;
} else {
    mFeatures.fromList(featuresList);

        updateGestureDetection();
    }
}
```

我们在当前特征周围绘制绿色圆形。同样，为了在原图像上绘制，我们必须将坐标从纵向格式转换回横向格式：

```
// Draw the current features.
for (int i = 0; i< featuresList.size(); i++) {
    final Point p = featuresList.get(i);
    final Point pTrans = new Point(
            mImageWidth - p.y,
            p.x);
    Imgproc.circle(rgba, pTrans, 8, mFeatureColor);
}
```

画面结束时，当前的均衡灰度图像和当前特征变为之前的均衡灰度图像和先前的特征。我们不是复制这些矩阵，而是交换了引用：

```
// Swap the references to the current and previous images.
final Mat swapEqualizedGray = mLastEqualizedGray;
mLastEqualizedGray = mEqualizedGray;
mEqualizedGray = swapEqualizedGray;

// Swap the references to the current and previous features.
final MatOfPoint2f swapFeatures = mLastFeatures;
mLastFeatures = mFeatures;
mFeatures = swapFeatures;
```

我们水平翻转预览图像，使其看起来像一个镜像。然后返回该图像，这样 OpenCV 就可以显示该图像了：

```
    // Mirror (horizontally flip) the preview.
    Core.flip(rgba, rgba, 1);

    return rgba;
}
```

我们已经介绍了一些助手函数，现在检测一下这些助手函数。在开始分析脸部运动时，我们找到特征的几何均值，并分别使用均值的 x 坐标和 y 坐标作为摇头和点头动作的起始坐标：

```
private void startGestureDetection() {

    double[] featuresCenter = Core.mean(mFeatures).val;

    // Motion in x may indicate a shake of the head.

    mShakeHeadGesture.start(featuresCenter[0]);

    // Motion in y may indicate a nod of the head.
    mNodHeadGesture.start(featuresCenter[1]);
}
```

回想一下，BackAndForthGesture 类使用一维的位置。对于一个直立的头部，只有 x 坐标与摇头动作有关，只有 y 坐标与点头动作有关。

类似地，当继续分析脸部运动时，我们找到特征的新几何均值，并使用均值的坐标更新摇头和点头数据。根据反复地摇头或点头运动的次数，我们可以在问答树中选取“yes”分支或“no”分支。或者，我们可以决定用户当前动作是模棱两可的（既是“yes”又是“no”），在这种情况下，我们重置数据：

```
private void updateGestureDetection() {

    final double[] featuresCenter = Core.mean(mFeatures).val;

    // Motion in x may indicate a shake of the head.
    mShakeHeadGesture.update(featuresCenter[0]);
    final int shakeBackAndForthCount =
            mShakeHeadGesture.getBackAndForthCount();
    //Log.i(TAG, "shakeBackAndForthCount=" +
    // shakeBackAndForthCount);
    final boolean shakingHead =
            (shakeBackAndForthCount >=
                    MIN_BACK_AND_FORTH_COUNT);

    // Motion in y may indicate a nod of the head.
    mNodHeadGesture.update(featuresCenter[1]);
    final int nodBackAndForthCount =
            mNodHeadGesture.getBackAndForthCount();
    //Log.i(TAG, "nodBackAndForthCount=" +
    // nodBackAndForthCount);
    final boolean noddingHead =
            (nodBackAndForthCount >=
                    MIN_BACK_AND_FORTH_COUNT);

    if (shakingHead && noddingHead) {
        // The gesture is ambiguous. Ignore it.
        resetGestures();
    } else if (shakingHead) {
        mAudioTree.takeNoBranch();
        resetGestures();
```

```
    } else if (noddingHead) {
        mAudioTree.takeYesBranch();
        resetGestures();
    }
}
```

我们总是同时重置点头动作数据和摇头动作数据：

```
private void resetGestures() {
    if (mNodHeadGesture != null) {
        mNodHeadGesture.resetCounts();
    }
    if (mShakeHeadGesture != null) {
        mShakeHeadGesture.resetCounts();
    }
}
```

我们用于初始化脸部检测器的助手方法和在官方 OpenCV 示例项目中找到的在 Android 上进行脸部检测的方法非常类似。我们将级联原始数据从 App 包复制到更易于进行访问的新文件中。然后，我们使用该文件路径初始化一个 CascadeClassifier 对象。如果在任何时候遇到一个错误，我们记录该错误并关闭 App。该方法的实现如下所示：

```
private void initFaceDetector() {
    try {
        // Load cascade file from application resources.

        InputStream is = getResources().openRawResource(
                R.raw.lbpcascade_frontalface);
        File cascadeDir = getDir(
                "cascade", Context.MODE_PRIVATE);
        File cascadeFile = new File(
                cascadeDir, "lbpcascade_frontalface.xml");
        FileOutputStream os = new FileOutputStream(cascadeFile);

        byte[] buffer = new byte[4096];
        int bytesRead;
        while ((bytesRead = is.read(buffer)) != -1) {
            os.write(buffer, 0, bytesRead);
        }
        is.close();
        os.close();

        mFaceDetector = new CascadeClassifier(
                cascadeFile.getAbsolutePath());
        if (mFaceDetector.empty()) {
            Log.e(TAG, "Failed to load cascade");
            finish();

        } else {
            Log.i(TAG, "Loaded cascade from " +
                    cascadeFile.getAbsolutePath());
        }

        cascadeDir.delete();

    } catch (IOException e) {
        e.printStackTrace();
```

```
            Log.e(TAG, "Failed to load cascade. Exception caught: "
                    + e);
            finish();
        }
    }
}
```

这就是所有的代码了！我们已经准备好测试了。确保你的 Android 设备打开了声音。将设备插入一个 USB 端口并按下“run”按钮（播放图标是绿色的）。你第一次运行项目时，可能会看到如图 4-14 所示的“Select Deployment Target”窗口。

如果你看到了以上窗口，选择你的 Android 设备并单击“OK”按钮。

很快，你就会看到在你的设备上出现 App 摄像头预览。在被问到问题时，有意识地摇头或者点头。

你应当看到脸部周围有一个蓝色的矩形框以及绿色的点（或多或少），在你运动时这些绿色点固定在你脸部的某些特征上，如图 4-15 所示。

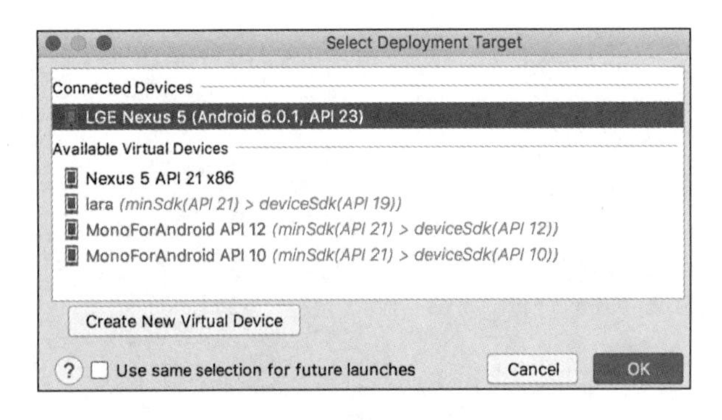

图 4-14 选择部署目标窗口

图 4-15 脸部周围的蓝色矩形框和绿色特征点

为了改进特定摄像头和环境对动作的检测结果，可以调整我们在代码中定义为常量的这些参数。而且，尽量保持摄像头静止不动。摄像头运动将会干扰我们的动作检测算法，因为我们依赖光流，光流无法区分摄像头的运动和物体的运动。

4.11　本章小结

沉默是金——又或者动作是金。至少，动作可以填补尴尬的沉默并控制一个在你的耳机里向你耳语的应用程序。

本章，我们使用 OpenCV 的 Java 包建立了我们的第一个 Android 应用程序。我们还学习了利用光流检测并跟踪一个物体的运动。因此，我们能够识别诸如头部上下运动的点头动作。

下一章，我们的项目将涉及三维运动。我们将建立一个系统来估计距离的变化，以便在汽车追尾时可以提醒司机。

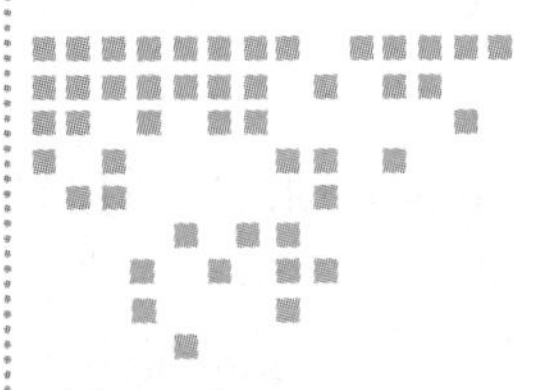

Chapter 5 第5章

给汽车配备后视摄像头和危险检测装置

"清晨来临，车灯渐暗。"

——《黎明生机》(1987)

詹姆斯·邦德是个偷车贼。电影中他从无辜的路人那里偷了不少的车。我不知道这些倒霉蛋们是否有找回他们的财产，但是，即使他们追回了，撞击、水淹、枪林弹雨，或是飞弹造成的损坏，也会对他们的保险费产生持久的影响。邦德还偷过一架螺旋桨飞机、一辆坦克和一辆月球车。

自20世纪50年代起，这家伙就一直在开车，也许是时候停下来了。

尽管如此，我们也能摆脱过去对附加伤害漠不关心的冷战时期。在现代技术的帮助下，我们可以为驾驶员提供同一条道路上的其他驾驶员的实时信息。这些信息或许有助于避免碰撞并精确地瞄准车辆的火箭发射器，从而可以有序地进行追逐场景，而不会使整座城市街区夷为平地。特工们将不会再损失那么多辆车，因此也就不会再去被迫偷车了。

当辅助驾驶成为一个广泛的主题时，让我们聚焦到一个场景上。对于包括特工在内的驾驶员来说，黄昏和夜晚都是艰难时刻。我们或许会因为缺少自然光或刺眼的头灯而看不清任何物体。但是，我们可以开发一个可以清晰地看到头灯（或尾灯）并估算出距离的计算机视觉系统。该系统还可以区分不同颜色的灯光，这一特征与信号识别和车辆类型识别有关。

我们将选择适合那种低功耗计算机的廉价计算技术——树莓派。我们可以通过一个适配器将其插入汽车的点烟器。一块LCD面板可以显示相关的信息，同时还有一个实时的后视镜，这样后车的头灯就不再那么刺眼了。

该项目带给我们几个新的主题和挑战，如下所示：

- 如何检测光斑并对其颜色进行分类。

- 如何估算摄像头到检测到的物体（其真实大小是已知的）的距离。
- 如何建立一个可以用多种颜色的光进行实验的低成本实验室。
- 如何在一辆汽车里安装树莓派和外围设备。

事实上，快速自制的项目还不够健壮，不能作为一种可靠的汽车安全工具，所以对它还是持保留态度吧。但是，分析信号灯和连接自制的车载计算机却是一个有趣的实践。将树莓派选作一个开发平台，迫使我们把汽车作为一个快速原型环境。我们可以插入任意标准的外部设备，包括：网络摄像头、键盘、鼠标，甚至是一台显示器，这让我们获得了一套带有 Python 的完整的桌面 Linux 系统。对于更新奇的项目来说，树莓派还与许多电子套件兼容！智能手机或平板电脑作为车载设备也是一种不错的选择，并且比拥有显示器的树莓派更容易充电，但是树莓派作为一种面面俱到的原型开发工具是非常出色的。

现在，我们就差给项目取一个名字了。那么，就把这个应用程序命名为“The Living Headlights”吧。

5.1　技术需求

本章项目有下列软件依赖项：

- **包含以下模块的 Python 开发环境：**OpenCV、NumPy、SciPy 和 wxPython。

在第 1 章中已经介绍过安装说明。有关所有版本的需求说明，请参阅安装说明。附录 C 中介绍了运行 Python 代码的基本说明。

在本书的 GitHub 库（https://github.com/PacktPublishing/OpenCV-4-for-Secret-Agents-Second-Edition）的 Chapter005 文件夹中可以找到本章已完成的项目。

5.2　设计 The Living Headlights 应用程序

对于这个应用程序，我们需要回到跨平台的 wxPython 框架上。在将应用程序部署到树莓派计算机上之前，我们还可以选择在 Windows、Mac、Linux 桌面或笔记本电脑上开发并测试我们的 wxPython 应用程序。基于 Raspbian 操作系统，树莓派就像所有 Linux 桌面系统一样可以运行 wxPython。

The Living Headlights 的 GUI 界面包括一个实时视频画面、一组控件（用户可以在该控件中输入与头灯的实际距离）以及一个标签（最初显示一组指令），如图 5-1 所示。

当检测到一对头灯时，用户必须执行一次校准的步骤。这个步骤包括输入摄像头与头灯（尤其是头灯的中点）之间的实际距离，然后单击“Calibrate”按钮。之后，应用程序就不断地更新并显示头灯的距离和颜色的估计值，如图 5-2 中所示的底部标签控件。

在应用程序关闭时，将校准和选定的单位（Meters 或 Feet）存储到一个配置文件中。在应用程序再次启动时，将从文件中重新加载这些内容。只要一直使用相同的摄像头或镜头，镜头不变焦，而且在一对头灯中，两个头灯之间的距离对于所有头灯都几乎保持不变，校准就会始终有效。

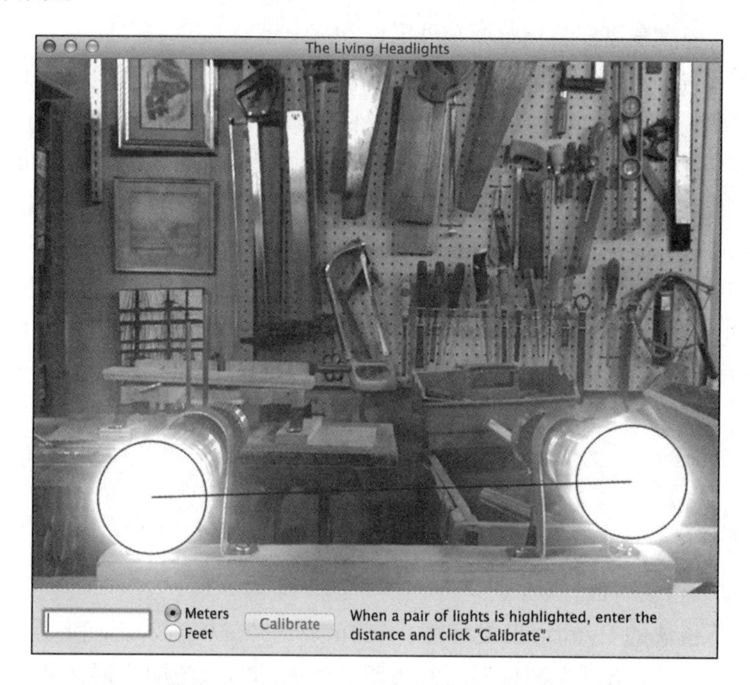

图 5-1 The Living Headlights 应用程序的图形用户界面

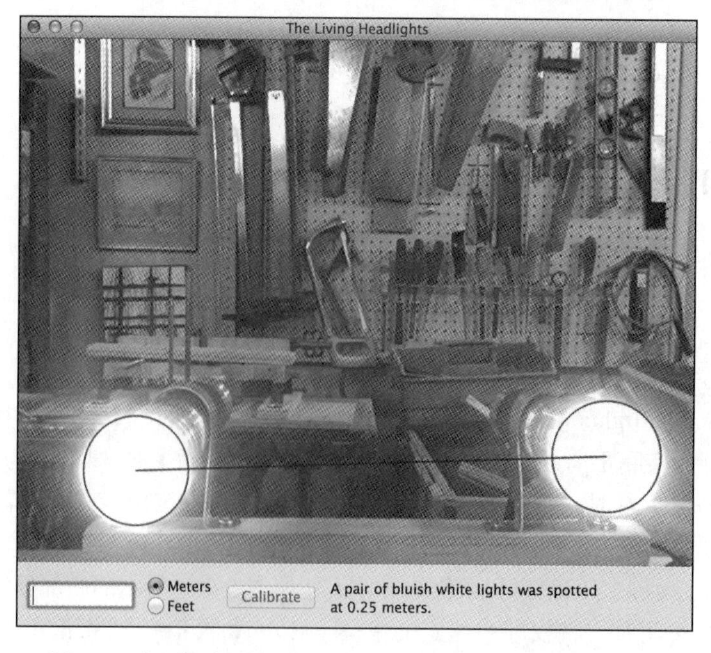

图 5-2 应用程序不断更新并显示头灯距离和颜色的估计值

在视频画面的顶部，绘制彩色圆形来标记检测到的灯，并在检测到的颜色匹配的一对灯光之间绘制了一条线。这样的一对灯光就被认定为是一组头灯。

接下来，我们考虑检测灯光并对其颜色进行分类的技术。

5.3 检测光作为斑点

对于人眼来说，光看起来都是明亮而又色彩斑斓的。想象一幅阳光灿烂的风景，或是霓虹灯照亮的店铺。这些都是明亮而又多姿多彩的！然而，摄像头采集到的对比度范围要窄得多，且无法进行智能选择，这就使得阳光灿烂的风景或霓虹灯照亮的店铺看起来褪色了。这种对比度控制欠佳问题在便宜的摄像头或搭载小型传感器的摄像头（如网络摄像头）上尤其严重。因此，往往将明亮的光源想象成具有细长彩色边缘的白色大斑点。这些斑点还倾向于模拟镜头的虹膜——通常是一个近似圆形的多边形。

一想到所有的灯光都变成白色和圆形，这个世界看起来就会像是一处破旧的场所。然而，在计算机视觉中，我们却可以利用这种可预测的模式。我们可以寻找近似圆形的白色斑点，并且可以从一个边缘周围包含额外像素的样本中推断出人眼可感知的颜色。

斑点检测实际上是计算机视觉的一个主要分支。不同于之前章节中讨论的人脸检测（或其他物体检测），斑点检测器没有经过训练。由于没有参考图像的概念，要做出诸如“这个斑点是一盏灯”或“这个斑点是皮肤”这样有意义的分类要更加复杂。分类超出了斑点检测器本身的知识范围。我们根据（网络摄像头拍摄图像的）光源的典型形状和颜色等先验知识，明确地定义了非光与光之间的阈值，以及不同人可感知的光线颜色之间的阈值。

斑点的其他术语还包括连通分量和区域。但是，本书中我们只介绍斑点。

简单来说，斑点检测包括以下 5 个步骤：

1）将图像划分成两种或两种以上的颜色。例如，这可以通过**二进制阈值化**（也称为**二值化**）来实现，即所有大于阈值的灰度值都转换成白色，并且所有低于阈值的灰度值都转换成黑色。

2）找到每个连续着色区域的轮廓（即，每个斑点）。轮廓是描述区域边缘的一组点。

3）合并相邻的斑点。

4）或者，确定每个斑点的特征。这些是高级度量，如中心点、半径以及圆度等。这些特征的有用之处在于它们的简单性。对于更深层的有关斑点的计算和逻辑，最好避免复杂的表示，如轮廓的多个点。

5）拒绝那些不满足一定度量标准的斑点。

OpenCV 在一个名为 cv2.SimpleBlobDetector 的类中实现了一个简单的斑点检测器。该类的构造函数接受一个名为 cv2.SimpleBlobDetector_Params 的助手类的一个实例，描述了接受或拒绝一个候选斑点的标准。SimpleBlobDetector_Params 包含下列成员变量：

- thresholdStep、minThreshold 和 maxThreshold：基于一系列二值化的图像搜索斑点（类似于在第 3 章中介绍的哈尔级联检测器搜索一系列不同尺度的图像）。二值化的阈值是根据这些变量给出的取值区间和步长大小来决定的。我们使用的值分别是 8、191 和 255。
- minRepeatability：该变量减去 1 就是一个斑点必须有的最小邻居数。我们使用 2，也就是说一个斑点必须至少有一个邻居。如果我们连一个邻居都不需要的话，检测器就会报告大量的斑点，其中有很多斑点会相互重叠。
- minDistBetweenBlobs：斑点之间必须至少间隔这么多像素。斑点之间的距离小于最小距离的斑点互为邻居。我们使用的最小距离是图像较大尺寸（通常是宽度）的 2%。
- filterByColor（True 或 False）和 blobColor：如果 filterByColor 是 True，那么一个斑点的中心像素必须与 blobColor 完全匹配。基于光源都是白色斑点的假设，我们使用 True 和 255（白色）。
- filterByArea（True 或 False）、minArea 和 maxArea：如果 filterByArea 为 True，像素中一个斑点区域必须落在给定的区间里。我们使用 True，根据图像较大尺寸（一般是宽度）的 0.5% 到 10% 计算区间。
- filterByCircularity（True 或 False）、minCircularity 和 maxCircularity：如果 filterByCircularity 为 True，一个斑点的圆度必须落在给定的区间内，其中圆度定义为 4*PI*area/(perimeter^2)。一个圆形的圆度是 1.0，一条线的圆度是 0.0。对于近似圆形的光源，我们使用 True 和 0.7 到 1.0 的区间。
- filterByInertia（True 或 False）、minInertiaRatio 和 maxInertiaRatio：如果 filterByInertia 为 True，一个斑点的惯性比必须落在给定的区间内。一个相对高的惯性比意味着斑点相对较长（因此，需要更大的扭矩才能沿着最长轴旋转）。圆的惯性比为 1.0，线的惯性比为 0.0。我们设 filterByInertia=False（无惯性滤波），因为对于我们的目标，圆度测试已经达到了对形状的足够控制。
- filterByConvexity（True 或 False）、minConvexity 和 maxConvexity：如果 filterByConvexity 为 True，那么一个斑点的凹凸度必须落在给定的区间内，其中凹凸度定义为 area/hullArea。这里，hullArea 指的是凸包（轮廓周围所有的点构成最小面积的凸多边形）的面积。凹凸度总是大于 0.0 小于 1.0。一个相对高的凹凸度意味着其轮廓也相对光滑。我们设 filterByConvexity=False（无凹凸度滤波），因为对于我们的目标，圆度测试已经达到了对形状的足够控制。

虽然这些参数包含了许多有用的标准，但是它们却是为灰度图像设计的，并没有根据色调、饱和度和亮度的独立标准提供一种实用的方法进行滤波或分类斑点。调整上述列表中的建议值来提取明亮的光点。然而，我们可能希望通过颜色（尤其是斑点边缘周围的颜色）的细微变化来对这些斑点进行分类。

色调（hue）指颜色在色轮上的角度，其中0度是红色，120度是绿色，240度是蓝色。色调的度数可以从RGB值计算得到，公式如下：

$$hue = (180/PI) * atan2(sqrt(3) * (g - b), 2 * r - g - b)$$

饱和度（saturation）指一种颜色与灰度之间的距离。有几种可用的RGB颜色饱和度计算公式。我们使用下面这个公式，有些作者将其称之为色度。

$$saturation = max(r, g, b) - min(r, g, b)$$

我们可以根据斑点及其周围像素的平均色调和饱和度来对人眼可感知的光源颜色进行分类。低饱和度、蓝色或黄色色调的组合往往表明在人类视觉中，光线会呈现白色。其他光源可能呈现（按色调升序排列）为红色、橙色/琥珀色/黄色、绿色（从翠绿到祖母绿，范围很广）、蓝色/紫色（另一个范围）或粉红色，等等，这里仅举几个例子。可以根据反复的实验来选择阈值。

使用我们前面提到的这些技术，可以检测到光源所在位置、光源像素半径以及光源感知到的颜色。但是，我们需要额外的技术来估计摄像头和一对头灯之间的实际距离。现在就让我们把注意力转向这个问题吧。

5.4　估算距离（一种廉价的方法）

假设我们将一个物体放置于针孔摄像头的正前方。不管摄像头与这个物体之间的距离是多少，下面的方程都是成立的：

$$objectSizeInImage/focalLength = objectSizeInReality/distance$$

我们可以在方程的左端使用任意一种度量单位（如像素），在方程的右端也使用任意一种度量单位（如米）（方程左右两端的除法运算消去了单位）。此外，我们可以根据在图像中检测到的任意线型来定义物体的大小，例如，检测到的一个斑点的直径，或者是检测到的一个脸部矩形框的宽度。

让我调整一下方程，以说明到物体的距离和图像中的物体大小成反比：

$$distance = focalLength * objectSizeInReality/objectSizeInImage$$

我们假设物体的实际大小和摄像头的焦距是恒定的（恒定的焦距意味着镜头不会变焦，而且我们也不能更换不同的镜头）。思考下面这个调整后的方程，将这对常量单独放在了方程的右端。

$$distance * objectSizeInImage = focalLength * objectSizeInReality$$

当方程的右端是常量时，左端也是常量。因此我们可以得出结论，下列关系式将永远成立：

$$newDist * newObjectSizeInImage = oldDist * oldObjectSizeInImage$$

让我们来求解下面这个新的距离方程：

$$newDist = oldDist * oldObjectSizeInImage / newObjectSizeInImage$$

现在，我们把这个方程应用到软件中。为了提供基本条件，用户必须提交一个真实的距离度量作为在以后计算中使用的原有距离。除此之外，我们必须知道物体的原始像素大小及其后续像素的新的大小，这样我们就可以在得到检测结果的时候，计算出新的距离。让我们回顾一下下面这些假设。

- 没有镜头失真，采用针孔摄像头模型。
- 焦距是常量，不进行变焦，也不更换不同的镜头。
- 物体是刚性的，实际测量值没有变化。
- 摄像头总是在物体的同一侧取景，摄像头与物体的相对旋转不发生改变。

你可能会想第 1 个假设是否存在问题，因为通常为网络摄像头配置廉价的广角镜头，会有很严重的失真。尽管镜头失真，图像中的物体大小仍然会保持与摄像头和物体之间的真实距离成反比吗？论文“*Target distance estimation using monocular vision system for mobile robot*”报告了在镜头表现出严重失真并且物体偏离中心位置（失真特别严重的图像区域）时的实验结果。

使用指数回归方法，作者表明下面的模型较好地拟合了实验数据（R^2=0.995）：

```
distanceInCentimeters = 4042 * (objectSizeInPixels ^ -1.2)
```

需要注意的是指数接近于 -1，因此统计模型不会偏离理想的反比例关系太远。（哪怕是低质量的镜头和偏离中心的拍摄物体也无法证明我们的假设不成立！）

我们还可以保证第 2 个假设（不变焦，也不更换镜头）为真。

让我们考虑一下第 3 个假设和第 4 个假设（刚性和恒定旋转），高速路上的每辆汽车内都有一个摄像头和一个目标物体的情况。除非发生撞击，大多数的汽车外壳都是刚性的。除了超车或靠边停车外，一辆车总是在另一辆车的后面直线行驶，路面在大多数时候都是平坦和笔直的。然而，在一条山路或弯道很多的路上，这些假设开始站不住脚了。现在，很难预测正在拍摄目标物体的哪一面。因此，很难判断我们的参考测量是否适用于某一特定面。

当然，我们需要定义一个通用汽车部件作为我们的目标物体。头灯（及其之间的距离）是一个不错的选择，因为我们有一种检测它们的方法，而且头灯之间的距离在很多汽车上（尽管并不全是）也是一致的。

计算机视觉中的所有距离估算技术都依赖于与摄像头、目标物体、摄像头与目标物体之间的关系或与光照相关的一些假设或校准步骤。为了进行比较，让我们考虑下面这些常用的距离估算技术：

- time-of-flight（ToF）摄像头把光照射到物体上，并测量所有反射光线的强度。在已知光源衰减特性的基础上，这种强度用于推算每个像素处的距离。一些 ToF 摄像头（如，Microsoft Kinect）使用的是红外线光源。其他更昂贵的 ToF 摄像头则是用激光或用激光网格来扫描场景。当有其他亮光进入镜头时，ToF 摄像头可能会受到干扰，所以这类技术不太适合于我们的应用程序。
- **立体摄像头**（stereo camera）由两台平行摄像头组成，它们之间的距离已知且固定。在每一帧中，会拍摄一对图像，识别特征，并计算每一组对应特征的视差或像素距离。根据摄像头的已知视差和视差之间的距离，我们可以将这种视差转换成实际距离。对于我们应用程序而言，立体技术是可行的，但它们的计算复杂度很高，并且会占用很多的输入总线带宽。在树莓派上对这些技术进行优化将会面临极大的挑战。
- **基于运动的结构**（Structure from Motion，SfM）技术仅只需要一台常规摄像头，但要依赖于在一定时间内将摄像头移动一段已知距离。对于从相邻位置拍摄的每对图像，和立体摄像头一样，也会计算视差。在这种情况下，除了要知道摄像头的移动，我们还必须知道物体的移动或相关的运动。由于这些限制，SfM 技术也不太适合我们的应用程序，因为我们的摄像头和目标物体分别安装在两个自由移动的汽车上。
- 各类 **3D 特征跟踪**（3D feature tracking）技术都需要估计物体的旋转、物体的距离以及其他坐标。边界和纹理细节也在考虑之内。各类汽车模型之间的差异使得很难定义一组适合于 3D 跟踪的特征，因此 3D 特征跟踪技术并不适用于我们的应用程序。此外，3D 跟踪的计算复杂度很高，特别是对于像树莓派这样的标准低功耗计算机。

有关这些技术的更多内容，请参阅 Packt 出版社提供的以下书籍：

- Kinect 和其他 ToF 摄像机在我的第 1 版书 *OpenCV Computer Vision with Python* 中有介绍，尤其是第 5 章 *Detecting Foreground/Background Regions and Depth*。
- 3D 特征跟踪与 SfM 在 *Mastering OpenCV with Practical Computer Vision Projects* 中有介绍，尤其是第 3 章 *Markerless Augmented Reality* 和第 4 章 *Exploring Structure from Motion Using OpenCV*。
- 立体视觉和 3D 特征跟踪在 Robert Laganière 的 *OpenCV 3 Computer Vision Application Programming Cookbook* 中有介绍，尤其是第 10 章 *Estimating Projective Relations in Images*。
- 立体视觉和 3D 姿态估计在 Alexey Spizhevoy 和 Aleksandr Rybnikov 的 *OpenCV 3 Computer Vision with Python Cookbook* 中有介绍，尤其是第 9 章 *Multiple View Geometry*。

总的来说，这种简单的方法（基于像素距离与实际距离成反比），就我们的应用程序以及我们支持的树莓派而言，这其实是一个合理的选择。

5.5 实现 The Living Headlights 应用程序

The Living Headlights 应用程序将使用以下文件：

- LivingHeadlights.py：这是一个新文件，包含我们应用程序的类及其 main 函数。
- ColorUtils.py：这是一个新文件，包含将颜色转换成不同表示所需的工具函数。
- GeomUtils.py：包含用于几何计算的工具函数。复制或链接到我们在第 3 章中所用的版本。
- PyInstallerUtils.py：包含用于访问 PyInstaller 应用程序包中的资源的工具函数。复制或链接到我们在第 3 章中所用的版本。
- ResizeUtils.py：包含用于调整图像大小的工具函数，包括摄像头采集维度。复制或链接到我们在第 3 章中所用的版本。
- WxUtils.py：包括在 wxPython 应用程序中使用的 OpenCV 图像工具函数。复制或链接到我们在第 3 章中所用的版本。

让我们开始创建 ColorUtils.py 吧。这里，根据 5.3 节中介绍的公式，我们需要函数来计算颜色的色调和饱和度。该模块的实现代码如下所示：

```
import math


def hueFromBGR(color):
    b, g, r = color
    # Note: sqrt(3) = 1.7320508075688772
    hue = math.degrees(math.atan2(
        1.7320508075688772 * (g - b), 2 * r - g - b))
    if hue < 0.0:
        hue += 360.0
    return hue

def saturationFromBGR(color):
    return max(color) - min(color)
```

如果我们想要将整个图像（即，每个像素）转换为色调、饱和度、亮度或值，可以使用下面的 OpenCV 方法 cvtColor：

```
hslImage = cv2.cvtColor(bgrImage, cv2.COLOR_BGR2HLS)

hsvImage = cv2.cvtColor(bgrImage, cv2.COLOR_BGR2HSV)
```

有关 HSV 和 HSL 颜色模型中的饱和度、亮度和值的定义，请参阅 https://en.wikipedia.org/wiki/HSL_and_HSV 中的维基百科文章。在维基百科的文章中，我们将饱和度的定义称作**色度**，色度与 HSL 饱和度和 HSV 饱和度均有所不同。此外，

OpenCV 以 2 度为单位（在 0 到 180 范围内）表示色调，这样色调通道刚好在一个字节内。

对于某些类型的图像分割问题，将整个图像转换成 HSV、HSL 或其他颜色模型是很有用的。例如，查阅 http://realpython.com/python-opencv-color-spaces/ 上的 Rebecca Stone 有关小丑鱼图像分割的 Rebecca Stone 博客文章，或 http://www.learnopencv.com/color-spaces-in-opencv-cpp-python/ 上有关魔方图像分割的 Vikas Gupta 博客文章。

我们编写了自己的转换函数，因为对于我们的目标而言，并不需要转换整张图像。我们只需要从每个斑点转换一个样本。我们更喜欢使用更高精度的浮点表示法，而不是 OpenCV 强加的字节大小的整数表示法。

我们还需要通过添加一个函数修改 GeomUtils.py 来计算两个二维点之间的欧氏距离，例如，一个图像中两个头灯的像素坐标。在文件的顶部，我们添加一条 import 语句并实现该函数，代码如下所示：

```
import math


def dist2D(p0, p1):
    deltaX = p1[0] - p0[0]
    deltaY = p1[1] - p0[1]
    return math.sqrt(deltaX * deltaX +
                     deltaY * deltaY)
```

距离（及其他量级）也可以使用 NumPy 的 linalg.norm 函数来计算，代码如下所示：

```
dist = numpy.linalg.norm(a1 - a0)
```

这里，a0 和 a1 可以是任意大小和任意形状。但是，对于低维空间（如二维或三维坐标向量），使用 NumPy 数组不划算，因此，这样的工具函数是一种合理的选择。

上述代码包含了所有新工具函数。现在，让我们为应用程序的 main 类 LivingHeadlights 创建一个文件 LivingHeadLights.py。与第 3 章中的 InteractiveRecognizer 一样，LivingHeadlights 是 wxPython 应用程序的一个类，在一个后台线程上进行图像的采集和处理（要避免阻塞主线程上的 GUI），允许用户输入参考数据，在退出时序列化参考数据，并在重新启动时反序列化这些参考数据。这里使用 Python 的 cPickle 模块完成序列化和反序列化，如果因为某些原因 cPickle 不可用，可以使用优化程度较低的 pickle 模块。让我们将下面的 import 语句添加到 LivingHeadlights.py 的开头：

```
#!/usr/bin/env python


import numpy
import cv2
import os
import threading
```

```
import wx

try:
   import cPickle as pickle
except:
   import pickle

import ColorUtils
import GeomUtils
import PyInstallerUtils
import ResizeUtils
import WxUtils
```

我们还在模块的开头定义了一些 BRG 颜色值和名称。根据色调和饱和度，我们将每个斑点分类为下列颜色之一：

```
COLOR_Red =          ((  0,   0, 255), 'red')
COLOR_YellowWhite = ((223, 247, 255), 'yellowish white')
COLOR_AmberYellow = ((  0, 191, 255), 'amber or yellow')
COLOR_Green =        ((128, 255, 128), 'green')
COLOR_BlueWhite =   ((255, 231, 223), 'bluish white')
COLOR_BluePurple = ((255,  64,   0), 'blue or purple')
COLOR_Pink =         ((240, 128, 255), 'pink')
```

现在，我们开始实现这个类。初始化程序（initializer）接受与斑点检测和摄像头配置相关的一些参数。有关 OpenCV 的 SimpleBlobDetector 类和 SimpleBlobDetector_Params 类所支持的斑点检测参数的说明，请参阅 5.3 节。类声明和初始化程序声明如下：

```
class LivingHeadlights(wx.Frame):

    def __init__(self, configPath, thresholdStep=8.0,
                 minThreshold=191.0, maxThreshold=255.0,
                 minRepeatability=2,
                 minDistBetweenBlobsProportional=0.02,
                 minBlobAreaProportional=0.005,
                 maxBlobAreaProportional=0.1,
                 minBlobCircularity=0.7, cameraDeviceID=0,
                 imageSize=(640, 480),
                 title='The Living Headlights'):
```

我们通过设置一个 public 类型的布尔变量（指示应用程序显示镜像）和一个 protected 类型的布尔变量（确保应用程序运行）来开始初始化程序的实现，代码如下所示：

```
self.mirrored = True

self._running = True
```

如果之前运行应用程序时保存了任何配置文件，我们将反序列化参考度量（灯光之间的像素距离，以及灯光和摄像头之间以米为单位的实际距离），以及用户首选的度量单位（米或英尺），代码如下所示：

```
self._configPath = configPath
self._pixelDistBetweenLights = None
if os.path.isfile(configPath):
    with open(self._configPath, 'rb') as file:
        self._referencePixelDistBetweenLights = \
                pickle.load(file)
        self._referenceMetersToCamera = \
                pickle.load(file)
        self._convertMetersToFeet = pickle.load(file)
else:
    self._referencePixelDistBetweenLights = None
    self._referenceMetersToCamera = None
    self._convertMetersToFeet = False
```

现在，我们初始化一个 VideoCapture 对象，并尝试配置采集图像的大小。如果不支持请求的大小，就返回默认大小，代码如下所示：

```
self._capture = cv2.VideoCapture(cameraDeviceID)
size = ResizeUtils.cvResizeCapture(
        self._capture, imageSize)
w, h = size
self._imageWidth, self._imageHeight = w, h
```

我们还需要为采集、处理和显示的图像声明变量。这些变量的初始值是 None。我们还需要创建一个锁来管理对一个图像（该图像是在一个线程上采集和处理的）的线程安全访问，然后在另一个线程上将该图像绘制到屏幕上。有关声明如下所示：

```
self._image = None
self._grayImage = None

self._imageFrontBuffer = None
self._imageFrontBufferLock = threading.Lock()
```

现在，我们根据传给应用程序初始化程序的参数创建一个 SimpleBlobDetector_Params 对象和一个 SimpleBlobDetector 对象，如下所示：

```
minDistBetweenBlobs = \
        min(w, h) * \
        minDistBetweenBlobsProportional

area = w * h
minBlobArea = area * minBlobAreaProportional
maxBlobArea = area * maxBlobAreaProportional

detectorParams = cv2.SimpleBlobDetector_Params()

detectorParams.minDistBetweenBlobs = \
        minDistBetweenBlobs

detectorParams.thresholdStep = thresholdStep
detectorParams.minThreshold = minThreshold
detectorParams.maxThreshold = maxThreshold

detectorParams.minRepeatability = minRepeatability

detectorParams.filterByArea = True
```

```
detectorParams.minArea = minBlobArea
detectorParams.maxArea = maxBlobArea

detectorParams.filterByColor = True
detectorParams.blobColor = 255

detectorParams.filterByCircularity = True
detectorParams.minCircularity = minBlobCircularity

detectorParams.filterByInertia = False

detectorParams.filterByConvexity = False

self._detector = cv2.SimpleBlobDetector_create(
        detectorParams)
```

这里，我们指定应用程序窗口的样式，并且初始化下面的基类 wx.Frame：

```
style = wx.CLOSE_BOX | wx.MINIMIZE_BOX | \
        wx.CAPTION | wx.SYSTEM_MENU | \
        wx.CLIP_CHILDREN
wx.Frame.__init__(self, None, title=title,
                  style=style, size=size)
self.SetBackgroundColour(wx.Colour(232, 232, 232))
```

现在，我们需要将 Esc 键绑定到关闭应用程序的一个回调上，如下所示：

```
self.Bind(wx.EVT_CLOSE, self._onCloseWindow)

quitCommandID = wx.NewId()
self.Bind(wx.EVT_MENU, self._onQuitCommand,
          id=quitCommandID)
acceleratorTable = wx.AcceleratorTable([
    (wx.ACCEL_NORMAL, wx.WXK_ESCAPE,
     quitCommandID)
])
self.SetAcceleratorTable(acceleratorTable)
```

现在，让我们来创建 GUI 元素，包括位图（bitmap)、参考距离的文本字段、单位（米或英尺）的单选按钮以及校准按钮。我们还需要绑定各种输入事件的回调，代码如下所示：

```
self._videoPanel = wx.Panel(self, size=size)
self._videoPanel.Bind(
        wx.EVT_ERASE_BACKGROUND,
        self._onVideoPanelEraseBackground)
self._videoPanel.Bind(
        wx.EVT_PAINT, self._onVideoPanelPaint)

self._videoBitmap = None

self._calibrationTextCtrl = wx.TextCtrl(
        self, style=wx.TE_PROCESS_ENTER)
self._calibrationTextCtrl.Bind(
        wx.EVT_KEY_UP,
        self._onCalibrationTextCtrlKeyUp)
```

```
self._distanceStaticText = wx.StaticText(self)
if self._referencePixelDistBetweenLights is None:
    self._showInstructions()
else:
    self._clearMessage()

self._calibrationButton = wx.Button(
        self, label='Calibrate')
self._calibrationButton.Bind(
        wx.EVT_BUTTON, self._calibrate)
self._calibrationButton.Disable()

border = 12

metersButton = wx.RadioButton(self,
                              label='Meters')
metersButton.Bind(wx.EVT_RADIOBUTTON,
                  self._onSelectMeters)

feetButton = wx.RadioButton(self, label='Feet')
feetButton.Bind(wx.EVT_RADIOBUTTON,
                self._onSelectFeet)
```

根据我们之前反序列化的配置数据，确保在选定的状态下启动正确的单选按钮，如下所示：

```
if self._convertMetersToFeet:
    feetButton.SetValue(True)
else:
    metersButton.SetValue(True)
```

接下来，我们用 BoxSizer 将单选按钮垂直堆叠，如下所示：

```
unitButtonsSizer = wx.BoxSizer(wx.VERTICAL)
unitButtonsSizer.Add(metersButton)
unitButtonsSizer.Add(feetButton)
```

然后，我们再使用 BoxSizer 将所有控件水平排列，如下所示：

```
controlsSizer = wx.BoxSizer(wx.HORIZONTAL)
style = wx.ALIGN_CENTER_VERTICAL | wx.RIGHT
controlsSizer.Add(self._calibrationTextCtrl, 0,

                  style, border)
controlsSizer.Add(unitButtonsSizer, 0, style,
                  border)
controlsSizer.Add(self._calibrationButton, 0,
                  style, border)
controlsSizer.Add(self._distanceStaticText, 0,
                  wx.ALIGN_CENTER_VERTICAL)
```

要完成布局，需将控件放到图像的下面，代码如下所示：

```
rootSizer = wx.BoxSizer(wx.VERTICAL)
rootSizer.Add(self._videoPanel)
rootSizer.Add(controlsSizer, 0,
              wx.EXPAND | wx.ALL, border)
self.SetSizerAndFit(rootSizer)
```

我们在初始化程序中做的最后一件事是启动一个后台线程，使用下面的代码从摄像头采集和处理图像：

```
self._captureThread = threading.Thread(
        target=self._runCaptureLoop)
self._captureThread.start()
```

在关闭应用程序时，首先我们要确保捕获线程终止，就像我们在第 3 章中对 InteractiveRecognizer 所做的那样。我们还使用 pickle 或 cPickle 将参考度量和首选单位（米或英尺）序列化到一个文件。相关回调的实现如下所示：

```
def _onCloseWindow(self, event):
    self._running = False
    self._captureThread.join()
    configDir = os.path.dirname(self._configPath)
    if not os.path.isdir(configDir):
        os.makedirs(configDir)
    with open(self._configPath, 'wb') as file:
        pickle.dump(self._referencePixelDistBetweenLights,
                    file)
        pickle.dump(self._referenceMetersToCamera, file)
        pickle.dump(self._convertMetersToFeet, file)
    self.Destroy()
```

与 Esc 按钮关联的回调只关闭应用程序，如下所示：

```
def _onQuitCommand(self, event):
    self.Close()
```

将视频面板的擦除和绘制事件绑定到回调 _onVideoPanelEraseBackground 和 _onVideoPanelPaint，与第 3 章中的实现相同，如下所示：

```
def _onVideoPanelEraseBackground(self, event):
    pass

def _onVideoPanelPaint(self, event):

    self._imageFrontBufferLock.acquire()

    if self._imageFrontBuffer is None:
        self._imageFrontBufferLock.release()
        return

    # Convert the image to bitmap format.
    self._videoBitmap = \
            WxUtils.wxBitmapFromCvImage(self._imageFrontBuffer)

    self._imageFrontBufferLock.release()

    # Show the bitmap.
    dc = wx.BufferedPaintDC(self._videoPanel)
    dc.DrawBitmap(self._videoBitmap, 0, 0)
```

当选中任意一个单选按钮时，我们需要记录新选中的度量单位，如下面两个回调方法所示：

```
def _onSelectMeters(self, event):
    self._convertMetersToFeet = False

def _onSelectFeet(self, event):
    self._convertMetersToFeet = True
```

每当在文本字段中输入一个新字符时，我们需要调用一个助手方法来验证文本是否为潜在的输入，如下所示：

```
def _onCalibrationTextCtrlKeyUp(self, event):
    self._enableOrDisableCalibrationButton()
```

当单击“Calibrate”按钮时，我们从文本字段解析度量值，清空文本字段，必要时将度量转换为以米为单位并存储。这个按钮的回调实现如下所示：

```
def _calibrate(self, event):
    self._referencePixelDistBetweenLights = \

        self._pixelDistBetweenLights
s = self._calibrationTextCtrl.GetValue()
self._calibrationTextCtrl.SetValue('')
self._referenceMetersToCamera = float(s)
if self._convertMetersToFeet:
    self._referenceMetersToCamera *= 0.3048
```

与第 3 章一样，后台线程运行一个循环，这个循环包括采集一张图像，调用一个助手方法来处理该图像，然后将该图像交给另一个线程显示。可以根据需要，在显示图像之前对图像进行镜像（水平翻转）。循环的实现如下所示：

```
def _runCaptureLoop(self):
    while self._running:
        success, self._image = self._capture.read(
                self._image)
        if self._image is not None:
            self._detectAndEstimateDistance()
            if (self.mirrored):
                self._image[:] = numpy.fliplr(self._image)

            # Perform a thread-safe swap of the front and
            # back image buffers.
            self._imageFrontBufferLock.acquire()
            self._imageFrontBuffer, self._image = \
                    self._image, self._imageFrontBuffer
            self._imageFrontBufferLock.release()

            # Send a refresh event to the video panel so
            # that it will draw the image from the front
            # buffer.
            self._videoPanel.Refresh()
```

处理图像的助手方法非常长，因此我们将该助手方法分成几个块。首先，我们在图像的一个灰度版本中检测斑点，然后初始化一个字典，按颜色排序这些斑点，如下所示：

```
def _detectAndEstimateDistance(self):

    self._grayImage = cv2.cvtColor(
            self._image, cv2.COLOR_BGR2GRAY,
            self._grayImage)
    blobs = self._detector.detect(self._grayImage)
    blobsForColors = {}
```

对于每个斑点，我们裁剪出一个方形区域，这个区域很可能包括一个白色的光圈，加上边缘周围的一些饱和像素，代码如下所示：

```
for blob in blobs:

    centerXAsInt, centerYAsInt = \
            (int(n) for n in blob.pt)
    radiusAsInt = int(blob.size)

    minX = max(0, centerXAsInt - radiusAsInt)
    maxX = min(self._imageWidth,
               centerXAsInt + radiusAsInt)
    minY = max(0, centerYAsInt - radiusAsInt)
    maxY = min(self._imageHeight,
               centerYAsInt + radiusAsInt)

    region = self._image[minY:maxY, minX:maxX]
```

接下来，我们找到该区域的平均色调和饱和度，并使用这些值，我们将斑点分类为在这个模块顶部定义的颜色之一，如下所示：

```
# Get the region's dimensions, which may
# differ from the blob's diameter if the blob
# extends past the edge of the image.
h, w = region.shape[:2]

meanColor = region.reshape(w * h, 3).mean(0)
meanHue = ColorUtils.hueFromBGR(meanColor)
meanSaturation = ColorUtils.saturationFromBGR(
        meanColor)

if meanHue < 22.5 or meanHue > 337.5:
    color = COLOR_Red
elif meanHue < 67.5:
    if meanSaturation < 25.0:
        color = COLOR_YellowWhite
    else:
        color = COLOR_AmberYellow
elif meanHue < 172.5:
    color = COLOR_Green
elif meanHue < 277.5:
    if meanSaturation < 25.0:
        color = COLOR_BlueWhite
    else:
        color = COLOR_BluePurple
else:
    color = COLOR_Pink
```

```
if color in blobsForColors:
    blobsForColors[color] += [blob]
else:
    blobsForColors[color] = [blob]
```

根据摄像头的颜色表现力，你可能需要调整一些色调和饱和度阈值。

注意，我们的颜色匹配逻辑是基于感知（主观的）相似性，而不是基于任何颜色模型（如 RGB、HSV 或 HSL）中的几何距离。直观来看，一束绿光可能是翠绿色（几何上接近于青色）、荧光绿，甚至是春绿色（几何上接近于黄色），但是大多数人永远不会把春绿色的光看成琥珀色的光，也不会把黄橙色的光看成红色的光。在淡红色和淡黄色的范围内，大多数人都能觉察到颜色之间明显的差异。

最后，在对所有斑点进行分类之后，我们调用一个助手方法处理分类结果，以及一个助手方法启用或禁用“Calibrate”按钮，如下所示：

```
self._processBlobsForColors(blobsForColors)
self._enableOrDisableCalibrationButton()
```

根据颜色分类结果，我们希望以特定的颜色突出显示这些斑点，画一条线连接类似颜色的斑点对（如果有相同颜色的斑点的话），并显示一条到第一对这样的斑点的估计距离的消息。我们使用在该模块顶部定义的 BGR 颜色值和人类可读的颜色名称。相关代码如下所示：

```
def _processBlobsForColors(self, blobsForColors):

    self._pixelDistBetweenLights = None

    for color in blobsForColors:

        prevBlob = None

        for blob in blobsForColors[color]:

            colorBGR, colorName = color

            centerAsInts = \
                    tuple(int(n) for n in blob.pt)
            radiusAsInt = int(blob.size)
# Fill the circle with the selected color.
cv2.circle(self._image, centerAsInts,
           radiusAsInt, colorBGR,
           cv2.FILLED, cv2.LINE_AA)
# Outline the circle in black.
cv2.circle(self._image, centerAsInts,
           radiusAsInt, (0, 0, 0), 1,
           cv2.LINE_AA)

if prevBlob is not None:

    if self._pixelDistBetweenLights is \
```

```
                None:
            self._pixelDistBetweenLights = \
                    GeomUtils.dist2D(blob.pt,
                                     prevBlob.pt)
            wx.CallAfter(self._showDistance,
                         colorName)

        prevCenterAsInts = \
            tuple(int(n) for n in prevBlob.pt)

        # Connect the current and previous
        # circle with a black line.
        cv2.line(self._image, prevCenterAsInts,
                 centerAsInts, (0, 0, 0), 1,
                 cv2.LINE_AA)

    prevBlob = blob
```

接下来，让我们来看一下启动或禁用“Calibrate”按钮的助手方法。只有当测量到两个灯之间的一个像素距离，并且一个数字（灯与摄像头之间的实际距离）在文本字段中时，才激活这个按钮。下面的代码展示了对这些条件的测试：

```
def _enableOrDisableCalibrationButton(self):
    s = self._calibrationTextCtrl.GetValue()
    if len(s) < 1 or \
            self._pixelDistBetweenLights is None:
        self._calibrationButton.Disable()
    else:
        # Validate that the input is a number.
        try:
            float(s)
            self._calibrationButton.Enable()
        except:
            self._calibrationButton.Disable()
```

显示指令信息的助手方法如下所示：

```
def _showInstructions(self):
    self._showMessage(
            'When a pair of lights is highlighted, '
            'enter the\ndistance and click '
            '"Calibrate".')
```

显示以米或英尺为单位的估计距离的助手方法如下所示：

```
def _showDistance(self, colorName):
    if self._referenceMetersToCamera is None:
        return
    value = self._referenceMetersToCamera * \
            self._referencePixelDistBetweenLights / \
            self._pixelDistBetweenLights
    if self._convertMetersToFeet:
        value /= 0.3048
        unit = 'feet'
    else:
        unit = 'meters'
```

```
        self._showMessage(
                'A pair of %s lights was spotted\nat '
                '%.2f %s.' % \
                (colorName, value, unit))
```

一旦清除消息，我们需要保留一个结束行字符，以使这个标签仍具有与填充时相同的高度，如下所示：

```
    def _clearMessage(self):
        # Insert an endline for consistent spacing.
        self._showMessage('\n')
```

显示一条消息只需要修改 StaticText 对象的文本，如下面的助手方法所示：

```
    def _showMessage(self, message):
        self._distanceStaticText.SetLabel(message)
```

该类完成了。现在，我们只需要下面这个 main 函数（与之前 wxPython 应用程序中的 main 函数类似）为序列化和反序列化指定一个文件路径，并启动应用程序，代码如下所示：

```
def main():
    app = wx.App()
    configPath = PyInstallerUtils.resourcePath(
            'config.dat')

    livingHeadlights = LivingHeadlights(configPath)
    livingHeadlights.Show()
    app.MainLoop()

if __name__ == '__main__':
    main()
```

好了！这就是 The Living Headlights 应用程序的全部实现了！这个项目的代码很短，但是它却包括了一些不寻常的设置和测试需求。现在让我们来完成这些任务吧。

5.6　在家里测试 The Living Headlights 应用程序

不用大晚上跑到公路上把你的笔记本电脑的网络摄像头对准车头灯！我们可以设计出更方便、更安全的方法来测试 The Living Headlights，哪怕你没有汽车，也不会开车。

一对 LED 手电筒可以很好地代替一对头灯。有许多 LED 的手电筒是首选，因为它可以产生一个更密集的光圈，这样就更有可能被检测为一个斑点。要保证两个手电筒之间的距离恒定不变，我们可以用支架、夹子或胶带把它们固定在木板之类的硬物上。我的父亲鲍勃·豪斯非常擅长构造这类东西。看看图 5-3 中我的手电筒的支架。

图 5-3　手电筒支架

图 5-4 是手电筒支架的一个正面视图，包括一个装饰性的栅格。

将灯置于网络摄像头的正前方（与网络摄像头镜头平行），运行应用程序，确保可以检测到灯。然后，使用卷尺测量网络摄像头和灯正前方中心点之间的距离，如图 5-5 所示。

图 5-4 手电筒支架的一个正面视图

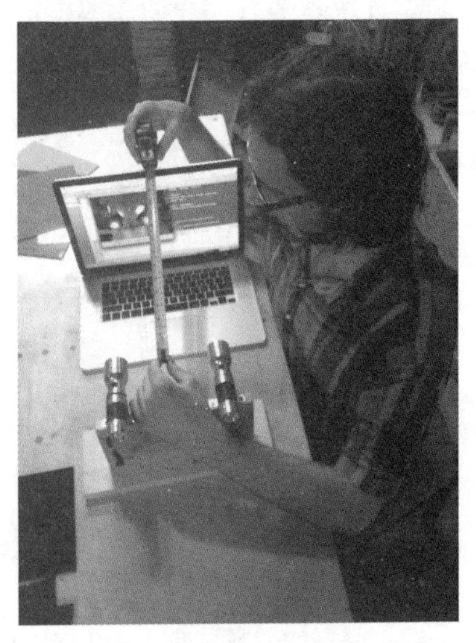

图 5-5 用卷尺测量网络摄像头和灯正前方中心点之间的距离

在文本字段中输入距离，单击“Calibrate”。然后，在确保灯与摄像头镜头平行的状态下，移动灯使其靠近或远离摄像头。检查应用程序是否恰当地更新了距离估计。

为了模拟彩色的车灯，在手电筒前方放一块厚的彩色玻璃，尽可能地靠近光源。彩色玻璃（教堂窗户上使用的那种）效果很好，你可以在工艺品商店里找到这种彩色玻璃。也可以使用摄影或摄像的彩色镜头滤镜。彩色镜头滤镜在照相器材商店里随处可见，新的或用过的都可以。因为 LED 灯的光线太强了，所以彩色人造纤维或其他薄材料的效果都不太好。图 5-6 显示了一个现有的灯光设置，使用橙色或琥珀色的彩色玻璃滤镜。

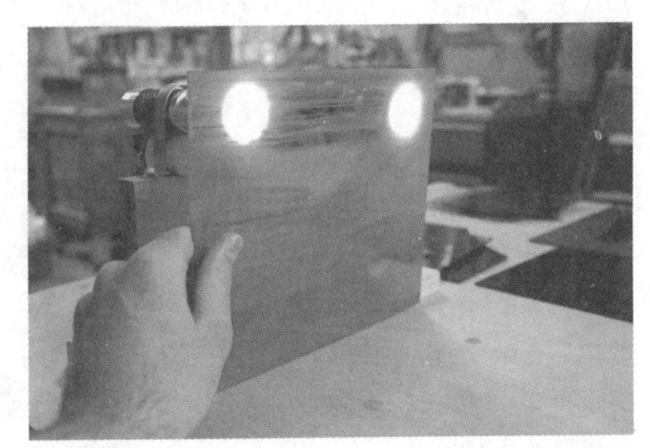

图 5-6 使用橙色或琥珀色的彩色玻璃滤镜的灯光设置

图 5-7 显示了应用程序对灯光设置的分析。

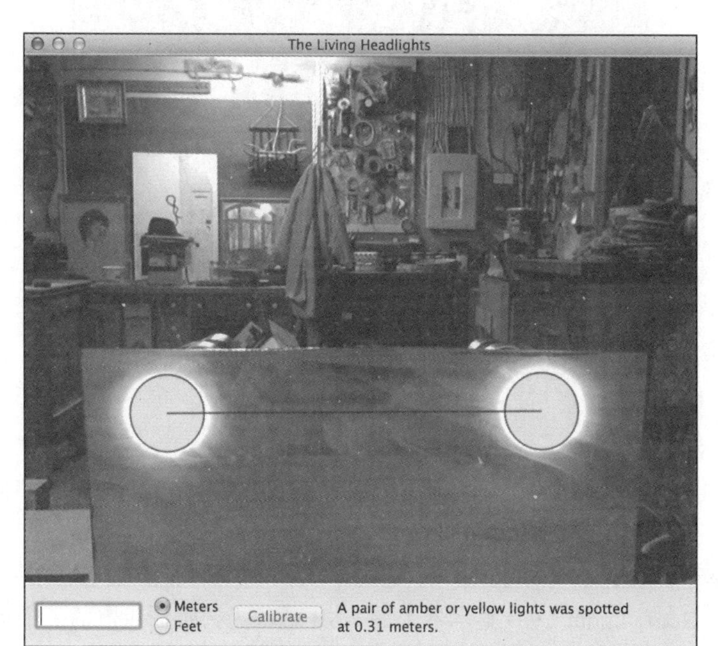

图 5-7　应用程序对灯光设置的分析

检查应用程序是否正确报告了检测到的灯光颜色。根据特定摄像头的颜色还原情况，你会发现你需要调整一下 detectAndEstimateDistance 方法中的色调和饱和度阈值。你还可以调整初始化程序中 SimpleBlobDetector_Params 对象的属性，看看检测到的灯光和其他斑点的效果。

一旦我们确信这个应用程序在我们自制的设备上运行良好，我们就可以进行更实际的测试。

5.7　在车内测试 The Living Headlights 应用程序

在为汽车设备选择硬件时，一定要考虑下列问题：

- 汽车的电源插座能给硬件充电吗？
- 在汽车内安装硬件方便吗？

树莓派通过它的微型 USB 端口从一个 5V 电源充电。我们可以将 USB 适配器插入汽车的点烟器，并利用一个 USB 到微型 USB 电源线将其连接到树莓派上，以满足电源充电的需求。请确保你的适配器电压正好是 5V，并且它的电流等于或大于你的树莓派型号推荐的电流值。例如，在 https://www.raspberrypi.org/documentation/faqs/ 上的官方文档为树莓派 3 代 B 型推荐 5V、2.5A 的电源。图 5-8 显示的是一个树莓派 1 代 A 型设备。

图 5-8 一个树莓派 1 代 A 型设备

通常，点烟器是一个 12V 的电源，所以它可以通过一个适配器为不同的设备供电。你甚至可以为一连串的设备供电，而树莓派不一定是这一系列设备中的第一个设备。本节后面，在介绍利用一个适配器从一个点烟器插座充电之后，我们将介绍从一台 SunFounder LCD 显示器上的 USB 端口为树莓派供电的一个示例。

像网络摄像头、鼠标和键盘之类的标准 USB 外设，都可以从树莓派的 USB 端口上获取足够的电量。尽管树莓派只有两个 USB 端口[⊖]，但是我们可以使用一个 USB 分线器，同时为网络摄像头、鼠标和键盘供电。另外，一些键盘还有一个可以当作鼠标使用的内置触控板。另一种选择是一次只使用两个外围设备，并根据需要将其中一个外围设备替换为第三个外围设备。不管怎么样，只要我们的应用程序已经启动并且已经校准（一旦我们正在开车！），我就不再需要键盘和鼠标输入了。

网络摄像头应当紧靠在汽车后窗的内侧。网络摄像头的镜头应该尽可能地靠近窗户，以降低灰尘、水汽和反射的能见度（例如，网络摄像头的反射光）。如果树莓派就在汽车前排座椅的后面，网络摄像头的电源线应该可以到达后窗，并且电源线仍然可以接触到点烟器插座中的 USB 适配器。如果不行，那就使用一根更长的 USB 到微型 USB 的电源线，如果可能，请把树莓派放到汽车后排更远的位置。或者使用带有更长电线的网络摄像头。图 5-9 显示了建议的树莓派位置。

同样，图 5-10 显示了建议的摄像头位置。

现在，是实现最难部分的时候了——显示。对于视频输出，树莓派支持 HDMI（可以在新电视机和许多新显示器中找到）。一些老式的树莓派也支持复合 RCA（可以在老式电视机中找到）。对于其他常见的连接器，我们可以使用像 HDMI 到 DVI、HDMI 到 VGA 之类的适配器。树莓派还通过 DSI 或 SPI 视频输出（可以在手机显示屏和原型开发工具中找到）提

⊖ 树莓派 3 代及其后续型号均提供 4 个 USB 接口。——译者注

供有限的支持（通过第三方内核扩展）。

图 5-9 建议树莓派放置的位置

图 5-10 建议摄像头放置的位置

千万不要在车辆或所有易受碰撞的环境中使用阴极射线管（CRT）电视或显示器。如果玻璃破裂，阴极射线管（CRT）就可能会爆裂。可使用液晶（LCD）电视或显示器。

小型显示器是比较理想的选择，因为可以将这种小型显示器更方便地安装在仪表盘上，而且耗电量较少。例如，SunFounderRaspberry Pi 10.1 HDMI IPS LCD 液晶显示器需要一个 12V、1A 的电源。这种显示器包括了一个可以提供 5V、2A 功率的 USB 端口，能够满足大多数树莓派版本（包括树莓派 2 代 B 型，但是不能完全满足树莓派 3 代 B 型的需要）的推荐功率规格。更多内容请查看 SunFounder 网站上的产品页面 https://www.sunfounder.com/10-1-inch-hdmi-lcd.html。

不过，通常情况下，显示器所需要的电压和功率要比点烟器所能提供的电压和功率要高得多。方便的是，一些汽车上的电源插座与墙壁上的插座类似，它拥有与墙壁插座一样的标准电压，但最大功率要小得多。我的车子就有一个 110V、150W 的北美双插头的插座（NEMA 1-15P）。如图 5-11 所示，我用一根延长线把双插头连接转换成我的显示器电线使用的三插头连接（NEMA 5-15P）。

图 5-11 用一根延长线将双插头电源插座转换成三插头电源插座

我试着插入三种不同的显示器（当然，每次插入一个），结果如下：

- HP Pavilion 25xi（25″，1920x1080）：没有成功开机。大概需要更高的电源输出功率。
- HP w2207（22″，1680x1050，19.8 lbs）：没有成功开机，但它的重量和结实的铰

链使它成为一个有用的连枷（flail）来击退窃贼——只在火箭发射失败的情况下。

❑ Xplio XP22WD（22″，1440x900）：开机，工作！

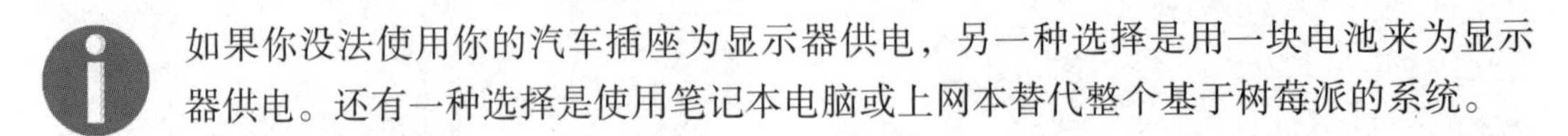

如果你没法使用你的汽车插座为显示器供电，另一种选择是用一块电池来为显示器供电。还有一种选择是使用笔记本电脑或上网本替代整个基于树莓派的系统。

XP22WD端口如图5-12所示。为了能连接树莓派，我使用一根HDMI到DVI电线，因为显示器没有HDMI端口。

很不幸，我的显示器太大了，无法安装到仪表盘上！但是，为了在公路上测试系统，把显示器放在副驾驶座位上就可以了，如图5-13所示。

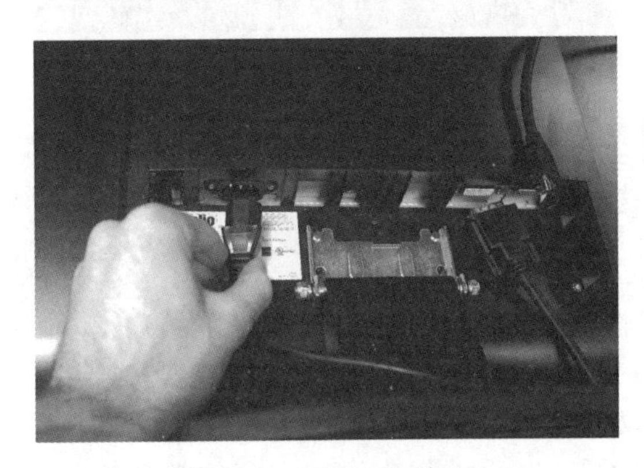

图5-12　XP22WD端口

图5-13　把显示器放在副驾驶座位上

看！我们已经证明了汽车可以为树莓派、外围设备和桌面显示器供电！只要汽车一发动，我们的系统就立马启动并进入与Linux桌面系统完全相同的运行方式。现在，我们可以从命令行或从诸如Geany之类的IDE启动The Living Headlights应用程序了。在树莓派上，除了可以感觉到更低的帧率（帧更新不频繁）和较大的延迟（帧更新不及时）之外，我们的应用程序在树莓派上的行为应该与在传统桌面系统上的行为完全相同。树莓派的处理能力相对有限，因此，在处理每一帧时需要更多的时间，当软件还在处理前面帧的时候，会丢弃更多摄像头的新帧。

只要在汽车里运行了你的应用程序，就要记得重新校准，这样在估计距离时，才能根据真实的头灯的大小而不是手电筒的大小进行估计！最实用的重新校准方法是用两辆停放着的汽车。一辆汽车停放在装有树莓派的汽车的后面，打开它的头灯。测量两辆停放汽车之间的距离，并将这个距离作为校准值。

5.8 本章小结

本章让我们有机会降低算法复杂度以支持低功耗硬件。我们还玩儿了彩灯、自制玩具车、适配器拼装以及一辆真车！

仍有足够的空间来扩展 The Living Headlights 的功能。比如，我们可以取多个参照测量值的平均值，或者为不同颜色的光存储不同的参照测量值。我们可以分析多帧之间闪烁的彩灯的模式，判断我们后面的车辆是警车还是道路养护车，甚或只是一辆转弯的车发出的信号。我们可以尝试检测火箭发射装置的闪光，哪怕测试时可能会困难重重。

不过，第 6 章就不是为驾驶员开发的项目了！在第 6 章中，我们要一只手拿着一个纸笔素描，另一只手拿着智能手机，把几何图形变成物理模拟。

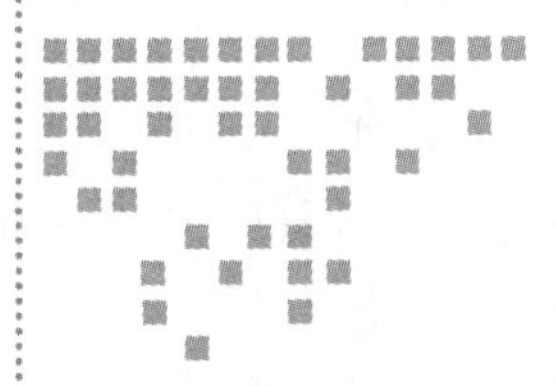

Chapter 6 第 6 章

基于笔和纸的草图创建物理模拟

“詹姆斯 · 邦德生活在一个噩梦般的世界里，法律是在枪口下制定出来的。”

——尤里 · 朱可夫，《真理报》，1965 年 9 月 30 日

“请稍等。三杯戈登、一杯伏特加、半杯吉娜 · 利莱。摇匀，直到冰镇，然后加入一大薄片的柠檬皮。明白了吗？”

——《皇家赌场》第 7 章“红与黑”（1953）

詹姆斯 · 邦德是个严谨的人。像物理学家一样，他似乎在别人看起来混乱的世界里看到了秩序。再次执行任务，再浪漫一次，再摇晃一次饮料，再一次撞车、直升机或是滑雪者，再一次的枪击，都无法改变世界冰冷的运行方式。他似乎从这种一致性中得到了安慰。

心理学家可能会说，邦德再现了一个不幸的童年，这就是小说给我们的简要启示。这个男孩没有一个固定的家。他的父亲是威克斯公司的一名国际军火商，因此全家经常由于工作的原因搬家。詹姆斯 11 岁的时候，他的父母死于一次登山事故，这是邦德传奇中，许多戏剧性的、早亡事件的第一例。肯特郡的一位阿姨收留了孤儿詹姆斯，但是第二年詹姆斯就被送到了伊顿公学寄宿。在那里，这个孤独的男孩迷恋上了一个女仆，惹上了麻烦，被开除了，这是他许多短暂而又令人担忧的恋情中的第一次。接着，他被送到离家更远的苏格兰的菲特斯学院。从此开始了颠沛流离的生活模式。16 岁时，他在巴黎过上了花花公子的生活。20 岁时，他从日内瓦大学辍学，在第二次世界大战的鼎盛时期，他准备加入皇家海军。

在所有这些巨变中，邦德确实学到了一些事情。他很聪明——不仅仅是因为他那令人瞠目结舌的机智话语，还因为他对力学、运动学和物理学难题的快速解答。他从来都不会

措手不及（尽管有时会在其他方面措手不及）。

这个故事的寓意是：即使在最艰难困苦的环境中，特工也必须学习物理知识。一个应用程序可以帮助解决这个问题。

当我想到几何或物理问题时，我喜欢用钢笔在纸上画一画。而且，我还喜欢看动画片。我们的应用程序 Rollingball 会允许我们将这两个媒介结合起来。该应用程序使用计算机视觉检测那些用户在纸上绘制的简单几何形状。然后，根据检测到的形状，应用程序会创建一个用户可以观看的物理模拟。用户还可以通过倾斜设备改变模拟的重力方向来干扰模拟。这种体验就像玩自己设计的迷宫拼图游戏一样，对于有追求的特工来说，是一个不错的玩具。

创建游戏是有趣的，但本章介绍的并不只是有趣和游戏！本章我们需要掌握的新技能包括：

- 用霍夫变换（Hough Transform）检测线的边缘和圆的边缘。
- 在 Unity 游戏引擎中使用 OpenCV。
- 为 Android 开发一款 Unity 游戏。
- 基于 OpenCV 的检测结果，将坐标从 OpenCV 空间转换为 Unity 空间，并在 Unity 中创建三维对象。
- 使用着色程序、素材和物理素材，在 Unity 中定制三维物体的外观和物理行为。
- 使用 Unity 中的 OpenGL 调用来绘制线和矩形。

有了这些目标，让我们准备好合作吧！

6.1　技术需求

本章项目有下列软件依赖项：

- Unity——一个跨平台的游戏引擎，支持 Windows 和 Mac 作为开发平台。本章不支持在 Linux 上进行开发。
- Unity 的 OpenCV。
- Android Studio 自带的 Android SDK。

安装说明已经在第 1 章中介绍过，这里不再对此进行说明。你可以编译、运行第 4 章中的项目，以确认 Android SDK 作为 Android Studio 的一部分已经正确安装。关于 Unity 的 OpenCV 的设置说明将在本章的 6.4 节中介绍。对于所有版本的需求，请参考安装说明。本章将介绍 Unity 项目的编译和运行说明。

本章完整的项目可以在本书 GitHub 库（https://github.com/PackPublishing/OpenCV-4-for-Secret-Agents-Second-Edition）的 Chapter006 文件夹中找到。该库不包含 Unity 的 OpenCV 插件，因为该插件必须得到许可并将其添加到项目中才能使用，如本章 6.4 节所述。

6.2 设计 Rollingball 应用程序

Rollingball 将是一个移动应用程序。我们将在 Unity 游戏引擎中使用一个名为 Unity 的 OpenCV 第三方插件来开发该应用程序。该应用程序将兼容 Android 和 iOS。本节重点介绍 Android 上的构建说明，但是也将为那些熟悉（Mac 上的）iOS 构建过程的读者提供一些说明。

有关如何建立 Unity 以及查找相关文档和教程的说明，请参阅 1.4 节。在编写本书时，Unity 官方支持的开发环境是 Windows 和 Mac，尽管也有正在开发的面向 Linux 支持的测试版本。

使用移动设备的摄像头，Rollingball 将扫描两种类型的基本形状——圆形和线条。用户将从绘制这些基本形状的任意组合开始，或者在一个平面背景上放置一些线条或圆形对象。如图 6-1 所示。

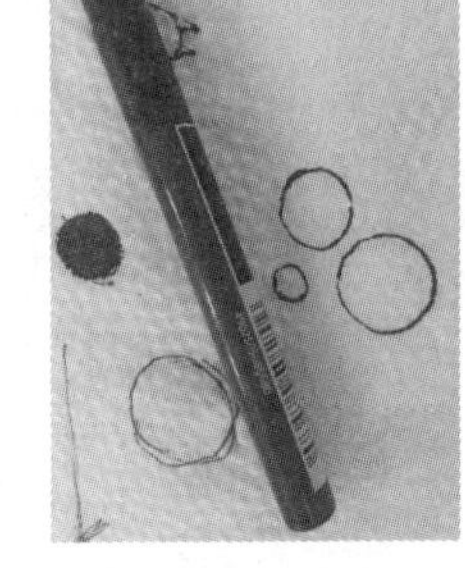

图 6-1 基本图形组合示意图

这里，我们在一张餐巾纸上画了几个圆形。我们的检测器最适合使用轮廓线，而不是实心圆形，尤其适合使用光滑的轮廓线，而不是块状或间断的轮廓线。对于图 6-1，我们的检测器在最右边的两个圆形上的检测效果最好。与纸的背景相比，笔的边缘看起来像是直线。我们的检测器可以很好地处理这些线性边缘。

Rollingball 是一个简单的应用程序，用户主要与一个 Android 活动或一个 iOS 视图控制器交互。实时视频画面填充了大部分背景。在检测到圆形或线条时，用红色对其进行高亮显示，如图 6-2 所示。

注意，有些线条边缘会被多次检测到。灯光效果以及笔的颜色的不连续性造成了对其边缘定位的模糊。

用户可以按下按钮开始物理模拟。在模拟过程中，视频暂停，检测器停止运行，红色高亮区域用青色球和线条替代。这些线条是静止的，但是球会自由下落，并可能会相互反弹，或者从线上反弹。由移动设备的重力传感器测量的真实世界的重力被用来控制模拟的重力方向。但是，模拟是在二维平面上进行的，重力被扁平化了，这样一来重力方向也就指向屏幕的边缘。图 6-3 显示了这些模拟的小球，掉落在纸的半路上，弹开，沿着线条滚动。

用户可以再次按下按钮来清除所有模拟物体，恢复实时视频和检测。这个循环可以无限继续下去，用户可以选择模拟不同的绘图或相同绘图的不同视图。

现在，让我们考虑一下检测圆形和线条的技术。

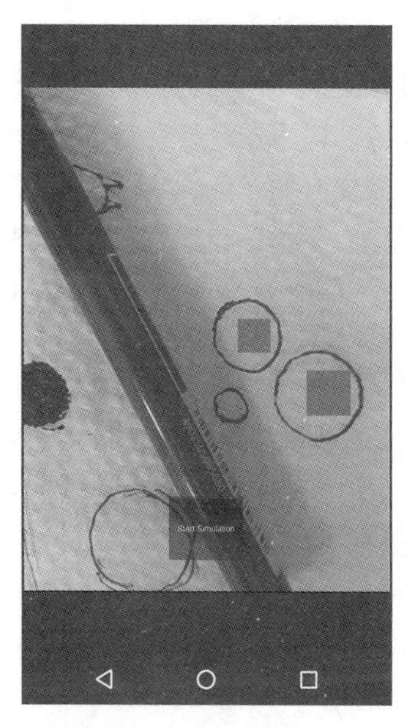

图 6-2　对检测到的图形用红色进行高亮显示示意图

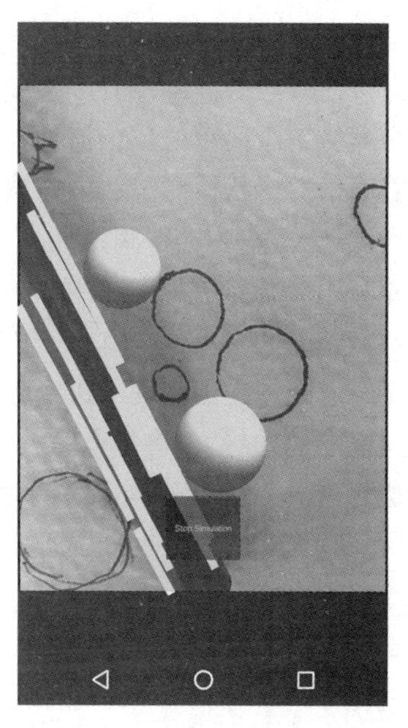

图 6-3　模拟小球示意图

6.3　检测圆形和线条

从 The Living Headlights（第 5 章中的项目）中，我们已经熟悉了一种检测圆形的技术。我们把这个问题看作是斑点检测的一个特例，使用 OpenCV 的一个类 SimpleBlobDetector，该类允许我们指定许多检测标准，例如，斑点的大小、颜色、圆度（或非圆度，即线性度）。

斑点是一种用纯色（或近似纯色）填充的形状。该定义表示不能将很多圆形或线性物体检测为斑点。在图 6-4 中，我们可以看到一张充满阳光的桌子上有一个瓷茶壶、一个瓷茶碗、还有一个锡箔碗。

图 6-4　斑点检测图例

在这个俯视视图中，茶碗和茶壶盖有近似圆形的轮廓。但是，它们不太可能通过斑点检测，因为每种形状的内部都有多种颜色，特别是在光线不均匀的情况下。

斑点检测从一个简单的阈值滤波器（将明亮区域标记为白色，昏暗区域标记为黑色）开始。一种更通用的形状检测方法应该从边缘检测滤波器开始（将边缘区域标记为白色，内部区域标记为黑色），然后进行阈值处理。我们将边缘定义为不同亮度的相邻区域之间的不连续性。因此，边缘像素在一侧有较暗的邻域，在另一侧有较亮的邻域。边缘检测滤波器从一边减去邻域值，再从另一边加上该邻域值，以便度量一个像素在给定方向上显示这种类边缘对比度的强度。为了实现与边缘方向无关的度量，我们可以应用多个滤波器（每个滤波器面向不同方向的边缘），将每个滤波器的输出作为向量的一个维度，该向量的大小表示像素的整体**边缘度**。对于所有像素，有时将一组这样的度量称为图像的**导数**。在计算了图像的导数之后，我们根据一条边所需的最小对比度选择一个阈值。高阈值只接受高对比度边缘，而较低阈值也接受低对比度边缘。

一种流行的边缘搜索是 **Canny 算法**。OpenCV 的实现（Imgproc.Canny 函数）同时进行滤波和阈值化处理。作为参数，它接受一张灰度图像、一张输出图像、一个低阈值以及一个高阈值。低阈值应该接受所有可能是良好边缘部分的像素。高阈值只接受那些确实是良好边缘部分的像素。在其成员可能是边缘像素的集合中，Canny 算法只接受连接到确实是边缘像素的成员。双重标准有助于确保我们可以接受主边缘的细端，同时拒绝完全模糊的边缘。例如，笔画边缘或延伸到远处的道路的边缘可能是较细的边缘。

通过识别边缘像素，我们可以计算出它们中有多少与给定的基本形状相交。相交的数量越多，我们就越确信给定的基本形状正确地表示了图像中的一条边。每个交点都被称为是一个**投票**，将满足一定票数的形状接受为真正的边缘形状。从图像中所有可能的基本形状（给定类型）中提取出一个间隔均匀、具有代表性的样本。我们通过为形状的几何参数指定一个步长来实现该内容。（例如，线的参数是点和角，而圆的参数是中心点和半径。）这个可能的形状样本称为**网格**，其中单个形状称为**单元格**，投票是在单元格中进行的。这个过程（计算实际边缘像素和可能形状的样本之间的匹配度）是**霍夫变换（Hough transform）**技术的核心，霍夫变换具有各种特性，如**霍夫线性检测（Hough line detection）**和**霍夫圆检测（Hough circle detection）**。

OpenCV 中的霍夫线性检测有两个实现——Imgproc.HoughLines（基于原始的霍夫变换）和 Imgproc.HoughLinesP（基于霍夫变换的概率变体）。Imgproc.HoughLines 为给定的一对步长（以像素和弧度为单位）对所有可能的线条进行详尽的交点计数。Imgproc.HoughLinesP 通常速度更快（特别是在有几条长线段的图像中），因为它以随机顺序获取可能的线，并在一个区域内找好一条线后，丢弃一些可能的线。Imgproc.HoughLines 将每条线表示为从原点到一个角的距离，而 Imgproc.HoughLinesP 将每条线表示为两个点，即检测到的线段的端点，这是一种更有用的表示，因为它使我们可以选择将检测结果看作线段，而不是无限长的线。这两个函数的参数都包括图像（用 Canny 或类似算法对其进行预处理）、以像素和弧度为单位的步长，以及接受一条线所需的最小交点数。Imgproc.HoughLinesP 的参数还包括端点之间的一个最小长度和一个最大间隔，其中间隔由与直线相交的边缘像素之间的非边缘像素组成。

霍夫圆检测有一个 OpenCV 中的实现 Imgproc.HoughCircles，该实现是基于霍夫变换的一个变种，充分利用边缘的梯度信息。这个函数的参数包括图像（没有用 Canny 或类似算法进行预处理，Imgpro.HoughCircles 在内部应用 Canny 算法）、一个下采样因子（这有点像是一个模糊因子，用来平滑可能的圆形边缘）、检测到的圆形中心之间的最小距离、一个 Canny 边缘检测阈值、接受一个圆形所需的最小交点数以及最小和最大半径。指定的 Canny 阈值是上阈值。在内部，将下阈值编码为上阈值的一半。

有关 Canny 算法、霍夫变换以及 OpenCV 的实现的更多详细内容，请参阅由 Packt 出版社 2017 年出版的罗伯特 · 拉加尼埃编写的 *OpenCV 3 Computer Vision Application Programming Cookbook* 一书中的第 7 章 *Extracting Lines, Contours, and Components*。

尽管使用了比原始霍夫变换更有效的算法，但是 Imgproc.HoughCircles 是一个计算开销很大的函数。尽管如此，在 Rollingball 中我们还是使用该算法，因为现在的很多移动设备都能够承受这样的成本。对于低功耗的设备，如树莓派，我们将斑点检测看作是一种更廉价的选择。Imgproc.HoughCircles 对于圆形的轮廓效果更好，而斑点检测只适用于实心圆。对于线条的检测，我们使用 Imgproc.HoughLinesP 函数，该函数不像 OpenCV 的其他霍夫检测那么昂贵。

选择了算法及其 OpenCV 实现之后，让我们安装一个插件，通过这个插件让可以轻松地在 Unity 中访问这个功能。

6.4 为 Unity 安装 OpenCV

Unity 为 C# 编写的脚本游戏提供了一个跨平台的框架。但是，Unity 还支持 C、C++、Objective-C（Mac 和 iOS）以及 Java（Android）等语言中特定平台的插件。开发人员可以在 Unity 资源商店上发布这些插件（以及其他资源）。很多已经发布了的插件代表了大量高质量的工作，购买一个插件可能比自己编写插件更经济。

Unity 的 OpenCV 由 ENOX SOFTWARE（https://enoxsoftware.com）开发，（在编写本书时）是一个售价为 95 美元的插件。它提供了一个基于 OpenCV 的官方 Java（Android）包的 C# API。但是，该插件封装了 OpenCV 的 C++ 库，并与 Android、iOS、Windows Phone、Windows、Mac、Linux 和 WebGL 兼容。根据本书原作者的经验，这个插件是可靠的，可以为我们节省大量的工作，否则我们将把这些工作放到自定义 C++ 代码和 C# 包中。此外，该插件还附带了一些有价值的样例。

对于 Unity 来说，OpenCV 并不是唯一的一组第三方 C# 包。备选方案包括 OpenCvSharp（https://github.com/shimat/Opencvsharp）和 Emgu CV（http://www.emgu.com）。但是，本书中，我们使用 OpenCV 来实现 Unity，因为它提供了与 Unity 的简单集成，并且在发布新的 OpenCV 版本时，它往往会快速更新。

我们去购买吧！打开 Unity，创建一个新项目。从菜单栏中选择“Window | Asset Store”。如果你还没有创建 Unity 账户，那么请按照提示创建一个 Unity 账户。登录商店后，你应该会看到“Asset Store”窗口。在右上角的搜索栏中输入“OpenCV for Unity”。单击搜索结果中的“OpenCV for Unity”链接。你应该会看到如图 6-5 所示的内容。

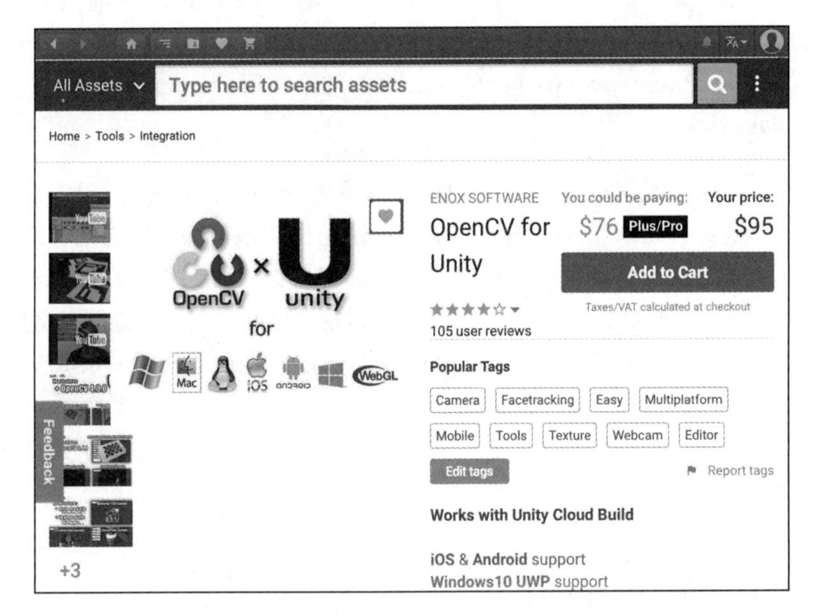

图 6-5 OpenCV for Unity 链接页面

单击“Add to Cart”按钮，按照指示完成交易。单击“Download”按钮，等待下载完成。单击“Import”按钮。你应该会看到“Import Unity Package”窗口，如图 6-6 所示。

这是我们刚刚购买的包中的所有文件列表。确保所有的复选框都选中了，然后单击“Import”按钮。很快，你会在 Unity 编辑器的“Project”面板中看到的所有文件。

包中包含了进一步的安装说明以及 OpenCVForUnity/ReadMe.pdf 文件中的帮助链接。请注意，里面包含了用于 iOS 的有用说明，如果你打算基于这个平台来构建的话，请认真阅读 ReadMe 文档。

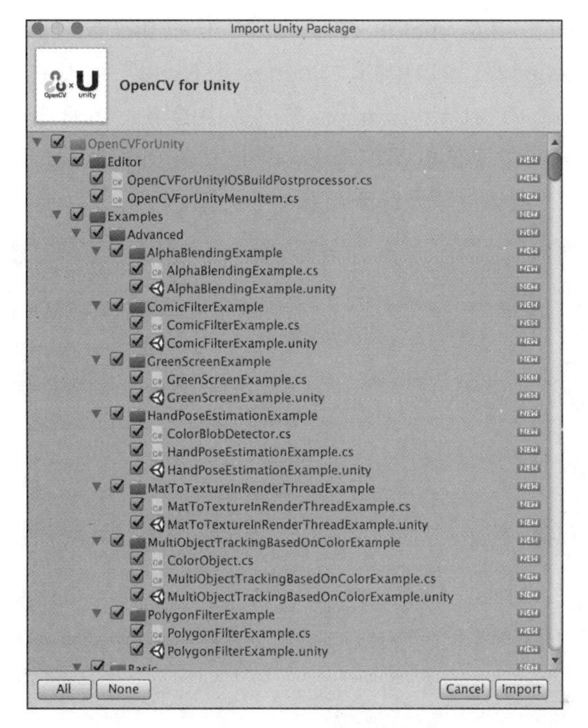

图 6-6　Import Unity Package 窗口

在本章中，路径是相对于项目的 Assets 文件夹的，除非另有说明。

接下来，让我们试试这些样例。

6.5　配置和编译 Unity 项目

Unity 支持很多目标平台。切换到一个新的目标平台很容易，只要我们的插件支持新的目标平台就可以了。我们只需要设置很少一些编译配置值，其中一些是跨平台所共享的，还有一些是针对指定平台的。

从菜单栏选择“Unity | Prefereneces…”，这将打开“Preferences”窗口。单击“External Tools”选项卡，将“Android SDK”设置为你的 Android SDK 安装的根路径。通常，对于 Android Studio 环境，SDK 在 Windows 上的路径是 C:\Users\username\AppData\Local\Android\sdk，在 Mac 上的路径是 Users/<your_username>/Library/Android/sdk。现在，窗口应该类似于图 6-7。

现在，从菜单栏选择“File |Build Settings”。出现“Build Settings”窗口。拖动所有示例场景文件，如 OpenCVForUnity/Examples/OpenCVForUnityExample.unity 和 OpenCV-

ForUnity/Examples/Advanced/ComicFilterExample/ComicFilterExample.unity，从“Project”面板拖动到“Build Settings”窗口中的“Scenes In Build”列表中。列表中的第一个场景是启动场景。确保 OpenCVForUnityExample 是列表中的第一个。（拖放列表项，对其重新排序。）同时，确保所有场景的复选框都被选中。单击“Android”平台，然后单击“Switch Platform”按钮。现在，窗口应该看起来与图 6-8 类似。

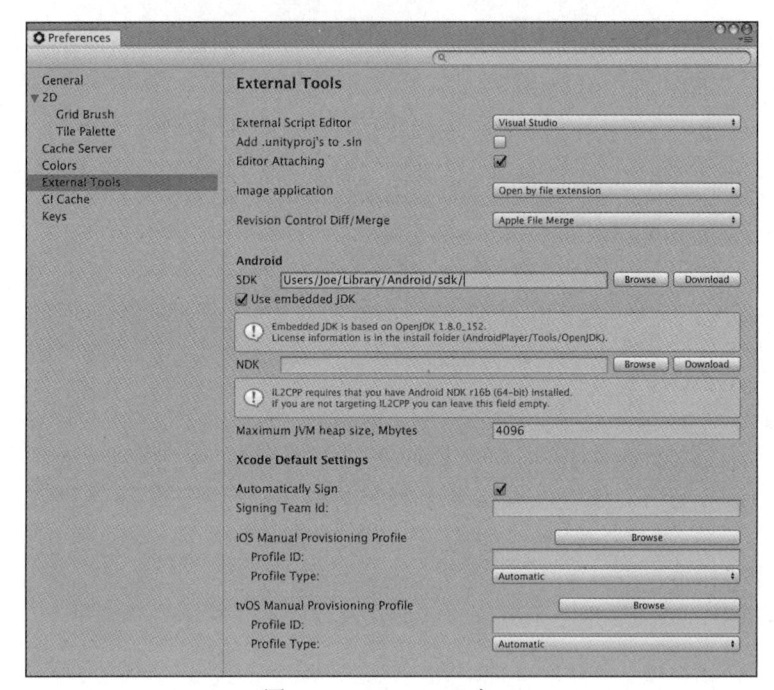

图 6-7 Preferences 窗口

单击“Player Settings…”按钮。设置列表应该出现在 Unity 编辑器的 Inspector 面板中。填写一个“Company Name”，例如 Nummist Media Corporation Limited，然后填写“Product Name”，例如 Rollingball。选择可选项“Default Icon”（必须是在 Project 面板的某个地方添加的图像文件）。单击“Resolution and Presentation”来展开它，然后，对于“Default Orientation”，选择“Portrait”。到目前为止，“PlayerSettings”选项应该与图 6-9 类似。

单击“Other Settings”来展开它，然后用与“com.nummist.rollingball”类似的内容填写“Bundle Identifier”。现在，我们已经完成了“PlayerSettings”选项。

确保插入了 Android 设备，并在设备上启用了 USB 调试。回到“Build Settings”窗口，单击“Build and Run”。指定一个编译路径。将编译路径从 Unity 项目文件夹中分离出来是一个很好的实践，就像你通常将编译从源代码中分离出来一样。一旦编译开始，就会出现一个进度条。查看 Unity 编辑器的 Console 面板，以确保没有编译错误出现。编译完成后，将其复制到 Android 设备上，然后运行它。

图 6-8　Build Settings 窗口

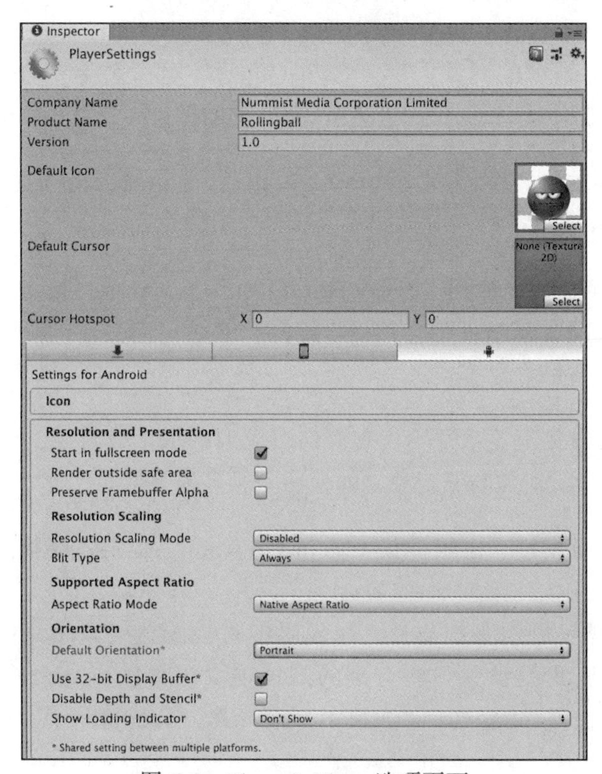

图 6-9　PlayerSettings 选项页面

尽情享受 Unity 的 OpenCV 示例的乐趣吧！如果你愿意，可以在 Unity 编辑器中浏览源代码和场景。

接下来，我们要创建自己的场景了！

6.6 在 Unity 中创建 Rollingball 场景

让我们创建一个目录 Rollingball，包含特定于应用程序的代码和资源。右键单击“Project”面板，然后从弹出的菜单中选择“Create |Folder”。将新建文件夹重命名为“Rollingball”。以类似的方式创建子文件夹“Rollingball/Scenes”。

在菜单栏中，选择“File |New Scene”，然后选择“File |Save As…”，将场景保存为“Rollingball/Scenes/Rollingball.unity”。

默认情况下，我们新创建的场景只包含一个摄像头（即虚拟世界摄像头，而不是捕捉设备）和一个方向灯光。灯光将照亮我们物理模拟中的球和线条。我们将按照下列方式再添加三个对象：

1）从菜单栏选择“GameObject |3D Object |Quad”。在“Hierarchy”面板中，会出现一个名为“Quad”的对象。将“Quad”重命名为“VideoRenderer”。这个对象将表示实时视频画面。

2）从菜单栏选择“GameObject |Create Empty”。在“Hierarchy”面板中，会出现一个名为“GameObject”的对象。将“GameObject”重命名为“QuitOnAndroidBack”。稍后，它将包含一个脚本组件，用于响应 Android 上的标准后退按钮。

Hierarchy 中的对象称为“game objects”，在 Inspector 面板中可见的部分称为“components”。

将“Main Camera”拖拽到“VideoRenderer”上，让前者成为后者的子组件。父组件移动、旋转和缩放时，子组件也会移动、旋转和缩放。相关性是我们希望摄像头与实时视频背景保持一种可预测的关系。

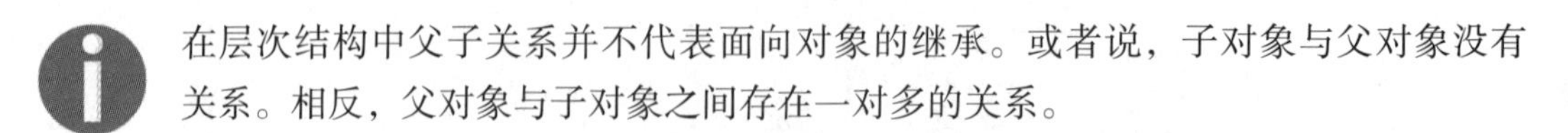

在层次结构中父子关系并不代表面向对象的继承。或者说，子对象与父对象没有关系。相反，父对象与子对象之间存在一对多的关系。

创建新对象，并重新插入**主摄像头**（Main Camera）后，**层次结构**（Hierarchy）应该如图 6-10 所示。

根据移动设备视频摄像头的属性，在代码中将会配置“VideoRenderer”和“Main Camera”。但是，让我们设置一些合理的默认项。在“Hierarchy”中选择“VideoRenderer”，然后，在“Inspector”面板中，编辑其“Transform”属性，使其与图 6-11 一致。

图 6-10　层次结构关系

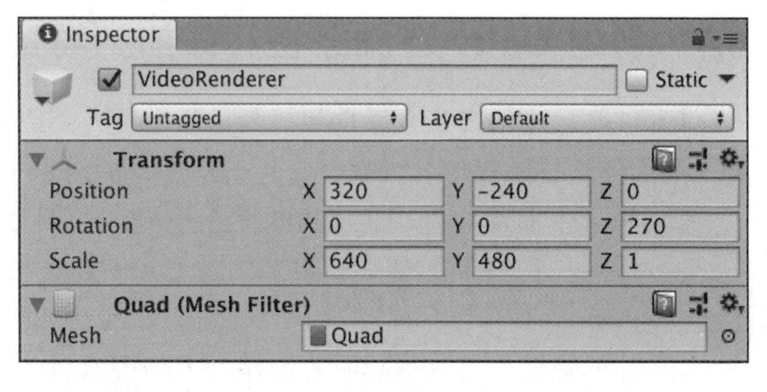

图 6-11　VideoRenderer 的 Transform 属性设置

类似地，选择“Main Camera”，编辑“Transform”和“Camera”属性，使其与图 6-12 一致。

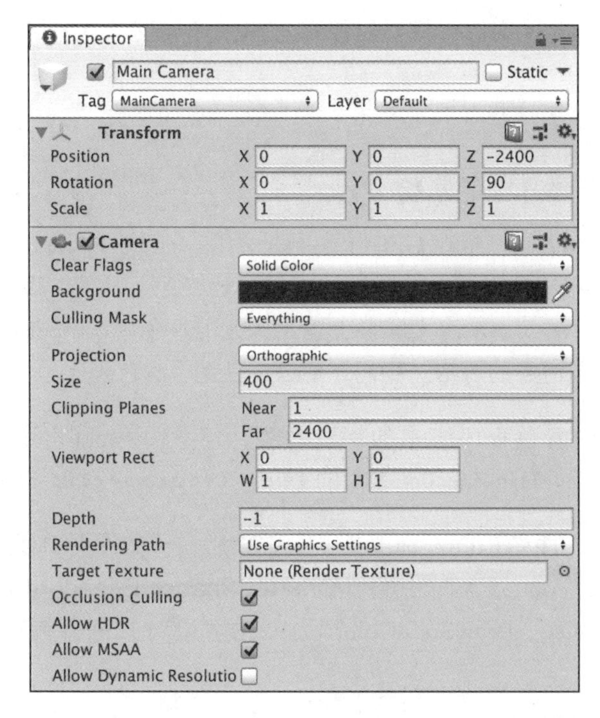

图 6-12　主摄像头的 Transform 和 Camera 属性设置

注意，我们已经配置了一个正交投影，这意味着不管对象与摄像头的距离如何，对象的像素大小都是常量。这种配置适合于像 Rollingball 这样的二维游戏或模拟。

这 4 个对象是我们场景的基础。项目的其余部分包括将自定义属性添加到这些对象上，使用 C# 脚本控制自定义属性，并在其周围创建新的对象。

6.7 创建 Unity 资源并将其添加到场景中

Unity 项目中的自定义属性和行为是通过各种类型的文件定义的，这些文件通常称为**资源**。我们的项目还有 4 个问题和需求，必须通过创建和配置资源来解决：

- ❑ 场景中曲面的外观（视频画面、检测到的圆形和线条、模拟的球和线条）是什么样的？我们需要编写 shader 代码，并创建素材（Material）配置来定义这些曲面的外观。
- ❑ 球的弹性如何？我们需要创建一个物理素材（Physics Material）配置来回答这个非常重要的问题。
- ❑ 用什么对象表示一个模拟的球和一个模拟的线条？我们需要创建并配置 Prefab 对象，以便模拟可以实例化这些对象。
- ❑ 这一切的行为如何？我们需要编写 Untiy 脚本。特别地，需要编写一个名为 MonoBehaviour 的 Unity 类的子类，以便在对象生命周期的各个阶段控制场景中的这些对象。

下面各节将依次解决这些需求。

6.7.1 编写着色程序并创建素材

着色程序（shader）是一组在 GPU 上运行的函数。虽然可以将这些函数应用于通用计算，但是通常将其应用于图形渲染——即，根据描述光照、几何、表面纹理以及可能的其他变量（如，时间）的输入，来定义屏幕上输出像素的颜色。Unity 提供了许多着色程序用于常见的三维以及二维渲染的风格。我们还可以自己编写着色程序。

有关 Unity 中着色程序脚本的深入教程，请参阅 Packt 出版社 2018 年出版的由 John P.Doran 和 Alan Zucconi 编写的 *Unity 2018 Shaders and Effects Cookbook* 一书。

让我们创建一个文件夹 Rollingball/Shaders，然后在该文件夹中创建一个着色程序（单击“Project”面板的 context 菜单中的“Create |Shader |Standard Surface Shader”）。将着色程序重新命名为“DrawSolidColor”。双击可以对其进行编辑，用下列代码替换内容：

```
Shader "Draw/Solid Color" {
  Properties {
    _Color ("Main Color", Color) = (1.0, 1.0, 1.0, 1.0)
  }
  SubShader {
    Pass { Color [_Color] }
  }
}
```

这个简单的着色程序只有一个参数——颜色。着色程序以这种颜色渲染像素，而不考虑光线等条件。对于 Inspector GUI 而言，着色程序的名称是“Draw |Solid Color”，其参

数名称是“Main Color”。

素材有一个着色程序以及这个着色程序的一组参数值。同一个着色程序可用于多个素材，这些素材可以使用不同的参数值。下面我们创建一个绘制纯红色的素材。我们将使用该素材突出显示检测到的圆形和线条。

创建一个新文件夹 Rollingball/Materials，然后在该文件夹中创建一个素材（单击 context 菜单中的“Create |Material”）。将素材重命名为 DrawSolidRed。将其选入 Inspector，将其着色程序设置为“Draw |Solid Color”，主色（Main Color）设置为 RGBA 值：red（255, 0, 0, 255）。Inspector 现在应如图 6-13 所示。

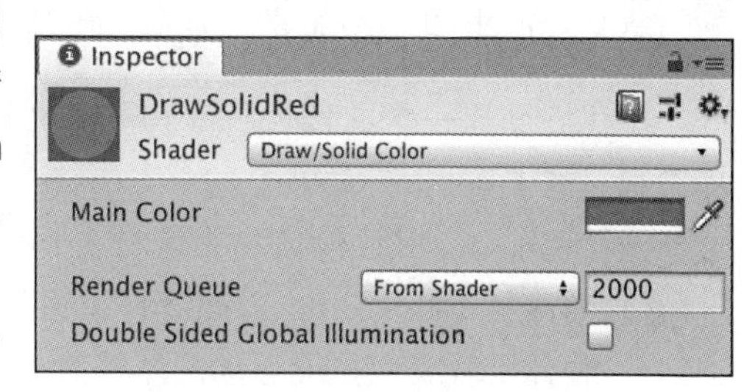

图 6-13　Inspector 用户界面

我们将使用 Unity 自带的着色程序创建另外两个素材。首先，创建一个名为 Cyan 的素材，并对其进行配置，以便使其着色程序为“Legacy Shaders |Diffuse”，主色为 cyan (0, 255, 255, 255)。保持 Base (RBG) 的纹理为“None”。我们将该素材应用到模拟球和线条。Inspector 应该如图 6-14 所示。

现在，创建一个名为 Video 的素材，并对其进行配置，这样它的着色程序就会变成“Unlit |Texture”。将 Base（RBG）纹理保留为“None”。稍后，通过代码把视频纹理分配给这个素材。将 Video 素材（从 Project 面板）拖拽到 VideoRenderer（Hierarchy 面板中），以便将素材分配给“quad”。选择“VideoRenderer”，并确认其 Inspector 包含如图 6-15 所示的项目。

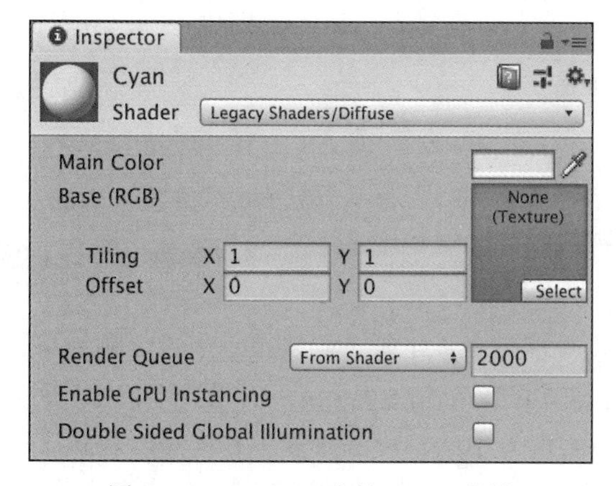

图 6-14　Inspector 中的 Video 素材

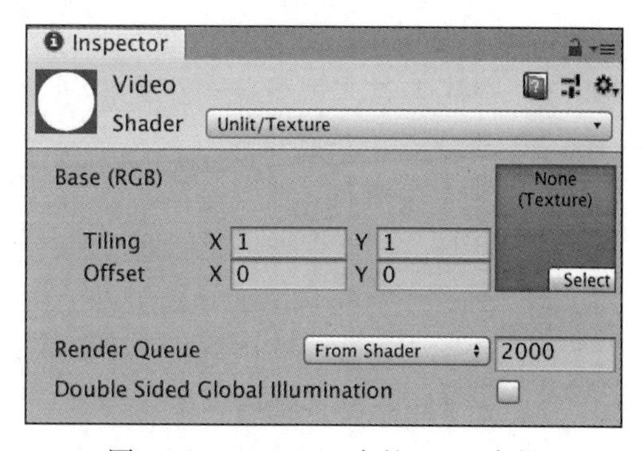

图 6-15　Inspector 中的 Cyan 素材

我们创建了 prefabs 和脚本后，将分配其余的素材。

现在，我们已经制作了用于渲染的素材，让我们来看看类似的物理素材的概念吧。

6.7.2 创建物理素材

尽管 Unity 的渲染通道可以运行我们在着色程序中编写的自定义函数，但是其物理通道运行固定的函数。然而，我们可以通过物理素材配置这些函数的参数。

Unity 的物理引擎是基于 NVIDIA PhysX 的。PhysX 支持在 NVIDIA GeForce GPU 上通过 CUDA 加速。但是，在典型的移动设备上，物理计算将在 CPU 上运行。

让我们创建一个文件夹 “Rollingball/Physics Materials”，并在该文件夹中创建一个物理素材（单击 context 菜单上的 “Create |Physics Material”）。重命名物理素材 Bouncy。选择该物理素材，并注意该物理素材在 Inspector 中有下列属性：

- **动摩擦（Dynamic Friction）**：这是把两个物体压在一起的力（例如，重力）和阻止物体沿着表面持续运动的摩擦力之间的比值。
- **静摩擦（Static Friction）**：这是把两个物体压在一起的力（例如，重力）和阻止沿表面初始运动的摩擦力之间的比值。样本值请参阅维基百科（https://en.wikipedia.org/wiki/Friction#Approximate_coefficients_of_friction）。对于静摩擦，值 0.04 与 Teflon 上的 Teflon 相似，值 1.0 类似于混凝土上的橡胶，值 1.05 类似于铸铁上的铜。
- **弹力（Bounciness）**：这是物体从另一个表面反弹时所保持的动能比例。这里，值 0 表示物体没有反弹。值 1 表示物体在没有能量损失的情况下反弹。值大于 1 表示物体在反弹时获得了能量（现实世界中很少存在）。
- **摩擦力组合（Friction Combine）**：物体碰撞时，物体的哪个摩擦力值会影响这个物体？选项有：**平均值**、**最小值**、**乘法值**和**最大值**。
- **弹力组合（Bounce Combine）**：物体碰撞时，物体的哪个弹力值会影响这个物体？选项有：**平均值**、**最小值**、**乘法值**和**最大值**。

小心！这些物理素材会爆炸吗？

据说在值持续增长并超过了系统的浮点数值限制时，物理模拟就会爆炸。例如，如果碰撞和反弹力组合大于 1，而且不断发生碰撞，那么随着时间的推移，力趋于无穷大。大爆炸！我们把物理引擎弄坏了。

即使没有超自然的物理素材，在极大或极小的场景中数值问题也会出现。例如一个多人游戏，使用**全球定位系统（Global Positioning System，GPS）**的输入，这样 Unity 场景中的物体将根据玩家在现实世界中的经度和维度进行定位。在这个场景中，物理模拟不能处理真人大小的物体，因为物体和作用于其上的力太小了，以至于在浮点误差范围内这些力消失了！这是模拟崩溃的一个例子（而不是爆炸）。

让我们将**弹力（Bounciness）**设置为 1（非常有弹性！），其他值保持默认值。稍后，如果你愿意的话，可以根据你的喜好来调整这些值。Inspector 中的各项弹性（Bouncy）值的设置如图 6-16 所示。

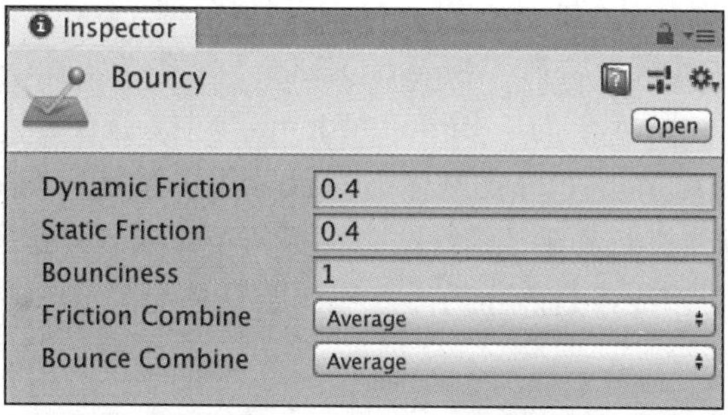

图 6-16　Inspector 中的弹性值

我们的模拟线条将使用默认的物理参数，这样它们就不需要一个物理素材了。

现在，我们有了渲染素材和物理素材，让我们为全部模拟球和全部模拟线条创建 prefabs。

6.7.3　创建 prefab

prefab 是一个对象，不是场景本身的一部分，而是将其设计为在编辑或运行时复制到场景中。在场景中，可以将 prefab 多次复制，生成多个对象。在运行时，副本与 prefab 之间或副本与副本之间不存在特殊连接，而且所有副本都可以独立运行。虽然有时将一个 prefab 的角色比作一个类的角色，但是 prefab 不是一种类型。

尽管 prefabs 不是场景的一部分，但是它也是通过场景创建和编辑的。让我们从菜单栏选择“GameObject |3D Object |Sphere”，在场景中创建的一个球。在**层次结构**（Hierarchy）中应该会出现一个名为“Sphere”的物体。将其重命名为“SimulatedCircle”。将下列资源从“Project”面板拖动到**层次结构**（Hierarchy）中的 SimulatedCircle：

- Cyan（在 Rollingball/Materials 中）
- Bouncy（在 Rollingball/PhysicsMaterials 中）

现在，选中“SimulatedCircle”。在 Inspector 中，单击“Add Component”，选择“Physics |Rigidbody”。在 Inspector 中将会出现“Rigidbody”部分。在这部分中，展开“Constraints”字段，查看“Freeze Position |Z”。这种变化的效果是将球体的运动限制在二维空间。确认 Inspector 内容与图 6-17 类似。

创建一个文件夹“Rollingball/Prefabs”，将“SimulatedCircle”从**层次结构**（Hierarchy）拖动到**项目**（Project）面板中的文件夹内。在文件夹中应该出现名为“SimulatedCircle”的 prefab。同时，**层次结构**（Hierarchy）中的“SimulatedCircle”对象的名称应该变为蓝色，表明该对象有一个 prefab 连接。单击场景对象 Inspector 中的“Apply”按钮，可以将场景中对象的更改应用到 prefab 上。相反，对 prefab（在编辑时而非运行时）的更改将自动应用于场景的实例，除非实例中有未应用更改的属性。

现在，让我们按照类似的步骤创建一条模拟线条的prefab。从菜单栏选择“GameObject |3D Object |Cube”，创建一个立方体。在层次结构（Hierarchy）中会出现一个名为“Cube”的对象，将其重新命名为“SimulatedLine”。将“Cyan”从**项目**（Project）面板拖动到**层次结构**（Hierarchy）的“SimulatedLine”中。选中“SimulatedLine”，添加“Rigidbody”组件，在其Inspector的**刚体**（Rigidbody）部分，查看“Is Kinematic”，这表示物理模拟没有对物体进行移动（尽管这是模拟的一部分，其目的是让其他物体与之碰撞）。回想一下，我们希望线条是静止的。这些线条只是下落小球的障碍。Inspector的内容应该与图6-18类似。

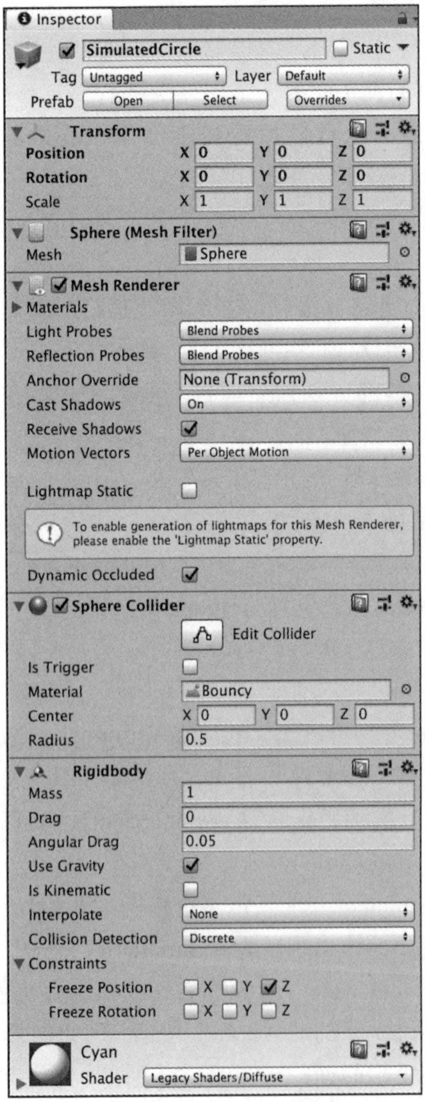

图 6-17 Inspector 中的设置

图 6-18 Inspector 中的设置

让我们通过从**层次结构**（Hierarchy）删除 prefab 的实例，清除我们的场景，这样在场景打开时就不会有任何圆形和线条了。（但是，我们希望在**项目**中保留 prefab 本身，以便稍后可以通过脚本对其进行实例化。）现在，让我们将注意力回到脚本的编写，在其他对象中，脚本能够在运行时复制预置。

6.7.4　编写我们的第一个 Unity 脚本

正如我们在前面介绍过的，Unity 脚本是 MonoBehaviour 的一个子类。一个 MonoBehaviour 对象可以获得**层次结构**（Hierarchy）和组件中的对象的引用，这些组件是我们在 Inspector 中添加到这些对象中的。MonoBehaviour 对象也有自己的 Inspector，在 Inspector 中我们可以分配额外的引用，包括对**项目**资源的引用（例如，prefabs）。在运行时，某些事件发生时，Unity 向所有的 MonoBehaviour 对象发送消息。MonoBehaviour 的子类可以为所有这些信息实现回调。MonoBehaviour 支持 60 多个标准消息的回调。下面列举几个：

- Awake：这是在初始化期间调用的。
- Start：这是在 Awake 之后调用，但在第一次调用 Update 之前调用。
- Update：在每一帧调用。
- OnGUI：GUI 覆盖层准备好渲染指令并在准备好处理 GUI 事件时调用。
- OnPostRender：渲染场景之后调用。对于实现后期处理效果来说，这是一个合适的回调。
- OnDestroy：在撤销脚本的实例时调用。例如，这发生在场景即将结束的时候。

有关标准消息回调以及一些回调实现可能选择接受的参数的更多内容，请参阅 http://docs.unity3d.com/ScriptReference/MonoBehaviour.html 上的官方文档。此外，请注意，我们可以使用 SendMessage 方法将自定义消息发送给所有的 MonoBehaviour 对象。

这些回调和 Unity 的其他回调的实现可以是 private、protected 或 public 类型的。无论受保护级别如何，Unity 都会调用这些实现。

总之，脚本是胶水（游戏逻辑），将运行时的事件连接到我们在**项目**（Project）、**层次结构**（Hierarchy）以及**查看器**（Inspector）中看到的各种对象中。

让我们创建一个文件夹 Rollingball/Scripts，在该文件夹中创建一个脚本（单击 context 菜单中的"Create |C# Script"）。重命名脚本"QuitOnAndroidBack"并双击以对其进行编辑。用下列代码替换该脚本的内容：

```
using UnityEngine;

namespace com.nummist.rollingball {

    public sealed class QuitOnAndroidBack : MonoBehaviour {
```

```
        void Start() {
            // Show the standard Android navigation bar.
            Screen.fullScreen = false;
        }

        void Update() {
            if (Input.GetKeyUp(KeyCode.Escape)) {
                Application.Quit();
            }
        }
    }
}
```

我们使用命名空间 com.nummist.rollingball 将我们的代码组织起来，避免类型名称和其他地方的代码中的类型名称之间的可能冲突。C# 中的命名空间类似于 Java 中的包。将我们的类命名为 QuitOnAndroidBack。该类扩展了 Unity 的 MonoBehaviour 类。我们使用 sealed 修饰符（类似于 Java 的 final 修饰符）表示不打算创建 QuitOnAndroidBack 子类。

注意，MonoBehaviour 使用行为的英式（UK）拼写。

由于 Unity 的回调系统，脚本的 Start 方法在对象初始化之后调用。在本例中是在场景开始时调用。我们的 Start 方法确保标准 Android 导航栏是可见的。在 Start 方法之后，将在每一帧调用脚本的 Update 方法。Update 方法检查用户是否按下了映射到 Escape 键码的一个键（或按钮）。在 Android 上，将标准后退按钮映射到 Escape。按下键（或按钮）时，应用程序退出。

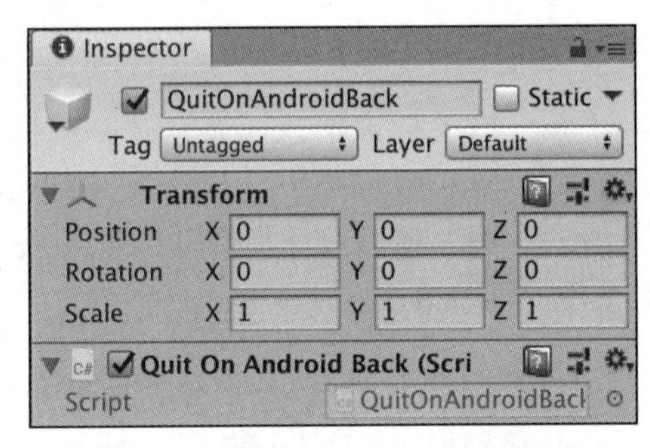

图 6-19 QuitOnAndroidBack 对象的检测器（Inspector）内容

保存脚本，并将其从**项目（Project）面板**拖动到**层次结构（Hierarchy）**中的 QuitOnAndroidBack 对象。单击“QuitOnAndroidBack”对象，确保该对象的 Inspector 与图 6-19 类似。

这个脚本很简单，对吗？接下来的脚本有点难，但是更有趣，因为接下来的这个脚本可以处理退出之外的所有事情。

6.7.5 编写 Rollingball 的主脚本

让我们创建一个文件夹 Rollingball/Scripts，在该文件夹中创建一个脚本（单击 context 菜单中的“Create |C# Script”）。重命名脚本 DetectAndSimulate，并在其上双击来对其进行编辑。删除默认内容，用下面的 import 语句开始编写代码：

```
using UnityEngine;
using System.Collections;
using System.Collections.Generic;
```

```
using System.IO;

using OpenCVForUnity.CoreModule;
using OpenCVForUnity.ImgprocModule;
using OpenCVForUnity.UnityUtils;
```

接下来，让我们用下列代码声明命名空间和类：

```
namespace com.nummist.rollingball {

    [RequireComponent (typeof(Camera))]
    public sealed class DetectAndSimulate : MonoBehaviour {
```

注意，这个类有一个属性 [RequireComponent (typeof (Camera))]，表示脚本只能添加到一个带有摄像头（不是视频摄像头，而是游戏世界的摄像头，代表场景中玩家的虚拟眼睛）的游戏对象上。我们指定这一需求，因为我们将通过标准 OnPostRender 回调的实现来突出显示检测到的形状，而且这个回调只会调用添加到带有摄像头的游戏对象的脚本上。

DetectAndSimulate 在二维屏幕空间和三维世界空间中都需要存储圆形和线条的表示。屏幕空间中的坐标（即，用户屏幕上的坐标）以像素为单位度量，屏幕的左上角像素是原点。世界空间中的坐标（即，在我们最近定位的 VideoRendereer 和主摄像头游戏场景中的坐标）是以任意原点、任意单位度量的。圆形和线条的表示不需要对应用程序中的任何其他类可见，因此将它们的类型定义为私有的内部结构是合适的。我们的 Circle 类型存储了表示屏幕空间中圆中心的二维坐标、屏幕空间中表示圆半径的浮点数，以及表示世界空间中圆中心的三维坐标。构造函数接受所有这些值作为参数。下面是 Circle 的实现：

```
struct Circle {

    public Vector2 screenPosition;
    public float screenDiameter;
    public Vector3 worldPosition;

    public Circle(Vector2 screenPosition,
                  float screenDiameter,
                  Vector3 worldPosition) {
        this.screenPosition = screenPosition;
        this.screenDiameter = screenDiameter;
        this.worldPosition = worldPosition;
    }
}
```

我们还定义了另一个内部结构 Line，用于存储表示屏幕空间中端点的两组二维坐标，以及表示世界空间中相同端点的二组三维坐标。构造函数接受所有这些值作为参数。下面是 Line 的实现：

```
struct Line {
    public Vector2 screenPoint0;
    public Vector2 screenPoint1;
    public Vector3 worldPoint0;
    public Vector3 worldPoint1;
    public Line(Vector2 screenPoint0,
```

```
                Vector2 screenPoint1,
                Vector3 worldPoint0,
                Vector3 worldPoint1) {
            this.screenPoint0 = screenPoint0;
            this.screenPoint1 = screenPoint1;
            this.worldPoint0 = worldPoint0;
            this.worldPoint1 = worldPoint1;
        }
    }
```

接下来，我们定义了 Inspector 中可编辑的成员变量。将这样的变量标记为 [SerializeField] 属性，表示 Unity 序列化变量，尽管不是 public 类型的。(或者，public 类型的变量也可以在 Inspector 中编辑。) 下面 4 个变量描述了我们的摄像头输入的首选项，包括摄像头面向的方向、分辨率以及帧率：

```
[SerializeField] bool useFrontFacingCamera = false;
[SerializeField] int preferredCaptureWidth = 640;
[SerializeField] int preferredCaptureHeight = 480;
[SerializeField] int preferredFPS = 15;
```

运行时，可用的摄像头设备和模式可能与这些首选项不同。

我们还可以在 Inspector 中编辑更多的变量，即，对视频背景渲染的一个引用、用于突出显示检测到的形状的素材的一个引用、用于调整模拟重力范围的一个因子、对模拟形状 prefabs 的一个引用，以及按钮的一个字体大小：

```
[SerializeField] Renderer videoRenderer;

[SerializeField] Material drawPreviewMaterial;

[SerializeField] float gravityScale = 8f;

[SerializeField] GameObject simulatedCirclePrefab;
[SerializeField] GameObject simulatedLinePrefab;

[SerializeField] int buttonFontSize = 24;
```

我们还有一些不需要在 Inspector 中编辑的成员变量。这些成员变量中包括对游戏世界摄像头的引用、对真实摄像头视频纹理的引用、存储图像和中间处理结果的矩阵，以及与摄像头图像、屏幕、模拟物体和按钮相关的度量：

```
Camera _camera;

WebCamTexture webCamTexture;
Color32[] colors;
Mat rgbaMat;
Mat grayMat;
Mat cannyMat;

float screenWidth;
float screenHeight;
float screenPixelsPerImagePixel;
float screenPixelsYOffset;
```

```
float raycastDistance;
float lineThickness;
UnityEngine.Rect buttonRect;
```

我们存储了用 OpenCV 格式表示霍夫（Hough）圆的矩阵（在该例中，OpenCV 格式包含一个横向图像的图像坐标）以及用我们自己的 Circle 格式表示圆形的列表（用于竖屏的屏幕坐标以及用于游戏世界的三维坐标）：

```
Mat houghCircles;
List<Circle> circles = new List<Circle>();
```

类似地，我们存储了以 OpenCV 格式表示霍夫（Hough）线的矩阵以及以我们自己的 Line 格式表示线的列表：

```
Mat houghLines;
List<Line> lines = new List<Line>();
```

我们持有陀螺仪输入设备的一个引用，并且我们把重力大小存储到物理模拟中：

```
Gyroscope gyro;
float gravityMagnitude;
```

我们（以及 Unity API）使用的术语是**陀螺仪**和**陀螺**。我们指的是运动传感器的一个融合，其中可能包括（也可能不包括）一个真实的陀螺仪。尽管效果很差，但是陀螺仪可以用其他真实的传感器来模拟，例如，加速度仪或重力传感器。

Unity 提供了一个属性 SystemInfo.supportsGyroscope，表示设备是否有一个真实的陀螺仪。但是，这条信息与我们无关。我们只使用 Unity 的 Gyroscope.gravity 属性，该属性可能是从一个真实的重力传感器推导出来的，也可能是用其他真实的传感器来模拟的，例如加速度仪或陀螺仪。Unity Android 应用程序在默认情况下需要一个加速度仪，因此我们可以放心地假设至少有一个模拟重力的传感器可用。

我们持续跟踪模拟对象的一个列表，并提供一个属性 simulating，当列表非空时该属性值为 true：

```
List<GameObject> simulatedObjects =
        new List<GameObject>();
bool simulating {
    get {
        return simulatedObjects.Count > 0;
    }
}
```

现在，让我们将注意力转移到方法上。我们实现了标准的 Start 回调。实现开始于获取对附属摄像头的一个引用、初始化矩阵、获取对陀螺仪的一个引用，以及计算游戏世界的重力大小，代码如下所示：

```
void Start() {

    // Cache the reference to the game world's
    // camera.
    _camera = GetComponent<Camera>();

    houghCircles = new Mat();
    houghLines = new Mat();

    gyro = Input.gyro;
    gravityMagnitude = Physics.gravity.magnitude *
                       gravityScale;
```

MonoBeaviour 对象为很多组件提供 getters 方法，这些组件可能附加到与脚本相同的游戏对象上。这些组件将与脚本一起出现在 Inspector 中。例如，摄像头获取器返回一个 Camera 对象（如果没有对象，则为 null）。这些 getter 方法很昂贵，因为它们使用了内省（introspection）。因此，如果你需要重复引用一个组件，那么使用“_camera=camera;”这样的一条语句将引用存储在成员变量中会更有效率。

为什么我们要在 Start 方法中初始化 Mat 对象，而不是在声明或在 DetectAndSimulate 构造函数中对其进行初始化。原因是不一定要在 DetectAndSimulate 等脚本创建之后，再加载 OpenCV 库。

Start 的实现通过找到一个面向所需方向的摄像头（前置或后置摄像头，取决于前面的 useFrontFacingCamera 字段的值）来进行。如果我们在 Unity 编辑器中播放场景（为了在开发过程中调试脚本和场景），则将摄像头的方向硬编码为前置，以支持典型的网络摄像头。如果没有找到合适的摄像头，那么该方法将提前返回，代码如下所示：

```
#if UNITY_EDITOR
            useFrontFacingCamera = true;
#endif

            // Try to find a (physical) camera that faces
            // the required direction.
            WebCamDevice[] devices = WebCamTexture.devices;
            int numDevices = devices.Length;
            for (int i = 0; i < numDevices; i++) {
                WebCamDevice device = devices[i];
                if (device.isFrontFacing ==
                            useFrontFacingCamera) {
                    string name = device.name;
                    Debug.Log("Selecting camera with " +
                              "index " + i + " and name " +
                              name);
                    webCamTexture = new WebCamTexture(
                            name, preferredCaptureWidth,
                            preferredCaptureHeight,
                            preferredFPS);
                    break;
                }
            }
```

```
    if (webCamTexture == null) {
        // No camera faces the required direction.
        // Give up.
        Debug.LogError("No suitable camera found");
        Destroy(this);
        return;
    }
```

在 DetectAndSimulate 的整个实现过程中，当遇到不可恢复的运行时问题时，我们调用 Destroy (this)，从而删除脚本实例，并防止还有消息到达回调。

Start 回调通过激活摄像头和陀螺仪（包括重力传感器），并启动一个名为 Init 的助手协同程序来结束：

```
        // Ask the camera to start capturing.
        webCamTexture.Play();

        if (gyro != null) {
            gyro.enabled = true;
        }

        // Wait for the camera to start capturing.
        // Then, initialize everything else.
        StartCoroutine(Init());
    }
```

协同程序是一个不必在一帧中运行至结束的方法。相反，协同程序可以为一个或多个帧让步，以便等待满足某个条件，或者在一个已定义的延迟之后使某些事情发生。注意，协同程序在主线程上运行。

我们的 Init 协同程序首先等待摄像头捕捉第一帧。然后，我们确定帧的维度，并创建 OpenCV 矩阵来匹配这些维度。该方法实现的第一部分如下所示：

```
    IEnumerator Init() {
        // Wait for the camera to start capturing.
        while (!webCamTexture.didUpdateThisFrame) {
            yield return null;
        }
        int captureWidth = webCamTexture.width;
        int captureHeight = webCamTexture.height;
        float captureDiagonal = Mathf.Sqrt(
                captureWidth * captureWidth +

                captureHeight * captureHeight);
        Debug.Log("Started capturing frames at " +
                  captureWidth + "x" + captureHeight);
        colors = new Color32[
                captureWidth * captureHeight];
        rgbaMat = new Mat(captureHeight, captureWidth,
                          CvType.CV_8UC4);
        grayMat = new Mat(captureHeight, captureWidth,
                          CvType.CV_8UC1);
        cannyMat = new Mat(captureHeight, captureWidth,
                           CvType.CV_8UC1);
```

协同程序通过配置游戏世界的正交摄像头和视频四边形，来匹配采集的分辨率并渲染视频纹理：

```
transform.localPosition =
        new Vector3(0f, 0f, -captureWidth);
_camera.nearClipPlane = 1;
_camera.farClipPlane = captureWidth + 1;
_camera.orthographicSize =
        0.5f * captureDiagonal;
raycastDistance = 0.5f * captureWidth;

Transform videoRendererTransform =
        videoRenderer.transform;
videoRendererTransform.localPosition =
        new Vector3(captureWidth / 2,
                    -captureHeight / 2, 0f);
videoRendererTransform.localScale =
        new Vector3(captureWidth,
                    captureHeight, 1f);

videoRenderer.material.mainTexture =
        webCamTexture;
```

该设备的屏幕和拍摄的摄像头图像很可能有不同的分辨率。此外，记住（在 Player-Settings 中）将我们的应用程序配置为纵向。这个方向影响屏幕坐标，但是不会影响摄像头图像中的坐标，摄像头图像中的坐标将保持横向。因此，我们需要计算图像坐标和屏幕坐标之间的转换因子，代码如下所示：

```
// Calculate the conversion factors between
// image and screen coordinates.
// Note that the image is landscape but the
// screen is portrait.
screenWidth = (float)Screen.width;

screenHeight = (float)Screen.height;
screenPixelsPerImagePixel =
        screenWidth / captureHeight;
screenPixelsYOffset =
        0.5f * (screenHeight - (screenWidth *
        captureWidth / captureHeight));
```

我们的转换基于将视频背景与纵向屏幕的宽度相匹配，同时，如果有必要的话，可以在顶部和底部使用字母框或视频裁剪。

模拟线条的厚度和按钮的尺寸是基于屏幕分辨率的，代码如下所示，这段代码结束了 Init 协同程序：

```
    lineThickness = 0.01f * screenWidth;

    buttonRect = new UnityEngine.Rect(
            0.4f * screenWidth,
            0.75f * screenHeight,
            0.2f * screenWidth,
            0.1f * screenHeight);
}
```

在满足一定条件的情况下，我们通过处理重力传感器的输入和摄像头的输入来实现标准的 Update 回调。在方法开始时，如果还没有初始化 OpenCV 对象，那么方法提前返回。否则，游戏世界的重力方向将根据真实世界的重力方向进行更新。该方法实现的第一部分代码如下所示：

```
void Update() {

    if (rgbaMat == null) {
        // Initialization is not yet complete.
        return;
    }

    if (gyro != null) {
        // Align the game-world gravity to real-world
        // gravity.
        Vector3 gravity = gyro.gravity;
        gravity.z = 0f;
        gravity = gravityMagnitude *
                  gravity.normalized;
        Physics.gravity = gravity;
    }
```

接下来，如果新的摄像头画面没有准备好，或者如果模拟正在运行，那么该方法提前返回。否则，我们将画面转换成 OpenCV 的格式，并将其转换成灰度，找到边缘，调用两个助手方法 UpdateCircles 和 UpdateLines 来执行形状检测。相关代码如下所示，这段代码结束了 Update 方法：

```
    if (!webCamTexture.didUpdateThisFrame) {
        // No new frame is ready.
        return;
    }

    if (simulating) {
        // No new detection results are needed.
        return;
    }

    // Convert the RGBA image to OpenCV's format using
    // a utility function from OpenCV for Unity.
    Utils.webCamTextureToMat(webCamTexture,
                             rgbaMat, colors);

    // Convert the OpenCV image to gray and
    // equalize it.
    Imgproc.cvtColor(rgbaMat, grayMat,
                     Imgproc.COLOR_RGBA2GRAY);
    Imgproc.Canny(grayMat, cannyMat, 50.0, 200.0);

    UpdateCircles();
    UpdateLines();
}
```

我们的 UpdateCircles 助手方法首先执行霍夫（Hough）圆检测。我们正在寻找至少相距 10.0 像素，半径至少为 5.0 像素，最多为 60 像素的圆。我们在内部指定，接受圆的

HoughCircles 应该使用 Canny 上界阈值为 200，下采样因子为 2，并且需要与邻域的交集为 150.0。我们清除所有之前检测到的圆的列表。然后，我们迭代霍夫（Hough）圆检测的结果。该方法实现的开头部分代码如下所示：

```
void UpdateCircles() {

    // Detect blobs.
    Imgproc.HoughCircles(grayMat, houghCircles,
                         Imgproc.HOUGH_GRADIENT, 2.0,
                         10.0, 200.0, 150.0, 5, 60);

    //
    // Calculate the circles' screen coordinates

// and world coordinates.
//

// Clear the previous coordinates.
circles.Clear();

// Count the elements in the matrix of Hough circles.
// Each circle should have 3 elements:
// { x, y, radius }
int numHoughCircleElems = houghCircles.cols() *
                          houghCircles.rows() *
                          houghCircles.channels();

if (numHoughCircleElems == 0) {
    return;
}

// Convert the matrix of Hough circles to a 1D array:
// { x_0, y_0, radius_0, ..., x_n, y_n, radius_n }
float[] houghCirclesArray = new float[numHoughCircleElems];
houghCircles.get(0, 0, houghCirclesArray);

// Iterate over the circles.
for (int i = 0; i < numHoughCircleElems; i += 3) {
```

我们使用助手方法 ConvertToScreenPosition 将每个圆的中心点从图像空间转换到屏幕空间。我们还转换了该圆的直径：

```
// Convert circles' image coordinates to
// screen coordinates.
Vector2 screenPosition =
        ConvertToScreenPosition(
                houghCirclesArray[i],
                houghCirclesArray[i + 1]);
float screenDiameter =
        houghCirclesArray[i + 2] *
        screenPixelsPerImagePixel;
```

我们使用另一个助手方法 ConvertToWorldPosition，将圆的中心点从屏幕空间转换到世界空间。我们还转换了该圆的直径。完成转换之后，我们实例化一个 Circle，并将其添加到列表中。下面是完成了 UpdateCircles 方法的代码：

```
    // Convert screen coordinates to world
    // coordinates based on raycasting.
    Vector3 worldPosition =
            ConvertToWorldPosition(

                            screenPosition);

            Circle circle = new Circle(
                    screenPosition, screenDiameter,
                    worldPosition);
            circles.Add(circle);
        }
    }
```

我们的 UpdateLines 助手方法首先执行以一个像素和 1 度为步长的概率霍夫（Hough）线检测。对于每一条线，我们需要至少 50 个检测到交叉点，这些交叉点的边缘像素的长度至少为 50，间距不超过 10.0 像素。我们清除所有之前检测到的线条的列表。然后，我们迭代霍夫（Hough）线检测的结果。该方法实现的第一部分代码如下所示：

```
void UpdateLines() {

    // Detect lines.
    Imgproc.HoughLinesP(cannyMat, houghLines, 1.0,
                        Mathf.PI / 180.0, 50,
                        50.0, 10.0);

    //
    // Calculate the lines' screen coordinates and
    // world coordinates.
    //

    // Clear the previous coordinates.
    lines.Clear();

    // Count the elements in the matrix of Hough lines.
    // Each line should have 4 elements:
    // { x_start, y_start, x_end, y_end }
    int numHoughLineElems = houghLines.cols() *
                            houghLines.rows() *
                            houghLines.channels();

    if (numHoughLineElems == 0) {
        return;
    }

    // Convert the matrix of Hough circles to a 1D array:
    // { x_start_0, y_start_0, x_end_0, y_end_0, ...,
    //   x_start_n, y_start_n, x_end_n, y_end_n }
    int[] houghLinesArray = new int[numHoughLineElems];
    houghLines.get(0, 0, houghLinesArray);

// Iterate over the lines.
for (int i = 0; i < numHoughLineElems; i += 4) {
```

我们使用 ConvertToScreenPosition 助手方法将每条线的端点从图像空间转换到屏幕

空间：

```
// Convert lines' image coordinates to
// screen coordinates.
Vector2 screenPoint0 =
        ConvertToScreenPosition(
                houghLinesArray[i],
                houghLinesArray[i + 1]);
Vector2 screenPoint1 =
        ConvertToScreenPosition(
                houghLinesArray[i + 2],
                houghLinesArray[i + 3]);
```

类似地，我们使用 ConvertToWorldPosition 助手方法将线条的端点从屏幕空间转换到世界空间。完成转换之后，我们初始化 Line 并将其添加到列表中。下面是完成了 Udpate-Lines 方法的代码：

```
            // Convert screen coordinates to world
            // coordinates based on raycasting.
            Vector3 worldPoint0 =
                    ConvertToWorldPosition(
                            screenPoint0);
            Vector3 worldPoint1 =
                    ConvertToWorldPosition(
                            screenPoint1);

            Line line = new Line(
                    screenPoint0, screenPoint1,
                    worldPoint0, worldPoint1);
            lines.Add(line);
        }
    }
```

ConvertToScreenPosition 助手方法考虑到屏幕坐标为纵向格式，而我们的图像坐标为横向格式。从图像空间到屏幕空间的转换如下列代码所示：

```
Vector2 ConvertToScreenPosition(float imageX,
                                float imageY) {
    float screenX = screenWidth - imageY *
                    screenPixelsPerImagePixel;
    float screenY = screenHeight - imageX *

                    screenPixelsPerImagePixel -
                    screenPixelsYOffset;
    return new Vector2(screenX, screenY);
}
```

ConvertToWorldPosition 助手方法使用 Unity 的内置光线投射（raycasting）功能以及指定的目标距离 raycastDistance，将给定的二维屏幕坐标转换为三维世界坐标：

```
Vector3 ConvertToWorldPosition(
        Vector2 screenPosition) {
    Ray ray = _camera.ScreenPointToRay(
            screenPosition);
    return ray.GetPoint(raycastDistance);
}
```

我们通过检查是否存在模拟的球或线条来实现标准的 OnPostRender 回调，如果不存在模拟的球或线条，则通过调用 helper 方法 DrawPreview 来实现。实现代码如下所示：

```
void OnPostRender() {
    if (!simulating) {
        DrawPreview();
    }
}
```

DrawPreview 助手方法用于显示检测到的圆和线条（如果有的话）的位置和维度。为了避免不必要的绘制调用，如果没有要绘制的对象，该方法提前返回，代码如下所示：

```
void DrawPreview() {

    // Draw 2D representations of the detected
    // circles and lines, if any.

    int numCircles = circles.Count;
    int numLines = lines.Count;
    if (numCircles < 1 && numLines < 1) {
        return;
    }
```

确定了要绘制的检测到的形状后，该方法通过配置 OpenGL 背景来使用 drawPrewiew-Material 在屏幕空间中绘制。设置代码如下所示：

```
GL.PushMatrix();
if (drawPreviewMaterial != null) {
    drawPreviewMaterial.SetPass(0);
}
GL.LoadPixelMatrix();
```

如果有检测到任何圆，我们执行一个 draw 调用来突出显示它们。具体来说，我们告知 OpenGL 开始绘制四边形，将其送入近似圆形的正方形屏幕坐标，然后告诉 OpenGL 停止绘制四边形。代码如下所示：

```
if (numCircles > 0) {
    // Draw the circles.
    GL.Begin(GL.QUADS);
    for (int i = 0; i < numCircles; i++) {
        Circle circle = circles[i];
        float centerX =
                circle.screenPosition.x;
        float centerY =
                circle.screenPosition.y;
        float radius =
                0.5f * circle.screenDiameter;
        float minX = centerX - radius;
        float maxX = centerX + radius;
        float minY = centerY - radius;
        float maxY = centerY + radius;
        GL.Vertex3(minX, minY, 0f);
        GL.Vertex3(minX, maxY, 0f);
        GL.Vertex3(maxX, maxY, 0f);
        GL.Vertex3(maxX, minY, 0f);
```

```
        }
        GL.End();
    }
```

类似地，如果有检测到任何线，我们执行一个 draw 调用突出显示它们。具体来说，我们通知 OpenGL 开始画线条，将其送入线条的屏幕坐标，然后通知 OpenGL 停止画线条。下面的代码完成了 DrawPreview 方法：

```
    if (numLines > 0) {
        // Draw the lines.
        GL.Begin(GL.LINES);
        for (int i = 0; i < numLines; i++) {
            Line line = lines[i];

                GL.Vertex(line.screenPoint0);
                GL.Vertex(line.screenPoint1);
            }
            GL.End();
        }

        GL.PopMatrix();
    }
```

我们通过绘制一个按钮实现标准的 OnGUI 回调。根据模拟的球和线条是否已经存在，按钮会显示“**停止模拟（Stop Simulation）**”或“**开始模拟（Start Simulation）**”。（但是，如果不存在模拟的球或线条，也没有检测到球或线条的话，则根本不显示按钮。）在单击按钮时，调用一个助手方法（StopSimulation 或 StartSimulation）。下面是 OnGUI 的代码：

```
void OnGUI() {
    GUI.skin.button.fontSize = buttonFontSize;
    if (simulating) {
        if (GUI.Button(buttonRect,
                       "Stop Simulation")) {
            StopSimulation();
        }
    } else if (circles.Count > 0 || lines.Count > 0) {
        if (GUI.Button(buttonRect,
                       "Start Simulation")) {
            StartSimulation();
        }
    }
}
```

StartSimulation 助手方法首先暂停视频画面，并将 simulatedCirclePrefab 的副本放入检测到的圆上。按比例缩放每个实例来匹配检测到的圆的直径。该方法的第一部分代码如下所示：

```
void StartSimulation() {

    // Freeze the video background
    webCamTexture.Pause();

    // Create the circles' representation in the
```

```
        // physics simulation.
        int numCircles = circles.Count;
        for (int i = 0; i < numCircles; i++) {
            Circle circle = circles[i];
            GameObject simulatedCircle =
                    (GameObject)Instantiate(

                        simulatedCirclePrefab);
        Transform simulatedCircleTransform =
                simulatedCircle.transform;
        simulatedCircleTransform.position =
                circle.worldPosition;
        simulatedCircleTransform.localScale =
                circle.screenDiameter *
                Vector3.one;
        simulatedObjects.Add(simulatedCircle);
    }
```

该方法最后将 simulatedLinePrefab 的副本放置在检测到的线条上面。按比例缩放每个实例，来匹配检测到的线条长度。该方法的其余部分代码如下所示：

```
        // Create the lines' representation in the
        // physics simulation.
        int numLines = lines.Count;
        for (int i = 0; i < numLines; i++) {
            Line line = lines[i];
            GameObject simulatedLine =
                    (GameObject)Instantiate(
                            simulatedLinePrefab);
            Transform simulatedLineTransform =
                    simulatedLine.transform;
            float angle = -Vector2.Angle(
                    Vector2.right, line.screenPoint1 -
                            line.screenPoint0);
            Vector3 worldPoint0 = line.worldPoint0;
            Vector3 worldPoint1 = line.worldPoint1;
            simulatedLineTransform.position =
                    0.5f * (worldPoint0 + worldPoint1);
            simulatedLineTransform.eulerAngles =
                    new Vector3(0f, 0f, angle);
            simulatedLineTransform.localScale =
                    new Vector3(
                            Vector3.Distance(
                                    worldPoint0,
                                    worldPoint1),
                            lineThickness,
                            lineThickness);
            simulatedObjects.Add(simulatedLine);
        }
    }
```

StopSimulation 助手方法只用于恢复视频画面，删除所有模拟的球和线条，并清除包含这些模拟对象的列表。当列表为空时，检测器运行（在 Update 方法中）的条件将再次满足。StopSimulation 的实现如下所示：

```
    void StopSimulation() {

        // Unfreeze the video background.
        webCamTexture.Play();

        // Destroy all objects in the physics simulation.
        int numSimulatedObjects =
                simulatedObjects.Count;
        for (int i = 0; i < numSimulatedObjects; i++) {
            GameObject simulatedObject =
                    simulatedObjects[i];
            Destroy(simulatedObject);
        }
        simulatedObjects.Clear();
    }
```

在销毁脚本的实例（在场景结束）时，我们确保释放了网络摄像头和陀螺仪，代码如下所示：

```
        void OnDestroy() {
            if (webCamTexture != null) {
                webCamTexture.Stop();
            }
            if (gyro != null) {
                gyro.enabled = false;
            }
        }
    }
}
```

保存脚本，并将其从**项目**（Project）面板拖动到**层次结构**（Hierarchy）中的**主摄像头**（Main Camera）对象。单击"Main Camera"对象，并在其 Inspector 的"**检测和模拟（脚本）**（Detect And Simulate（Script））"部分，将下列对象拖动到下列字段中：

- 将 VideoRenderer（从**层次结构**（Hierarchy））拖动到（Inspector 中）的 Video Renderer 字段。
- 将 DrawSolidRed（从**项目**（Project）面板的 Rollingball/Materials）拖动到（Inspector 中）Draw Preview Material 字段。
- 将 SimulatedCircle（从**项目**（Project）面板的 Rollingball/Prefabs）拖动到（Inspector 中）Simulated Circle Prefab 字段。
- 将 SimulatedLine（从**项目**（Project）面板的 Rollingball/Prefabs）拖动到（Inspector 中）Simulated Line Prefab 字段。

完成了这些修改之后，Inspector 中的脚本部分应该与图 6-20 类似。

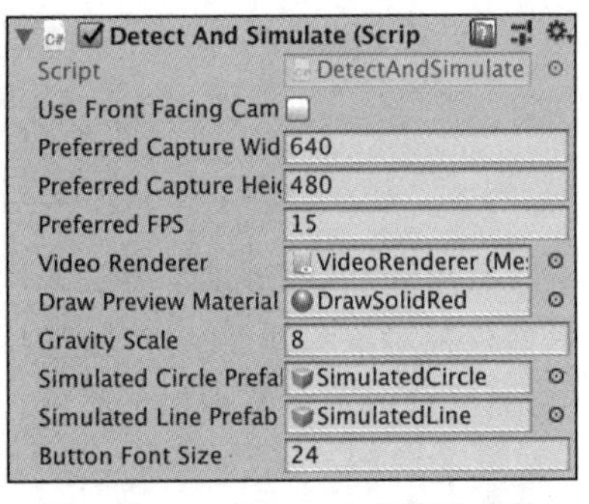

图 6-20 Inspector 中的脚本内容

我们的主场景完成了！现在，我们需要一个简单的启动场景，负责获取用户访问摄像头和启动主场景的权限。

6.8 在 Unity 中创建启动场景

我们的 Rollingball 场景，尤其是 DetectAndSimulate 脚本，试图通过 Unity 的 WebCamDevice 和 WebCamTexture 类来访问一个摄像头。Unity 在 Android 上对摄像头的权限做了一些巧妙的调整。在 Rollingball 场景（或任何需要访问摄像头的场景）开始时，Unity 将自动查看用户是否已经授予摄像头访问权限。如果没有授权，Untiy 将请求许可。可是，这个自动请求来得太晚了，DetectAndSimulate 无法在摄像头的 Start 和 Init 方法中正确地访问摄像头。为了避免这类问题，最好用脚本编写一个启动场景，显式请求摄像头访问。

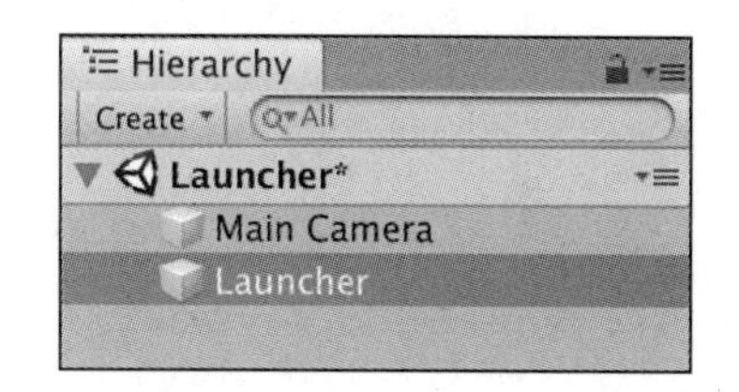

图 6-21　Launcher 对象的场景层次结构

创建一个新场景，并在 Rollingball/Scenes 文件夹中将其保存为 Launcher。从场景中删除 Directional Light。添加一个空对象，并命名为 Launcher。现在，场景的**层次结构**（Hierarchy）与图 6-21 类似。

在 Inspector 中编辑**主摄像头**（Main Camera），给它一个纯黑色的背景，如图 6-22 所示。

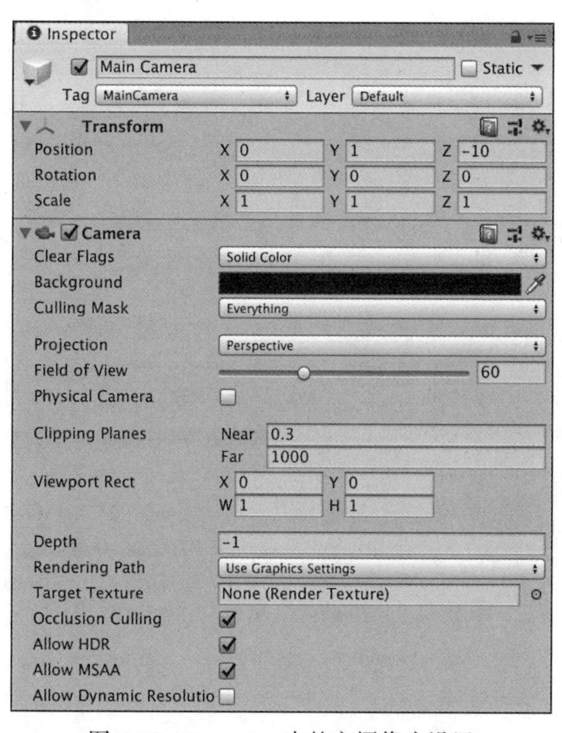

图 6-22　Inspector 中的主摄像头设置

在 Rollingball/Scripts 中，创建一个新脚本，重命名为 Launcher，对其进行编辑，用下列代码替换其内容：

```
using UnityEngine;
using UnityEngine.SceneManagement;

#if PLATFORM_ANDROID
using UnityEngine.Android;
#endif


namespace com.nummist.rollingball {

    public class Launcher : MonoBehaviour {

        void Start() {

#if PLATFORM_ANDROID
            if (!Permission.HasUserAuthorizedPermission(
                    Permission.Camera))
            {
                // Ask the user's permission for camera access.
                Permission.RequestUserPermission(Permission.Camera);
            }
#endif

            SceneManager.LoadScene("Rollingball");
        }
    }
}
```

启动时，这个脚本检查用户是否已授予访问摄像头的权限。如果没有，脚本通过显示一个标准的 Android 权限请求对话框来请求权限。Start 方法通过加载我们之前创建的 Rollingball 场景来结束。

保存脚本，并将其从**项目**（Project）面板拖动到**层次结构**（Hierarchy）中的 Launcher 对象。单击“Launcher”对象，确保 Inspector 与图 6-23 类似。

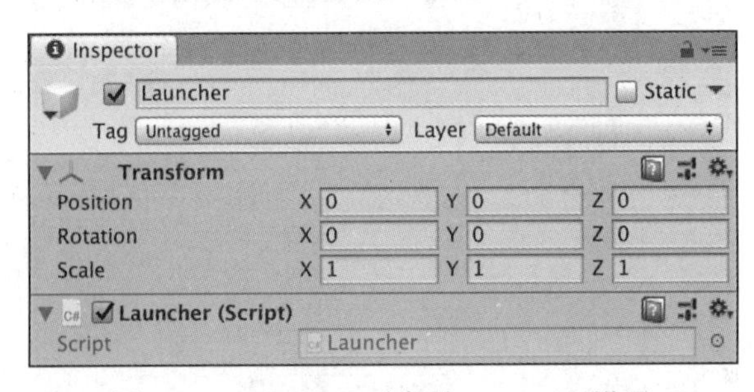

图 6-23 Launcher 对象的 Inspector 设置

我们的启动场景完成了。剩下的就是配置、编译、测试我们的项目了。

6.9 整理和测试

让我们回到“Build Settings”窗口（File |Build Settings…）。在编译中，我们不再

需要 Unity 的 OpenCV 演示。通过取消选中的“编译中的场景”或选择并删除“编译中的场景”来删除这些演示（Windows 上的“Delete”或 Mac 上的“Cmd+Del”）。然后，通过将其从**项目**（Project）面板拖动到“Scenes In Build”列表中，来添加“Launcher”和“Rollingball”场景。完成后，“Build Settings”窗口与图 6-24 类似。

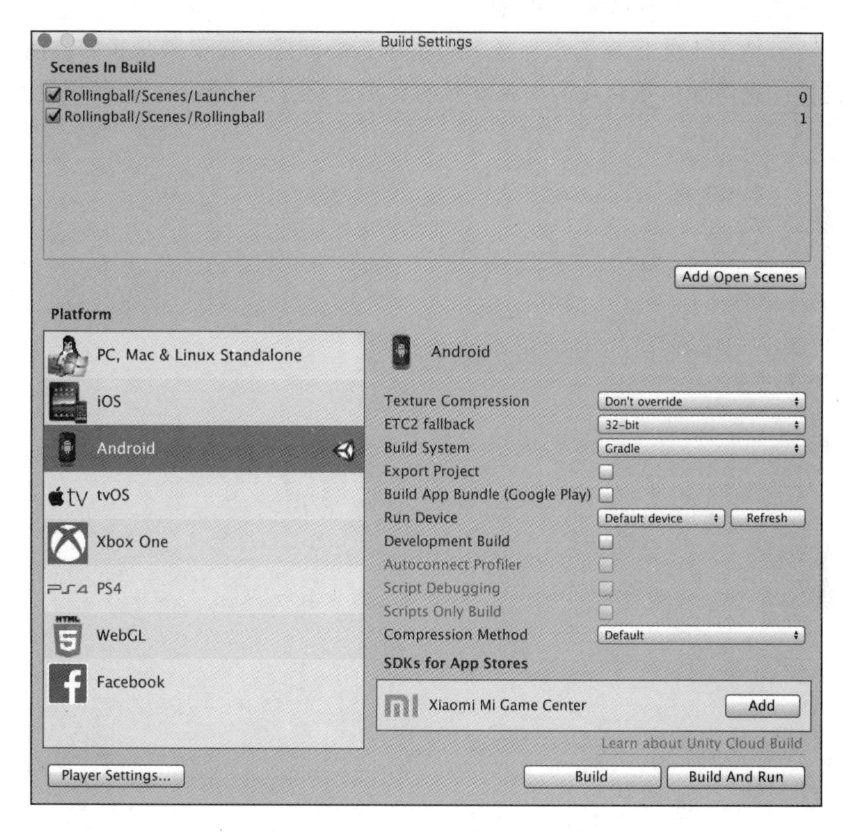

图 6-24　Build Settings 窗口内容

单击“Build and Run”按钮，重写所有之前的编译，让美好的时光来临吧！

如果你正在进行 iOS 编译，请记住遵循 OpenCVForUntiy/ReadMe.pdf 中的附加说明。特别是，确保将项目的“Camera Usage Description”设置为有用的描述字符串，例如，Rollingball 使用摄像头来检测圆形和线条（一目了然！），并将“Target minimum iOS Version”设置为 8.0。

通过绘制和扫描不同大小、不同笔触风格的点和线条来测试应用程序。另外，试着扫描一些不是绘制的内容。可以随时回到代码，编辑检测器的参数，重新编译，看看灵敏度是如何变化的。

6.10 本章小结

本章确实丰富了我们的经验，是一个里程碑。你学习了如何使用霍夫变换检测基本形状。我们还同时使用 OpenCV 和 Unity 把笔和纸绘制的物体变成一个物理玩具。我们甚至还超越了 Q 可以让一支笔所能做的事情！

然而，一个特工不能仅靠墨水和纸来解决所有的问题。接下来，我们将摘下老花镜，放下物理模拟，思考如何重建我们周围世界的真实运动方法。准备透过频域的万花筒来观察吧。

第三部分 Part 3

大 揭 秘

可视化那些一般情况下不可见的事物。模拟不同时间尺度或不同的视觉频谱。集成更大范围的摄像头和成像通道。

这部分包括第 7 章与第 8 章。

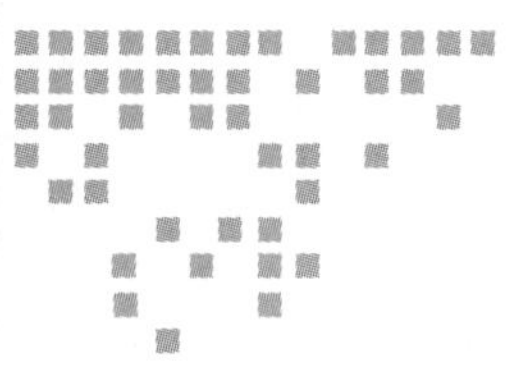

Chapter 7 第7章

用运动放大摄像头观察心跳

“删除所有与故事无关的内容。如果你在第1章中说墙上挂着一支步枪，那么在第2章或第3章中这只挂在墙上的步枪一定会开火。如果步枪没有开火，那么这支步枪就不应该挂在墙上。”

——Anton Chekhov

“朱利安国王：我不知道为什么牺牲不起作用。科学似乎非常可靠。”

——《马达加斯加2：逃往非洲》(2008)

尽管Q的小工具设计奇怪而且工艺神秘莫测，但是总是能证明它们是有用而可靠的。邦德对这些工具非常有信心，他甚至从未问过如何给电池充电。

邦德系列电影中最具创意的想法之一是，即使是轻装上阵的特工在任何地点、任何时间也应该能够看到并拍摄到那些隐藏着的物体。让我们来梳理一下电影中一些相关小工具的时间线，如下所示：

- 1967（007之雷霆谷）：一张X射线办公桌，扫描客人是否藏有枪支。
- 1979（007之太空城）：一个烟盒内装有一个X射线成像系统，用来显示保险柜的密码锁。
- 1989（007之杀人执照）：一种可以拍摄X光片的宝丽来相机。奇怪的是，它的闪光灯是一种可见的红色激光。
- 1995（007之黄金眼）：装有X射线扫描仪的一个茶盘，可以拍摄茶盘下面的文件。
- 1999（007之黑日危机）：邦德戴着一副时髦的蓝镜片眼镜，可以透过一层衣服看到隐藏的武器。根据官方的电影指南《詹姆斯·邦德百科全书》(2007)介绍，这种眼镜在经过特殊处理之后可以显示红外视频。尽管使用红外线（通常将其称为 X 射线眼镜），但是这是一个错误的命名。

这些设备处理不可见波长的光（或辐射），与机场安检扫描仪和夜视镜等现实世界中的设备基本一样。但是，很难解释邦德的设备为何如此袖珍，以及如何在不同的光照条件下，利用不同的素材，拍摄出如此清晰的照片。另外，如果邦德的设备是主动扫描仪（即发射 X 射线或红外线），那么使用类似硬件的特工就能清晰地看到这些设备。

另辟蹊径，如果我们避开不可见光的波长，把注意力集中在不可见的运动频率上，会怎么样呢？很多物体都以一定模式在运动，对于我们而言它们可能太快或太慢，使得我们很难发现它们。设想一个人站在一个地方。如果他的一条腿比另一条腿移动得更多，那么他很可能在他移动得较多的腿的一侧藏匿了诸如枪支之类的重物。同样，我们也可能没有注意到对某种模式的偏离。设想同一个人一直直视着前方，但是，当他认为没有人在看他时，他的眼睛突然转向一边。他是在监视什么人吗？

我们可以通过重复某一频率的运动使其更明显，如一个延迟的后像或一个幽灵，每一次重复都比上一次更模糊（或更不透明）。这种效果类似于回声或波纹，是使用一种名为**欧拉视频放大**的算法来实现的。

通过应用这项技术，我们将构建一个桌面应用程序，该应用程序允许我们同时查看当前和选中的过去片段。对本书的作者而言，同时体验多种图像的想法是很自然的，因为作者前 26 年患有**斜视**（通常称作**弱视**），这就导致了复视。一名外科医生矫正了作者的视力，给了他深度知觉，为了纪念斜视，本书作者把这个应用程序命名为“Lazy Eyes”。

本章将包括以下主题：

- 了解欧拉视频放大可以做些什么。
- 利用快速傅里叶变换从视频中提取重复信号。
- 使用图像金字塔合成两张图像。
- 实现 Lazy Eyes 应用程序。
- 配置并测试各种运动的应用程序。

7.1　技术需求

本章项目有下列软件依赖项：

- **包含下列模块的 Python 环境**：OpenCV、NumPy、SciPy、PyFFTW、wxPython。

安装说明已经在第 1 章中介绍过了。PyFFTW 的安装说明将在本章的“选择并安装 FFT 库”一节中介绍。对于任何版本的需求请参考安装说明。在附录 C 中介绍运行 Python 代码的基本指令。

在本书的 GitHub 库（https://github.com/PacktPublishing/OpenCV-4-for-Secret-Agents-Second-Edition）的 Chapter007 文件夹中可以找到本章的完整项目。

7.2 设计 Lazy Eyes 应用程序

在我们所有的应用程序中，Lazy Eyes 拥有最简单的用户界面。它只显示强调运动的实时特效视频画面。效果参数相当复杂，而且在运行时修改这些效果参数会对性能产生很大影响。因此，我们不提供用户界面来重新配置这些效果，但是我们在代码中提供了许多参数，以允许程序员创建效果和应用程序的一些变体。在视频面板下方，应用程序显示当前的帧率，以**每秒帧数（Frames Per Second，FPS）**计算。图 7-1 展示了应用程序的一个配置。这个画面显示的是作者在吃蛋糕。因为作者的手和脸都在运动，所以我们看到的效果就像明、暗波纹在运动的边缘波动（这种效果在实时视频中比在图 7-1 中更优美）。

图 7-1 作者在吃蛋糕的应用程序配置

更多关于图 7-1 和对参数的深入讨论，请见 7.7 节。

不管如何配置应用程序，应用程序都会循环执行下面的这些操作：

1）采集一张图像。

2）复制和下采样这张图像，同时应用模糊滤波器和边缘检测滤波器（可选）。我们将使用**图像金字塔**进行下采样，这将在本章的 7.5 节中介绍。下采样的目的是通过减少后续操作中使用的图像数据量来实现更高的帧率。应用平滑滤波器和边缘检测滤波器（可选）的目的是为了创建有利于放大运动的光晕。

3）用一个时间戳，将下采样的副本存储到帧的历史记录中。历史记录有一个固定的容量。一旦历史记录装满，就会覆盖旧的帧，为新的帧腾出空间。

4）如果历史记录尚未满，就继续下一次循环的迭代。

5）根据历史记录中帧的时间戳，计算并显示平均帧率。

6）将历史记录分解成描述每个像素波动（运动）的频率列表。分解函数称为**快速傅里叶变换（Fast Fourier Transform，FFT）**。我们将在本章的 7.4 节中对其进行讨论。

7）除了选定感兴趣的范围，将所有频率设置为零。也就是说，过滤掉那些比某些阈值更快或更慢的运动数据。

8）将滤波后的频率重新组合成一系列运动映射图像。将静止区域（相对于我们选中的频率范围）变暗，而运动区域仍保持明亮。recomposition 函数称作**快速傅里叶逆变换（Inverse Fast Fourier Transform：IFFT）**，稍后我们将对其进行讨论。

9）上采样最新的运动映射（同样，使用图像金字塔），增强它，并将其叠加在原始摄像头图像上。

10）显示生成的合成图像。

就是这样一个简单的设计，需要相当细致的实现和配置。因此，按这样的思路，让我们先做一些背景研究。

7.3　欧拉视频放大

欧拉视频放大的灵感来自于流体力学中的**流场的欧拉规范**。以河流为例。欧拉规范描述了河流在一个给定位置和时间的速度。春季在山区流速较快，冬季在河口的流速较慢。与河面撞击岩石而喷射的速度相比，河底淤泥饱和点处的流速也要慢一些。欧拉规范的一个替代是**拉格朗日规范**，拉格朗日规范描述了在一个给定的时间内一个给定粒子的位置。例如，一小块淤泥可能会在数年间从山上流到河口，然后在潮汐盆地周围漂流上亿万年。

有关欧拉规范、拉格朗日规范及其关系的形式化描述，请参阅 http://en.wikipedia.org/wiki/Lagrangian_and_Eulerian_specification_ of_the_flow_field 上的维基百科的文章。

拉格朗日规范和很多计算机视觉任务类似，在这些任务中，我们对随时间运动的特定对象或特征进行建模。但是，欧拉规范和我们的当前任务类似，在该任务中，我们对发生在特定位置和特定时间窗口内的所有运动进行建模。从欧拉视角对一个运动进行建模后，我们可以通过叠加位置和时间混合的模型结果，从而在视觉上放大运动。

通过研究下列项目，让我们为欧拉视频放大的期望设置一个基线：

- 麻省理工学院的迈克尔·鲁宾斯坦的主页上（http://people.csail.mit.edu/mrub/vidmag/）：介绍了他的团队在欧拉视频放大方面的开创性工作以及演示视频。
- 布莱斯·德伦南的欧拉放大库（https://github.com/brycedrennan/eulerian-magnification）：使用 NumPy、SciPy 和 OpenCV 实现算法。这个实现对我们来说是一个很好的启发，但是这个实现却是为处理预录制的视频而设计的，并没有对实时输入进行足够的优化。

现在，让我们继续了解这些项目以及我们自己的项目构造块的功能。

7.4　利用快速傅里叶变换从视频中提取重复信号

通常将一个音频信号可视化为条形图或波形图。当声音很大时，条形或波形就会较高；当声音柔和时，条形或波形就会较低。我们识别重复声音（例如，节拍器的节拍），在可视化图像中产生重复的波峰和波谷。当音频有多个通道时（如立体声或环绕立体声），将每一个通道看作是一个独立的信号，并且可以将其可视化为一个单独的条形图或波形图。

同样地，在视频中，可以将每个像素的每个通道看成是一个独立的信号，随着时间上升和下降（变亮或变暗）。假设我们使用一个固定的摄像头采集节拍器的视频。在这种情况下，在采集到节拍器指针通过时，某些像素的值将在一定的区间内上升和下降。如果摄像头有一个附带的麦克风，它的信号值将在同一区间内上升和下降。根据音频或视频，我们可以测量出节拍器的频率——**每分钟的节拍（bpm）或每秒钟的节拍（Hz）**。相反，如果我们改变节拍器的 bpm 设置，对音频和视频的影响是可预测的。从这个实验中，我们可以了解到：一个信号——不管是音频、视频，还是任何其他类型的信号，都可以表示为时间函数，也可以等效地表示为频率函数。

图 7-2 中的这组图表示的是同一个信号，图 7-1a 是关于时间的函数，图 7-2b 是关于频率的函数。在时域内，我们看到一个宽的波峰和波谷（也就是缩减效应）跨越了许多狭窄的波峰和波谷。在频域内，我们可以看到一个低频峰值，以及一个高频峰值，如图 7-2 所示。

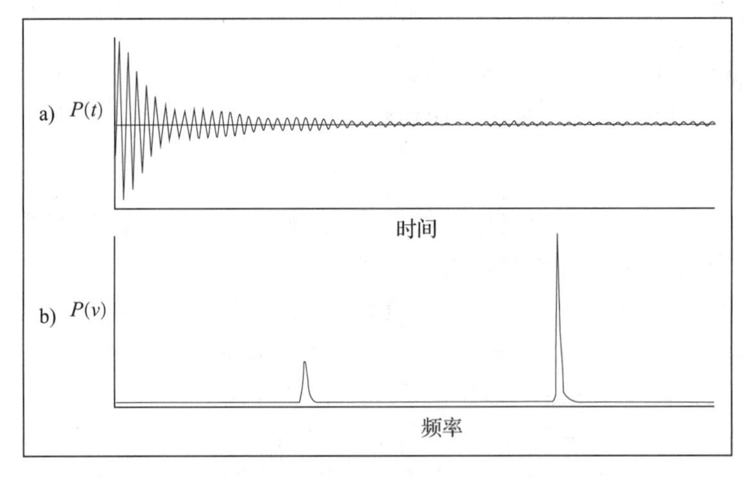

图 7-2　同一信号的时间函数和频率函数

从时域到频域的变换称为**傅里叶变换（Fourier Transform，FT）**。相反，从频域到时域的变换称为**傅里叶逆变换（inverse Fourier transform）**。在数字世界中，信号是离散的、非连续的，因此我们使用术语**离散傅里叶变换（Discrete Fourier Transform，DFT）**和**离散傅里叶逆变换（Inverse Discrete Fourier Tansform，IDFT）**。有多种有效的算法计算 DFT 和 IDFT，可以将这样的算法称为 FFT 或 IFFT。

有关算法描述的内容，请参阅维基百科的文章，网址为 http://en.wikipedia.org/wiki/Fast_Fourier_transform。

FT 的结果（包括它的离散变量）是将频率映射到振幅和相位的一个函数。**振幅**表示频率对信号的贡献大小。**相位**表示时间上的变化，它决定频率的贡献是从高还是从低开始。通常，将振幅和相位编码成一个复数，a+bi，其中 amplitude =sqrt(a^2+b^2) 且 phase=atan2(a,b)。

关于复数的解释，请参阅维基百科中的文章，网址为 http://en.wikipedia.org/wiki/Complex_number。

FFT 和 IFFT 是计算机科学中**数字信号处理**领域的基础。很多信号处理应用程序（包括 Lazy Eyes）都需要提取信号的 FFT，修改或删除 FFT 结果中的某些频率，然后在时域内使用 IFFT 重构经过滤波的信号。例如，这个方法允许我们放大某些频率，同时保持其他频率不变。

现在，我们在哪儿找到这个功能呢？

选择并安装 FFT 库

几个 Python 库提供了可以处理 NumPy 数组（以及 OpenCV 图像）的 FFT 和 IFFT 实现。如下所示：

- NumPy，在一个名为 numpy.fft 的模块中提供 FFT 和 IFFT 的实现（http://docs.scipy.org/doc/numpy/reference/routines.fft.html）。该模块还提供了用于处理 FFT 输出的其他信号处理函数。
- SciPy，在一个名为 scipy.fftpack 的模块中提供了 FFT 和 IFFT 的实现（http://docs.scipy.org/doc/scipy/reference/fftpack.html）。这个 SciPy 模块与 numpy.fft 模块密切相关，但是增加了一些可选参数以及基于输入格式的动态优化。SciPy 模块还增加了用于处理 FFT 输出的更多信号处理函数。
- OpenCV 本身有 FFT（cv2.dft）和 IFT（cv2.idft）的实现。下面的官方教程提供了一些示例，并与 NumPy 的 FFT 实现进行了比较：http://docs.opencv.org/master/d8/d01/tutorial_discrete_fourier_transform.html。注意，OpenCV 的 FFT 和 IFT 接口与 numpy.fft 和 scipy.fftpack 模块是不能直接互操作的，这两个模块提供了更广泛的信号处理功能（它们以不同的方式格式化数据）。
- PyFFTW（https://hgomersall.github.io/pyFFTW/），这是一个 C 语言库的 Python 包，名为**西方最快傅里叶变换（Fastest Fourier Transform in the West，FFTW）**。FFTW 提供了 FFT 和 IFFT 的多种实现。在运行时，FFTW 根据给定的输入格式、输出格式和系统性能动态地选择经过优化的实现。可以选择性地利用多线程（并且作为发布 Python 的**全局解析锁（Global Interpreter Lock，GIL）**的实现，它的线程可以在多个 CPU 核上运行）。PyFFTW 提供了与 NumPy 和 SciPy 的 FFT 和 IFFT 函数相匹配的可选接口。这些接口的开销较低（因为 PyFFTW 提供了良好的缓存选项），并且它们有助于确保 PyFFTW 与各种信号处理功能（如 numpy.fft 和 scipy.fftpack 实现）之间进行互操作。
- Reinka（http://reikna.publicfields.net/en/latest/），这是一个利用 GPU 加速计算的 Python 库，用 PyCUDA（http://mathema.tician.de/software/pycuda/）或 PyOpenCL（http://

mathema.tician.de/software/pyopencl/）作为后端。Reinka 在一个名为 reinka.fft 的模块中提供了 FFT 和 IFFT 的实现。Reinka 在内部使用 PyCUDA 或 PyOpenCL 数组（非 NumPy 数组），并提供从 NumPy 数组到这些 GPU 数组和后端的转换接口。转换后的 NumPy 输出与其他信号处理功能相兼容，这是在 numpy.fft 和 scipy.fftpackk 中的实现。但是，由于需要对 GPU 内存内容进行锁定、读取和转换，这种兼容性带来了较高的开销。

NumPy、SciPy、OpenCV 以及 PyFFTW 都是 BSD 许可下的开源库。Reinka 是 MIT 许可下的一个开源库。

我推荐 PyFFTW，因为它的优化和互操作性（较低开销成本），以及 NumPy、SciPy 和 OpenCV 中所有其他我们感兴趣的功能。要了解 PyFFTW 的特性（包括与 NumPy 和 SciPy 兼容的接口），请参阅官方教程：https://hgomersall.github.io/pyFFTW/sphinx/tutorial.html。

根据我们的平台，可以选取下面方法中的一种来安装 PyFFTW：

- 在 Mac 上，第三方 MacPorts 软件包管理器为 Python 的某些版本提供了 PyFFTW 包，目前包括 Python 3.6，但不包括 Python 3.7。若要使用 MacPorts 安装 PyFFTW，请打开一个终端并运行下列命令（但是如果 Python 版本与 py36 不同，请替换你的 Python 版本）：

```
$ sudo port install py36-pyfftw
```

- 在任何系统上，都可以使用 Python 的包管理器 pip 来安装 PyFFTW。打开命令提示符，运行下列命令（根据系统的不同，你可能需要用 pip3 替换 pip，以便为 Python3 安装 PyFFTW）：

```
$ pip install --user pyFFTW
```

pip 的 PyFFTWqn 包的一些版本存在会影响某些系统的安装漏洞。如果 pip 安装 pyFFTW 包失败，请重试，但是要运行下列命令，手动指定包的版本为 10.4：

```
$ pip install --user pyFFTW==0.10.4
```

注意一些名为 PyFFTW3 的旧版库。我们不想要 PyFFTW3。在 Ubuntu 18.04 及其衍生上，系统标准 apt 库中的 python-fftw 包是一个旧的 PyFFTW3 版本。

我们的 FFT 和 IFFT 需要用西方最快傅里叶变换进行覆盖。对于附加的信号处理功能，我们将使用 SciPy，可以用我们在 1.2 节中介绍的方法进行安装。

对于 Lazy Eyes 项目来说，信号处理并不是我们必须学习的唯一新内容，下面我们来看一看 OpenCV 提供的其他功能。

7.5　用图像金字塔合成两幅图像

在全分辨率的视频画面上运行 FFT 会很慢。生成的频率也可能会影响每个采集到的像素的局部化现象，因此，运动映射（对频率滤波之后应用 IFFT 的结果）可能会出现噪声和过度锐化。我们需要一种廉价的模糊下采样技术来解决这些问题。可是，我们还想选择增强边缘，这对我们的运动感知是很重要的。

我们对模糊下采样技术的需求是通过**高斯图像金字塔**来实现的。**高斯滤波器**通过使每个输出像素为邻域内多个输入像素的一个加权平均值来平滑图像。图像金字塔是一个序列，在这个序列中每幅图像都是前一幅图像宽和高的一个分数。通常，这个分数是二分之一。图像降低一半的维度是由**抽取**来实现的，这表示每隔一个像素就省去一个像素。在每次抽取操作之前，都通过应用高斯滤波器来构造高斯图像金字塔。

拉普拉斯图像金字塔可以实现我们增强下采样图像边缘的需求，其构造方法如下。假设我们已经构造了一个高斯图像金字塔。我们取高斯金字塔的 i+1 层图像，通过复制像素进行上采样，然后再对其应用高斯滤波。然后，我们从高斯金字塔第 i 层的图像中减去这个结果，得到拉普拉斯金字塔第 i 层的对应图像。因此，拉普拉斯图像不同于模糊下采样图像，也不同于那些经过下采样，再次下采样，以及上采样的更模糊图像。

你可能想知道这样的算法怎么会是一种边缘检测的形式。考虑到边缘是一个局部反差大的区域，而非边缘则是一个局部一致性的区域。如果我们模糊一个均匀区域，则该区域仍是均匀的——存在一个零差值。如果我们模糊一个反差大的区域，该区域会变得更加均匀——存在一个非零差值。因此，这个差值就可以用来寻找边缘。

以下文章中对高斯图像金字塔和拉普拉斯图像金字塔进行了详细的描述：E.H.Adelson, C.H.Anderson, J.R.Bergen, P.J.Burt, J.M.Ogden. *Pyramid methods in image processing*. RCA Engineer, Vol.29, No.6, November/Dececember 1984。该文章可以从 http://persci.mit.edu/pub_pdfs/RCA84.pdf 下载。

除了使用图像金字塔对 FFT 的输入进行下采样外，我们还可以用图像金字塔对 IFFT 输出的最新帧进行上采样。这个上采样步骤对于创建一个与原始摄像头图像大小相匹配的覆盖层是必需的，这样我们就可以合成这两幅图像。如同构造拉普拉斯金字塔一样，上采样由复制像素和应用高斯滤波器组成。

OpenCV 在 cv2.pyrDown 和 cv2.pyrUp 中实现了相关的下采样和上采样函数。通常，这些函数对合成两幅图像很有帮助（无论是否涉及信号处理），因为这些函数允许我们在保留边缘的同时减弱差异。OpenCV 文档在 https://docs.opencv.org/master/dc/dff/tutorial_py_pyramids.html 中包含了关于该对象的一个很好的教程。

现在我们已经掌握了必要的知识，是时候实现“Lazy Eyes”应用程序了。

7.6 实现 Lazy Eyes 应用程序

让我们为 Lazy Eyes 创建一个新文件夹，在这个文件夹中创建副本或链接到我们之前的任意 Python 项目的 ResizeUtils.py 文件和 WxUtils.py 文件，如第 5 章中的“The Living Head-lights”。连同副本或链接一起，创建一个新文件 LazyEyes.py。编辑并输入下面的 import 语句：

```
import collections
import threading
import timeit

import numpy
import cv2
import wx

import pyfftw.interfaces.cache
from pyfftw.interfaces.scipy_fftpack import fft
from pyfftw.interfaces.scipy_fftpack import ifft
from scipy.fftpack import fftfreq

import ResizeUtils
import WxUtils
```

除了我们在之前项目中用过的模块，现在我们正在使用用于高效集合的标准库的 collections 模块，以及用于精确计时的 timeit 模块。我们还首次使用了 PyFFTW 和 SciPy 的信号处理功能。

与其他 Python 应用程序一样，Lazy Eyes 是作为扩展 wx.Frame 的一个类来实现的。下面的代码块包含了类及其初始化程序的声明：

```
class LazyEyes(wx.Frame):

    def __init__(self, maxHistoryLength=360,
                 minHz=5.0/6.0, maxHz=1.0,
                 amplification=32.0, numPyramidLevels=2,
                 useLaplacianPyramid=True,
                 useGrayOverlay=True,
                 numFFTThreads=4, numIFFTThreads=4,
                 cameraDeviceID=0, imageSize=(640, 480),
                 title='Lazy Eyes'):
```

初始化程序的参数会影响应用程序的帧速率以及放大运动的方式。在本章的 7.7 节中将会详细讨论这些影响。下面仅仅是对这些参数的一个简要描述：

- maxHistoryLength 是运动分析的帧数（包含当前的帧和前一帧）。
- minHz 和 maxHz 分别定义了放大的最慢和最快的运动。
- amplification 为可视化效果的尺度。值越高表示运动越突出。
- numPyramidLevels 是信号处理完成前对画面进行下采样的金字塔层数。每一层对应于因子为 2 的下采样。我们的实现假设 numPyramidLevels>0。
- 如果 useLaplacianPyramid 为 True，在信号处理完成前使用拉普拉斯金字塔对画面进行下采样。这意味着只突出显示边缘运动。或者，如果 useLaplacianPyramid 为 False，使用高斯金字塔，突出显示所有区域的运动。

- 如果 useGrayOverlay 为 True，在信号处理完成前，将画面转换成灰度。这意味着只突出显示灰度对比区域的运动。或者，如果 useGrayOverlay 为 False，突出显示所有颜色通道中具有对比度区域的运动。
- numFFTThreads 和 numIFFTThreads，分别用于 FFT 和 IFFT 计算的线程数。
- cameraDeviceID 和 imageSize 是我们的常规采集参数。

初始化程序的实现以与我们的其他 Python 应用程序相同的方式开始。初始化程序的实现设置标志以指示应用程序正在运行，在默认情况下应该对其进行镜像。如果可能的话，将创建采集对象，并配置分辨率以匹配请求的宽和高。否则，将使用设备的后备采集分辨率。初始化程序还声明存储图像的变量，并创建一个锁来管理对图像的线程安全访问。相关代码如下所示：

```
self.mirrored = True

self._running = True

self._capture = cv2.VideoCapture(cameraDeviceID)
size = ResizeUtils.cvResizeCapture(
        self._capture, imageSize)
w, h = size

self._image = None

self._imageFrontBuffer = None
self._imageFrontBufferLock = threading.Lock()
```

接下来，我们需要确定历史帧的形状。我们已知历史帧至少有三个维度——帧数、每一帧的宽和高。宽和高是根据金字塔的层数对采集的宽和高进行下采样。如果我们关注彩色运动，而不仅仅是灰度运动，那么历史帧还有一个由三个颜色通道组成的第四个维度。下面代码计算了历史帧的形状：

```
self._useGrayOverlay = useGrayOverlay
if useGrayOverlay:
    historyShape = (maxHistoryLength,
                    h >> numPyramidLevels,
                    w >> numPyramidLevels)
else:
    historyShape = (maxHistoryLength,
                    h >> numPyramidLevels,
                    w >> numPyramidLevels, 3)
```

注意上述代码中“>>”（向右位移操作符）的使用。“>>”用于将维度除以 2 的幂。幂等于金字塔层数。

现在我们需要保存指定的最大历史画面长度，对于历史画面，我们将创建一个刚刚确定形状的 NumPy 数组。对于画面的时间戳，我们将创建一个**双端队列**，这种集合类型允许我们廉价地从两端添加或删除元素，代码如下所示：

```
self._maxHistoryLength = maxHistoryLength
self._history = numpy.empty(historyShape,
                            numpy.float32)
self._historyTimestamps = collections.deque()
```

我们将存储其余参数，因为我们需要在每一帧后将这些参数传递给金字塔函数和信号处理函数，如下所示：

```
self._numPyramidLevels = numPyramidLevels
self._useLaplacianPyramid = useLaplacianPyramid

self._minHz = minHz
self._maxHz = maxHz
self._amplification = amplification

self._numFFTThreads = numFFTThreads
self._numIFFTThreads = numIFFTThreads
```

为了确保在参数无效时输出有意义的错误信息并提前终止程序，我们应当为每个参数添加下列代码：

```
assert numPyramidLevels > 0, \
       'numPyramidLevels must be positive.'
```

为了简洁起见，在我们的代码示例中省略了这些断言。

现在我们需要调用下面两个函数来通知 PyFFTW，从最后一次使用开始，至少在 1.0 秒内（默认是 0.1 秒）缓存其数据结构（特别是其 NumPy 数组）。对于我们正在使用的 PyFFTW 接口来说，缓存是一个关键的优化，因此，我们将选择一个足够长的周期，使缓存在帧与帧之间保持活动，如下所示：

```
pyfftw.interfaces.cache.enable()
pyfftw.interfaces.cache.set_keepalive_time(1.0)
```

代码如下所示，初始化程序的实现以设置窗口、事件绑定、视频面板、布局和后台线程代码结束，这些都是我们之前的 Python 项目中所熟悉的任务：

```
style = wx.CLOSE_BOX | wx.MINIMIZE_BOX | \
        wx.CAPTION | wx.SYSTEM_MENU | \
        wx.CLIP_CHILDREN
wx.Frame.__init__(self, None, title=title,
                  style=style, size=size)

self.Bind(wx.EVT_CLOSE, self._onCloseWindow)

quitCommandID = wx.NewId()
self.Bind(wx.EVT_MENU, self._onQuitCommand,
          id=quitCommandID)
acceleratorTable = wx.AcceleratorTable([
    (wx.ACCEL_NORMAL, wx.WXK_ESCAPE,
     quitCommandID)
```

```
    ])
    self.SetAcceleratorTable(acceleratorTable)

    self._videoPanel = wx.Panel(self, size=size)
    self._videoPanel.Bind(
            wx.EVT_ERASE_BACKGROUND,
            self._onVideoPanelEraseBackground)
    self._videoPanel.Bind(
            wx.EVT_PAINT, self._onVideoPanelPaint)

    self._videoBitmap = None

    self._fpsStaticText = wx.StaticText(self)

    border = 12

    controlsSizer = wx.BoxSizer(wx.HORIZONTAL)
    controlsSizer.Add(self._fpsStaticText, 0,
                      wx.ALIGN_CENTER_VERTICAL)

    rootSizer = wx.BoxSizer(wx.VERTICAL)
    rootSizer.Add(self._videoPanel)
    rootSizer.Add(controlsSizer, 0,
                  wx.EXPAND | wx.ALL, border)
    self.SetSizerAndFit(rootSizer)

    self._captureThread = threading.Thread(
            target=self._runCaptureLoop)
    self._captureThread.start()
```

现在，我们必须修改常规的 _onCloseWindow 回调，禁用 PyFFTW 的缓存。禁用缓存可以确保释放了资源并确保 PyFFTW 的线程正常终止。回调的实现代码如下所示：

```
def _onCloseWindow(self, event):
    self._running = False
    self._captureThread.join()
    pyfftw.interfaces.cache.disable()
    self.Destroy()
```

escape 键与我们的常规 _onQuitCommand 回调绑定在一起，只用来关闭应用程序，如下所示：

```
def _onQuitCommand(self, event):
    self.Close()
```

视频面板的擦除（erase）和绘制（paint）事件与我们的常规回调 _onVideoPanelErase-Background 和 _onVideoPanelPaint 绑定在一起，代码如下所示：

```
def _onVideoPanelEraseBackground(self, event):
    pass

def _onVideoPanelPaint(self, event):
    self._imageFrontBufferLock.acquire()

    if self._imageFrontBuffer is None:
        self._imageFrontBufferLock.release()
        return
```

```
        # Convert the image to bitmap format.
        self._videoBitmap = \
            WxUtils.wxBitmapFromCvImage(self._imageFrontBuffer)

        self._imageFrontBufferLock.release()

        # Show the bitmap.
        dc = wx.BufferedPaintDC(self._videoPanel)
        dc.DrawBitmap(self._videoBitmap, 0, 0)
```

在后台线程中运行的循环与在其他Python应用程序中使用的循环类似。对于每一帧，它都调用一个助手函数_applyEulerianVideoMagnification。循环的实现如下：

```
    def _runCaptureLoop(self):

        while self._running:

    success, self._image = self._capture.read(
            self._image)
    if self._image is not None:
        self._applyEulerianVideoMagnification()
        if (self.mirrored):
            self._image[:] = numpy.fliplr(self._image)

        # Perform a thread-safe swap of the front and
        # back image buffers.
        self._imageFrontBufferLock.acquire()
        self._imageFrontBuffer, self._image = \
                self._image, self._imageFrontBuffer
        self._imageFrontBufferLock.release()

        # Send a refresh event to the video panel so
        # that it will draw the image from the front
        # buffer.
        self._videoPanel.Refresh()
```

_applyEulerianVideoMagnification助手函数很长，因此我们考虑将它分成几个块来实现。首先，我们需要为帧创建一个时间戳，并且将帧复制到更适合处理的格式，使其更易于处理。具体来说，我们将根据配置，使用一个灰度通道或三个彩色通道的浮点数，代码如下所示：

```
    def _applyEulerianVideoMagnification(self):

        timestamp = timeit.default_timer()

        if self._useGrayOverlay:
            smallImage = cv2.cvtColor(
                    self._image, cv2.COLOR_BGR2GRAY).astype(
                            numpy.float32)
        else:
            smallImage = self._image.astype(numpy.float32)
```

使用此副本，我们将计算高斯图像金字塔或拉普拉斯图像金字塔中的相应层，如下所示：

```
# Downsample the image using a pyramid technique.
i = 0
while i < self._numPyramidLevels:
    smallImage = cv2.pyrDown(smallImage)
    i += 1
if self._useLaplacianPyramid:
    smallImage[:] -= \
        cv2.pyrUp(cv2.pyrDown(smallImage))
```

对于历史帧和信号处理函数，我们将该金字塔层称为**图像**或**帧**。

接下来，我们需要检查到目前为止已填充的历史帧的数量。如果历史帧中有多个未填充的帧（表示在添加帧以后，历史帧仍未填满），在提前返回之前，我们将追加时间戳和新图像，以便在下一帧之前，不进行信号处理。代码如下所示：

```
historyLength = len(self._historyTimestamps)

if historyLength < self._maxHistoryLength - 1:

    # Append the new image and timestamp to the
    # history.
    self._history[historyLength] = smallImage
    self._historyTimestamps.append(timestamp)

    # The history is still not full, so wait.
    return
```

如果历史帧只差一帧就满了（这意味着在添加这一帧后，历史帧就满了），我们将添加新的图像和时间戳，如下所示：

```
if historyLength == self._maxHistoryLength - 1:
    # Append the new image and timestamp to the
    # history.
    self._history[historyLength] = smallImage
    self._historyTimestamps.append(timestamp)
```

如果历史帧已经满了，我们将丢弃最先进入的图像和时间戳，并添加新的图像和时间戳，如下所示：

```
else:
    # Drop the oldest image and timestamp from the
    # history and append the new ones.
    self._history[:-1] = self._history[1:]
    self._historyTimestamps.popleft()
    self._history[-1] = smallImage
    self._historyTimestamps.append(timestamp)

# The history is full, so process it.
```

图像数据的历史帧是一个 NumPy 数组，因此，我们正在使用的术语“**追加**”和“**丢弃**”是不严谨的。NumPy 的数组是不可变的，这就是说它们不能增长和缩短。另外，我们不会重新创建这个数组，因为它太大了，重新分配每一帧代价会很高。相反，我们只是向左移动旧数据并将新数据复制到数组中来覆盖数组中的数据。

根据时间戳，我们将计算历史帧中每一帧的平均时间，并显示帧率，如下面代码所示：

```
# Find the average length of time per frame.
startTime = self._historyTimestamps[0]
endTime = self._historyTimestamps[-1]
timeElapsed = endTime - startTime
timePerFrame = \
        timeElapsed / self._maxHistoryLength
fps = 1.0 / timePerFrame
wx.CallAfter(self._fpsStaticText.SetLabel,
             'FPS: %.1f' % fps)
```

然后，我们将进行信号处理函数的组合，该函数统称为**时域带通滤波器**。该滤波器阻断（零输出）某些频率并允许其他频率通过且保持不变。我们实现该滤波器的第一步是以历史帧和线程数为参数来运行 pyfftw.interfaces.scipy_fftpack.fft 函数。同样，以 axis=0 为参数，我们将指定历史帧的第一个轴为时间轴，如下所示：

```
# Apply the temporal bandpass filter.
fftResult = fft(self._history, axis=0,
                threads=self._numFFTThreads)
```

我们将 FFT 结果和每帧时间传送给 scipy.fftpack.fftfreq 函数。 然后，该函数将会返回与 FFT 结果中的索引相对应的一个中点频率数组（在我们的例子中是 Hz）。该数组回答了问题“在 FFT 中，哪个频率是由索引 i 表示的频率箱的中点？”我们将找到这样一个区间，它的中点频率最接近初始化程序的 minHz 和 maxHz 参数（绝对值差的一个最小值）。然后，我们通过将所有表现为不感兴趣的频率区间上的数据置为零，来修改 FFT 结果，如下所示：

```
frequencies = fftfreq(
        self._maxHistoryLength, d=timePerFrame)
lowBound = (numpy.abs(
        frequencies - self._minHz)).argmin()

highBound = (numpy.abs(
        frequencies - self._maxHz)).argmin()
fftResult[:lowBound] = 0j
fftResult[highBound:-highBound] = 0j
fftResult[-lowBound:] = 0j
```

FFT 结果是对称的——fftResult[i] 和 fftResult[-i-1] 属于相同的频率箱。因此，我们对称地修改 FFT 结果。

记住，傅里叶变换将一个频率映射到一个复数上，该复数编码了振幅和相位。因此，虽然 FFT 结果的区间与频率对应，但是这些区间所包含的值是复数。零作为一个复数在 Python 中可以写成 0+0j 或 0j。

过滤掉那些我们不感兴趣的频率后，现在，我们通过将数据传递给 pyfftw.interfaces.scipy_fftpack.ifft 函数，来完成对时域带通滤波器的应用，如下所示：

```
ifftResult = ifft(fftResult, axis=0,
                  threads=self._numIFFTThreads)
```

从 IFFT 结果中，我们将获取最近的帧。它应该有点像当前的摄像头帧，但在没有显示与我们的参数相匹配的最近运动区域时应该是黑色的。我们将乘以这个过滤后的帧，使非黑色区域变亮。然后，我们对其进行上采样（采用金字塔技术）并将结果添加到当前摄像头帧中，这样运动区域就会亮起来。完成 _applyEulerianVideoMagnification 方法的相关代码如下所示：

```
# Amplify the result and overlay it on the
# original image.
overlay = numpy.real(ifftResult[-1]) * \
                  self._amplification
i = 0
while i < self._numPyramidLevels:
    overlay = cv2.pyrUp(overlay)
    i += 1
if self._useGrayOverlay:
    overlay = cv2.cvtColor(overlay,
                           cv2.COLOR_GRAY2BGR)
cv2.add(self._image, overlay, self._image,
        dtype=cv2.CV_8U)
```

这就完成了 LazyEyes 类的实现。我们模块的 main 函数仅实例化和运行应用程序，代码如下所示：

```
def main():
    app = wx.App()
    lazyEyes = LazyEyes()
    lazyEyes.Show()
    app.MainLoop()

if __name__ == '__main__':
    main()
```

这就是所有内容！现在是时候来运行这个应用程序并在它构建历史帧时保持静止了。在历史帧满之前，视频画面不会显出任何特效。在历史帧默认长度为 360 帧时，在一台机器上填满历史帧大约需要 50 秒。一旦历史帧满了，你就应该在最近的运动区域里开始看到在视频画面上移动的波纹，如果这时摄像头移动，或光线、曝光发生变化，甚至波纹会无处不在。然后，涟漪就会逐渐平息下来，消失在场景的静止区域，在新的运动区域会出现新的涟漪。你可以自己做一下实验。现在，让我们讨论一些配置和测试 LazyEyes 类参数的方法吧。

7.7 为各种运动配置和测试应用程序

当前，我们的 main 函数初始化具有默认参数的 LazyEyes 对象。如果我们要填写相同的显式参数值，我们将有下列的声明：

```
lazyEyes = LazyEyes(maxHistoryLength=360,
                    minHz=5.0/6.0, maxHz=1.0,
```

```
        amplification=32.0,
        numPyramidLevels=2,
        useLaplacianPyramid=True,
        useGrayOverlay=True,
        numFFTThreads=4,
        numIFFTThreads=4,
        imageSize=(640, 480))
```

该方法要求采集分辨率为640x480，信号处理分辨率为160x120（相当于我们下采样两层金字塔，或因子为4）。我们只在0.833Hz到1.0Hz的频率、边缘（正如我们使用的拉普拉斯金字塔）、灰度，以及360个历史帧（大约20到40秒，取决于帧率）上放大运动。运动被放大了32倍。这些设置适用于一些微小的上半身动作，比如一个人的头左右摇摆，肩膀随着呼吸起伏，鼻孔张开，眉毛上下运动，以及眼睛来回扫视。为了提高性能，FFT和IFFT都使用4个线程。

当以默认参数运行时，应用程序的外观如图7-3所示。在截屏之前，作者笑了笑，然后恢复了正常的表情。注意，可以在多个位置看到作者的眉毛和胡子，包括现在的低位以及之前的高位。为了在一张静止图像中采集运动放大效果，放大了这个姿态。但是，在一个运动的视频中，我们还可以看到更细微的动作的放大：

图7-4展示了一个例子，作者抬起、再垂下眉毛后，眉毛显得更高了。

图7-3 以默认参数运行时，应用程序的外观

图7-4 抬起、再垂下眉毛后，眉毛显得更高了

这些参数以复杂的方式相互作用。考虑下面这些关系：

- 帧速率受FFT和IFFT函数输入数据大小的影响较大。maxHistoryLength（长度越短输入越小、帧速率越快）、numPyramidLevels（层越多输入越小）、useGrayOverlay（True表示输入较小）以及imageSize（尺寸越小输入越小）决定了输入数据的大小。
- 帧速率也受FFT和IFFT函数多线程级别的很大影响，这是由numFFTThreads和numIFFTThreads决定的（线程数量越多速度越快）。

- 帧速率受 useLaplacianPyramid（False 表示帧速率更快）的影响较小，因为除了高斯步骤之外，拉普拉斯算法需要额外的步骤。
- 帧速率决定了 maxHistoryLength 表示的时间量。
- 帧速率和 maxHistoryLength 决定了在 minHz 到 maxHz 区间内可以捕捉的运动重复次数（如果有运动发生的话）。捕捉到的重复次数以及放大倍数（amplification），决定了将一个运动或偏离运动的距离放大到多大。
- minHz 和 maxHz（取决于哪个噪声的频率是摄像头的特征）、numPyramidLevels（层数越多表示图像噪声较少）、useLaplacianPyramid（True 是较少噪声）、useGrayOverlay（True 是较少噪声），以及 imageSize（尺寸越小图像噪声越小）会影响噪声的包含或排除。
- numPyramidLevels（较少表示放大更能容纳更小的运动）、useLaplacianPyramid（False 包括更多非边缘区域的运动）、useGrayOverlay（False 在颜色对比区域加入更多的运动）、minHz（值越低则加入的慢运动越多）、maxHz（值越高则加入的快运动越多）以及 imageSize（尺寸越大则加入的小运动越多）会影响运动的包含或排除。
- 主观上来说，当帧速率较高时，排除噪声，加入小运动时，视觉效果往往更令人印象深刻。同样，主观上来说，加入和排除运动的其他条件（边缘与非边缘、灰度对比度与彩色对比度，或快速与慢速）取决于应用程序。

现在，让我们尝试重新配置 Lazy Eyes，首先配置 numFFTThreads 和 numIFFTThreads 参数。我们希望确定在一台给定机器上最大限度地提高 lazy Eyes 帧速率的线程数。CPU 内核越多，可以有效使用的线程就越多。然而，实验是确定数量的最佳指南。

运行 LazyEyes.py。一旦填满历史帧，就会在窗口的左下角显示历史帧的平均帧速率（FPS）。等待这个平均帧速率（FPS）值稳定下来。调整 FFT 和 IFFT 函数的效果平均需要一分钟的时间。注意 FPS 值，关闭应用程序，调整线程计数参数，然后再次测试。重复这些步骤，直到你认为已经有充足的数据来选择适当数量的线程在相关硬件上使用。

激活额外的 CPU 内核，多线程会导致系统温度升高。在实验中，监控机器的温度、风扇和 CPU 使用情况的统计数据。如果你担心机器温度过高，可以减少 FFT 和 IFFT 线程的数量。次优的帧速率总比机器温度过热要好。

现在，对其他参数进行实验，看看这些参数会对 FPS 有什么影响；参数 numPyramid-Levels、useGrayOverlay 和 imageSize 对 FPS 都会有较大的影响。在大约 12 FPS 阈值处，起初一系列帧开始看起来像连续运动，而不是幻灯片。帧速率越高，运动就会显得越平滑。传统意义上，在大多数场景中，手绘动画电影以每秒 12 幅画面的速度运行，而快速动作则是以每秒 24 幅画面的速度进行。

除了软件参数以外，外部因素对帧速率的影响也较大。例如，摄像头参数、镜头参数和场景亮度。

让我们来试试其他方案，虽然我们的默认方案强调在高灰度对比边缘处的运动，但是下一个方案强调在所有彩色或灰度对比度高的区域（边缘或非边缘）中的运动。我们考虑三个颜色通道而不是一个灰度通道，将 FFT 和 IFFT 处理的数据量增加了 3 倍。为了补偿这一变化，我们需要将采集分辨率的每个维度降低至默认值的一半，从而将数据量减少到默认量的 1/2 × 1/2=1/4。作为净变化，FFT 和 IFFT 处理了默认数据量的 3 × 1/4=3/4，略有减少。下面的初始化语句显示了我们新方案的参数。

```
lazyEyes = LazyEyes(useLaplacianPyramid=False,
                    useGrayOverlay=False,
                    imageSize=(320, 240))
```

注意，对大多数参数我们仍然使用默认值。如果在你的机器上找到了适用于 numFFTThreads 和 numIFFTThreads 的非默认值，那么请输入这些非默认值。

图 7-5 显示了我们新方案的效果。首先，让我们看一个非极端例子。在拍摄这张照片时，作者正在笔记本电脑上打字。注意作者手臂周围的光环，在作者打字时，光环移动了一些，作者的左脸颊（在这张镜像图中是位于你的左侧）也发生了轻微变形和变色。在作者思考时，作者的左脸颊就有点儿抽搐了。很显然，作者的朋友和家人都知道这是一种抽搐，但在计算机视觉的帮助下作者重新发现了这个抽搐。

图 7-5 中，你应该会看到作者手臂上的光环选取衬衫上的绿色调和沙发上的红色调。同样地，作者脸颊上的光环选取作者皮肤上的紫红色调和作者头发上的棕色调。

现在，让我们考虑一个更奇特的例子。如果我们是绝地[⊖]而不是特工，我们可能会在空中挥舞一把钢尺，假装是一把光影剑。在测试“Lazy Eyes 会令尺子看起来就像是一把真的光影剑”这一理论时，作者拍下了图 7-6 的画面。图 7-6 显示了在作者挥舞光剑尺的两个地方有两组明暗线。每组线条都穿过作者的每个肩部。亮的一边（亮线）和暗的一边（暗线）在尺子移动时，显示尺子路径的两端。在彩色版图中，这些线条特别清晰。

图 7-5 新方案的显示效果

图 7-6 在空中挥舞钢尺

⊖ 美国科幻系列电影《星球大战》中的角色——译者注。

最后，我们一直在等待这一刻——放大心跳的秘诀！如果你有一个心率监测器，那么开始测量你的心率。在作者输入这些文字并聆听加拿大民谣歌手斯坦 · 罗杰斯的励志歌曲时，作者的心跳速率大约是每分钟（bpm）87 下。要将 bpm 换算成 Hz，用 60（每分钟的秒数）去除 bpm 值，作者的示例中得到（87/60）Hz=1.45 Hz。心跳最明显的影响是：当血液流经一个区域时，人的皮肤会变色，皮肤会变得更红或更紫。因此，让我们修改一下第二套方案，它能够放大非边缘区域的颜色运动。选择一个以 1.45 Hz 为中心的频率范围，我们有下列初始化项：

```
lazyEyes = LazyEyes(minHz=1.4, maxHz=1.5,
                    useLaplacianPyramid=False,
                    useGrayOverlay=False,
                    imageSize=(320, 240))
```

根据你自己的心率自定义 minHz 和 maxHz。如果非默认值最合适你的机器，那么记得定义 numFFTThreads 和 numIFFTThreads。

即使放大，在静止图像中也很难显示心跳。在运行应用程序时，心跳在实时视频中会更加清晰。但是，观察图 7-7 中的两张图。在左侧图中作者的皮肤偏黄色（或更浅），而在右侧图中作者的皮肤偏紫色（或更深）。作为对比，注意背景中的米色窗帘没有变化。

图 7-7　皮肤颜色的变化

为什么不在你的环境中观察一些其他运动呢，试着估计这些运动的频率，然后配置 Lazy Eyes 来放大这些运动。在灰度放大和彩色放大中运动看起来是什么样子？边缘（拉普拉斯）和区域（高斯）又是什么样子的呢？如果使用不同的历史帧长度、金字塔层数以及放大倍数会怎么样呢？

查阅本书的 GitHub 库（https://github.com/PacktPublishing/OpenCV-4-for-Secret-Agents-Second-Edition）获取更多方案，也欢迎给本书的原作者发电子邮件 josephhowse@nummist.com 来分享你自己的想法。

7.8 本章小结

本章介绍了计算机视觉和数字信号处理之间的关系。我们将视频画面看作是许多信号的集合——每个像素对应一个信道值——我们已经知道了重复的运动会在其中一些信号中产生波形。我们使用快速傅里叶变换及其逆变换来创建一个只能看到某些运动频率的视频流。最后，我们在原始视频上方叠加这段经过滤波处理的视频，以放大所选的运动频率。这里，我们用 100 个字概述了欧拉视频放大。

我们的实现通过在最近采集帧的一个滑动窗口上反复运行 FFT，而不是只在整个预先录制好的视频上运行一次，来实时进行欧拉视频放大。我们已经考虑了优化，例如，将我们的信号处理限制在灰度级，循环利用大的数据结构，而不是重新创建这些大数据结构，并使用多个线程。

虽然我们在本章开始时将欧拉视频放大作为一种有用的可见光技术进行了介绍，但是欧拉视频放大也可以应用到其他类型的光或辐射上。例如，一个人皮肤下的血液（静脉和瘀伤），在**紫外线（UV）**或**近红外线（NIR）**成像下比在可见光下更明显。这是因为血液在紫外线下比在可见光下的颜色更深，而皮肤在近红外光下比在可见光下更透明。因此，当想要放大一个人的脉搏时，紫外或近红外视频可能是一个更好的输入。

我们将在第 8 章中用不可见光进行实验。Q 的小工具将再次激发我们的灵感。

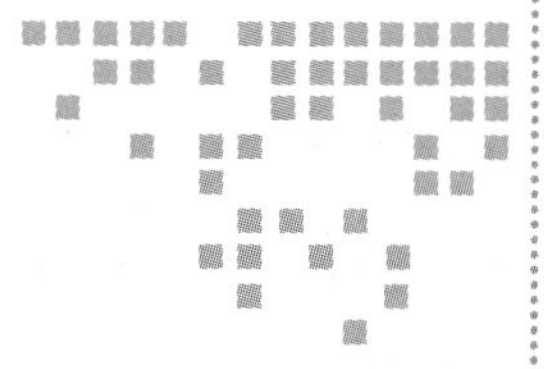

第8章 Chapter 8

停下来，像蜜蜂一样观察

“你永远感觉不到蜜蜂。”

——米尔恩，《小熊维尼》(1926)

在詹姆斯·邦德的世界里，辐射的无声威胁无处不在。当然了，偷来的核弹头是一个令人担忧的问题，但是过分晴朗的天气几乎同样糟糕，让主人公和他可爱的旅伴暴露在过量的紫外线下。在1979年的《月球探险者》(*Moonraker*)中，有一个高预算的外太空任务，那里的辐射危害包括宇宙射线、太阳耀斑，以及大家都在发射的绿松石激光。

詹姆斯·邦德并不害怕这些射线。也许他能够用一种冷静理性的观点来提醒自己：电磁辐射可以指以光速移动的各种波，包括我们都看到和喜爱的彩虹色可见光，还包括无线电波、微波、热红外辐射、近红外光、紫外线、X射线和伽马射线。

使用专业相机，除了可见光外，还可以拍摄到其他种类的辐射图像。此外，还可以以高帧率捕捉视频，揭示运动或脉冲光的模式，这些模式的速度太快，人类视觉无法感知。这些功能将很好地补充我们在第7章开发的Lazy Eyes应用程序。回忆一下， Lazy Eyes实现了欧拉视频放大算法，该算法放大了特定范围的运动频率。如果我们能够提高帧率，就能够提高该频率范围内的精度。因此，我们可以更有效地隔离高频（快速运动）。这也可以描述为在选择能力上的提高。

从编程的角度看，我们在本章的目标仅仅是开发一个支持更多类型相机的Lazy Eyes变体。我们将该变体命名为“Sunbaker”。我们将使Sunbaker与来自于FLIR系统的灰点品牌工业相机兼容。这些相机可以使用一个名为“Spinnaker SDK”的C++库来控制，该库有一个名为“PySpin”的Python包。我们将学习如何将PySpin（以及原则上用于相机控制的所有Python模块）与OpenCV无缝集成。

PySpin（大写 P 和大写 S）不要与 pyspin（所有字母全都小写）混淆。pyspin 是一个不同的 Python 库，可以在终端显示旋转图标。

更广泛地说，我们的目标是了解当今市场上的一些专业相机，处理这些相机拍摄的图像，了解这些图像与自然世界的关系。我们知道蜜蜂的平均飞行速度是每小时 24 公里（15 英里），蜜蜂能看到花朵上的紫外线图案吗？不同的相机可以让我们了解这个生物如何感知光和时间的流逝。

8.1 技术需求

本章项目有下列软件依赖项：

- **包含以下模块的 Python 环境**：OpenCV、NumPy、SciPy、PyFFTW 以及 wxPthon。
- **可选项**：Spinnaker SDK 和 PySpin。它们可用于 Windows 和 Linux，但是不能用于 Mac。

如果没有其他说明，安装说明已经在第 1 章中介绍过了。PyFFTW 的安装说明已经在第 7 章的"选择并安装 FFT 库"一节中介绍过了。有关 Spinnaker SDK 和 PySpin 的安装说明将在本章的 8.5 节中进行介绍。对任何版本的需求，请参阅安装说明。Python 代码的运行基本说明在附录 C 中介绍。

本章的完整代码可以在本书 GitHub 库（https://github.com/PacktPublishing/OpenCV-4-for-Secret-Agents-Second-Edition）的 Chapter008 文件夹中找到。

8.2 设计 Sunbaker 应用程序

与 Lazy Eyes 相比，Sunbaker 有相同的 GUI，而且在本质上实现了相同的欧拉视频放大。但是，在连接了一个灰点工业相机的情况下，Sunbaker 可以从该相机获取输入。图 8-1 显示了 Sunbaker 在配备一个名为**灰点 Grasshopper 3 GS3-U3-23S6M-C** 高速黑白相机的情况下的运行效果。

图 8-1 显示了作者的黑白朋友" Eiffel Einstein Rocket"。欧拉视频放大的效果就像一个光环沿着它的背部边缘，随着它的呼吸而移动。帧率（在图 8-1 中是 98.7 帧每秒（FPS））恰好受到图像处理的限制。在速度更快的系统中，这款相机可以捕捉到 163 帧每秒（FPS）的画面。

作为一个后备，如果 PySpin 不可用或没有连接与 PySpin 兼容的相机，Sunbaker 还可以从任何与 OpenCV 兼容的相机上获取输入。图 8-2 显示了 Sunbaker 在配备了一个与 OpenCV 兼容的紫外线网络摄像头（名为 XNiteUSB2S-MUV）的情况下的运行效果。

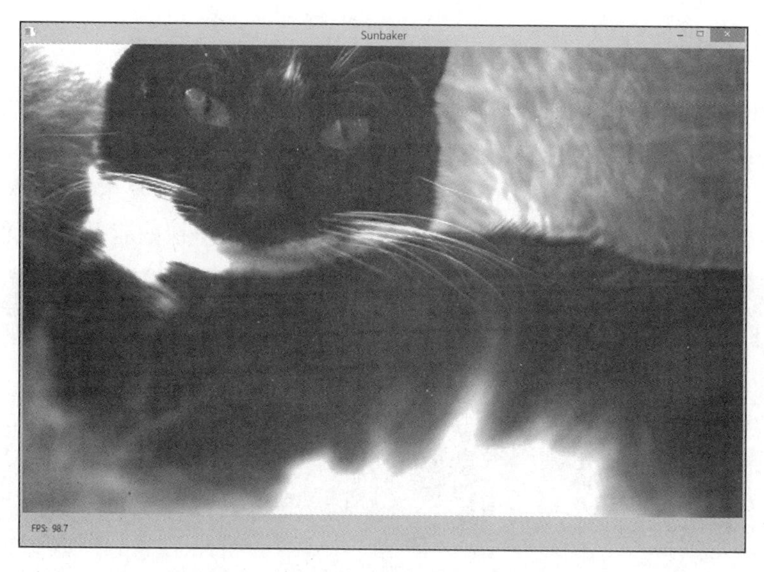

图 8-1　高速黑白相机的 Sunbaker 图像

图 8-2　与 OpenCV 兼容的紫外线网络摄像头获取的 Sunbaker

图 8-2 显示了一个小蒲公英。当然，在可见光下，蒲公英的花瓣是纯黄色的。但是，在紫外线相机下，蒲公英花瓣看起来像是一个亮圈中有一个黑圈。这种靶心图案是蜜蜂能够看到的。注意，在图 8-2 中，Sunbaker 还在构建它的历史帧，所以还没有显示出帧速率或欧拉视频放大效果。潜在地，欧拉视频放大有可能会放大花瓣在风中的运动模式。

接下来，让我们花点时间了解一下**紫外线网络摄像头**在电磁频谱背景下的功能。

8.3 了解光谱

宇宙中充斥着光或电磁辐射，天文学家可以利用所有波长来捕捉遥远物体的图像。但是，地球大气层将某些波长的光或辐射部分或全部反射回外层空间，因此，我们在地球上成像时，通常要处理的波长范围更有限。美国宇航局（NASA）提供的图 8-3 显示了各种波长的电磁辐射对于人类日常生活的重要性，以及这些电磁辐射穿透地球大气层的能力（或无能力）。

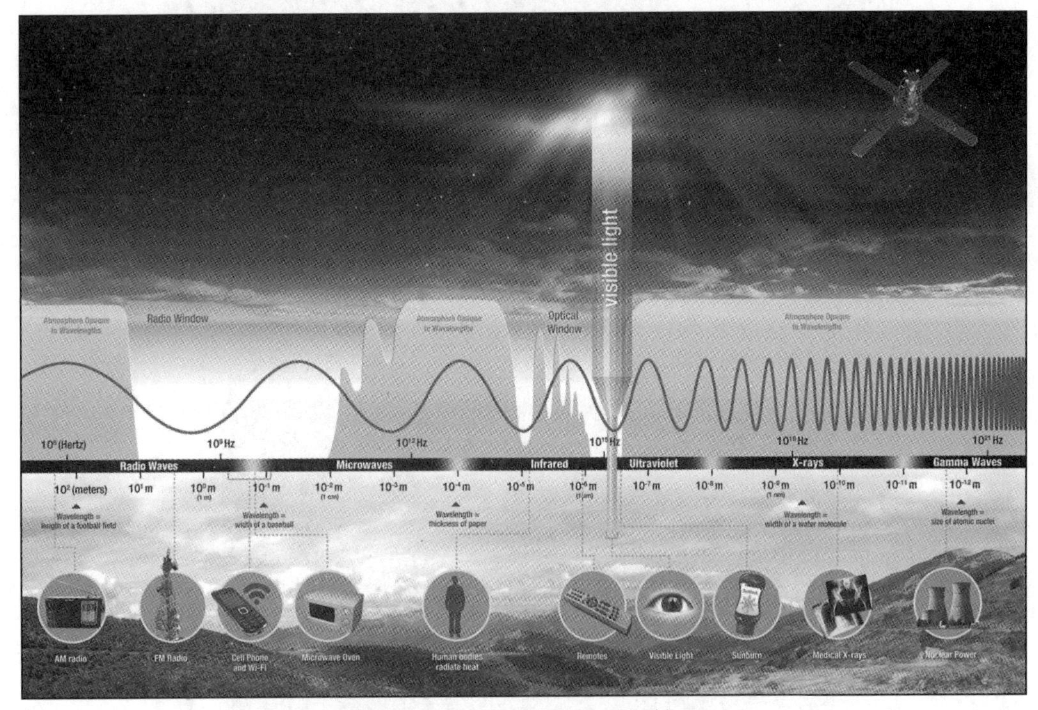

图 8-3 各种波长的电磁辐射

注意，图 8-3 的坐标轴中左边的波长较长，右边的波长较短。从最长的无线电波长到短波波段的较短端（10 米），地球的大气层都是相对不透明的。这种**不透明**或**反射率**是全球无线电广播的一个重要原则，因为这可以使某些无线电波长通过在地表和上层大气之间来回反射在地球上传播。

在光谱中，在所谓的**无线电窗口**中，大气是相对透明的，包括很高的频率或 FM 无线电（不会传播到地平线之外）、蜂窝和 Wi-Fi 范围，以及更长部分的微波范围。然后，大气相对于微波范围的较短部分和红外（Infrared，IR）范围的较长部分（大约 1 毫米）而言是不透明的。

长波红外又称为热红外（thermal infrared）或远红外（Far Infrared，FIR），短波红外又称近红外（Near Infrared，NIR）。这里，术语远（far）和近（near）分别表示离可见光更远或更近。因此，在可见光范围的另一端，长波紫外线又称近紫外线（Near Ultraviolet，NUV），短波紫外线又称远紫外线（Far Ultraviolet，FUV）。

无线电和微波波段在对陆地（地球）成像方面的潜力相对较差。在这些范围内，只有低分辨率成像才能进行，因为波长是分辨率的一个限制因素。另一方面，从红外线波段开始，获取人体大小或较小物体的可识别图像变得可行。幸运的是，在红外和可见光范围内有很好的自然光源。温血动物（恒温动物）和其他温暖的物体会发出远红外辐射，这使得热摄像头（即使在夜间，甚至是在树木或墙壁等寒冷障碍物后面）也可以看到这些物体。此外，在所谓的**光学窗口**中，大气是相对透明的，包括近红外范围、可见范围以及更小程度上的近紫外线范围。近红外光谱和近紫外线相机生成的图像看起来与可见光图像非常相似，但是在物体的颜色、不透明度和清晰度方面存在一些差异。

对大部分紫外波段，以及 X 射线和伽马射线波段来说，地球的大气层又是相对不透明的。这也是幸运的——也许不是从计算机视觉的角度，而一定是从生物学的角度。短波辐射可以穿透未受保护的皮肤、肌肉，甚至骨头，迅速造成烧伤，更缓慢地可能会致癌。然而，简而言之，人工光源、**紫外线（UV）**和 X 射线成像的受控照射在医学上非常有用。例如，紫外线成像可以记录深埋在皮肤表面下的无形瘀伤，在家庭暴力案件中经常将这种图像用作法医证据。当然，X 摄像成像可以更深入地揭示骨骼或肺部的内部。短波或硬 X 射线，以及伽马射线被广泛应用于扫描集装箱和车辆内部，例如，安检。

几十年来，X 射线成像在世界很多地方都很常见。在 20 世纪五六十年代的俄罗斯，有大量废弃的 X 光片，以至于音像制品走私者用这些废弃的 X 光片来作为黑胶唱片的廉价替代品。因为这条禁令，外国音乐无法从其他形式获得，人们听的是*骨头上的爵士乐*或*骨头上的摇滚音乐*。但是，与之形成鲜明对比的是，当今世界 X 光扫描可能没有爵士乐唱片那么麻烦，1895 年到 1896 年第一批 X 射线图像震惊了世界。X 射线科学先驱威廉的妻子安娜 · 贝莎 · 路德维希在她第一次看到手的骨骼扫描时说：“我看到了自己死亡时的样子”。她和当时的其他人从未想过，一张照片竟然能呈现出一个活人的骨骼。

现在，专业成像技术变得更加普及，这将继续改变人们看待自己和世界的方式。例如，目前，电视上的警匪片使很多市民都知道了红外相机和紫外相机广泛用于警察的监控和检测工作中，我们可能会开始质疑过去关于什么可以看到、什么看不到的假设。暂时忘掉特工，或者是警探，我们甚至可能在 DIY（do-it-yourself）秀上看到热摄像头，因为 FIR 成像可以用来定位窗户周围的冷气流或墙上的热水管道。红外相机和紫外线相机的价格越来越便宜，即使是家庭使用也是如此，我们将在 8.4 节中了解这些相机和其他专业相机的一些例子。

8.4　寻找专业相机

表 8-1 提供了可以获取高帧率、红外（IR）或紫外（UV）视频的一些相机。

名称	价格	用途	模式（分辨率）	光学设备	兼容性
XNiteUSB2S-MUV	$135	近紫外线黑白成像	黑白 1920×1080@30FPS 黑白 1280×720@60 FPS 黑白 640×480@120FPS（以及其他模式）	对角线视角——86度3.6毫米镜头 1/2.7英寸[①]传感器	Windows、Mac、Linux上的OpenCV
XNiteUSB2S-IR715	$135	近红外黑白成像	黑白 1920×1080@30FPS 黑白 1280×720@60FPS 黑白 640×480@120FPS（以及其他模式）	对角线视角——86度3.6毫米镜头 1/2.7英寸传感器	Windows、Mac、Linux上的OpenCV
Sony PlayStation Eye	$10	可见光下的高速彩色成像	彩色 640×480@60 FPS 彩色 320×240@187 FPS	对角线视角——75度或56度（两个缩放设置）	只在Linux上使用的OpenCV(V4L后置)
灰点 Grasshopper 3 GS3-U3-23S6C-C	$1045	可见光下的高速彩色成像	彩色 1920×1200@162FPS（以及其他模式）	安装在1/1.2英寸传感器上的C型透镜（不包括）	在Windows、Linux上使用的Spinnaker SDK和PySpin
灰点 Grasshopper 3 GS3-U3-23S6M-C	$1045	可见光下的高速黑白成像	黑白 1920×1200@162 FPS（以及其他模式）	安装在1/1.2英寸传感器上的C型透镜（不包括）	在Windows、Linux上使用的Spinnaker SDK和PySpin
灰点 Grasshopper 3 GS3-U3-41C6NIR-C	$1359	近红外黑白成像	黑白 2048×2048@90FPS（以及其他模式）	安装在1英寸传感器上的C型镜头（不包括）	在Windows、Linux上使用的Spinnaker SDK和PySpin

① 1 英寸约为 0.025 4 米。

当然，除了表 8-1 中的几款相机之外，市场上还有很多其他专业相机。很多工业相机（包括之前列出的灰点相机）都遵循一个名为 GenICam 的行业标准，因而与基于该标准的第三方软件库兼容。Harvesters（https://github.com/genicam/harvesters）是一个可以控制遵循 GenICam 标准相机的开源 Python 库的例子。如果你对支持更多品牌的工业相机和附属平台（Mac 以及 Windows 和 Linux）感兴趣，那么你可以研究一下 Harvesters。现在，让我们更详细地讨论一下表 8-1 中的某些相机。

8.4.1 XNiteUSB2S-MUV

XNiteUSB2S-MUV 可以从 MaxMax.com（https://maxmax.com/）上获得，这是一个真正的紫外线相机，因为它遮挡了可见光和红外光，以便单独获取紫外线。这是通过一个永久附加镜头滤镜来实现的，这种滤镜对可见光是不透明的，但是相对于 NUV 范围是透明的。镜头的玻璃本身也过滤掉了一些紫外线，结果是相机拍摄的范围从 360 纳米到 380 纳米不等。图 8-4 中相机和一朵乌黑的苏珊（北美的一种花，有黄色的花瓣和黑色的雄蕊）的照片显示了在镜头滤镜中花的不透明反射。

图 8-5 是紫外线相机拍摄的照片，显示的是同一朵花，花瓣底部是暗的，顶端是亮的，形成了一个典型的紫外线靶心图案。

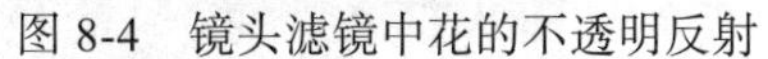

图 8-4　镜头滤镜中花的不透明反射

图 8-5　紫外线相机拍摄的照片

对一只蜜蜂来说，这两种截然不同的颜色就像快餐标志一样引人注目。花粉在这里！

XNiteUSB2S-MUV 可以在室外阳光下拍摄照片，但是如果想在室内使用它，你需要一个覆盖相机灵敏度范围（360 纳米到 380 纳米）的紫外线光源。MaxMax.com 可以提供有关紫外线光源的销售建议，也可以提供使用石英透镜定制 XNiteUSB2S-MUV 的选项，该透镜可以将灵敏度范围扩展到大约 300 纳米（成本要高得多）。在 https://maxmax.com/maincamerapage/uvcameras/usb2-small 可以查看相机产品页面，在 https://maxmax.com/contact-us 可以查看 MaxMax.com 的联系页面。

MaxMax.com 还提供了一系列与 XNiteUSB2S-MUV 具有相同电子元件和镜头的红外相机，只是这些红外相机使用了不同的滤镜，以便在获取部分近红外线波段时屏蔽可见光和紫外光。XNiteUSB2S-IR715 可以捕捉到 NIR 范围的最广泛部分，其波长约为 715 纳米（相比较而言，可见红外线从 700 纳米开始）。该产品系统包括几个类似名称的替代方案，用于其他波长截断。

8.4.2　Sony PlayStation Eye

PlayStation Eye 作为一款低成本，具有最大帧率（尽管分辨率较低）的相机占据着独一无二的位置。索尼在 2007 年发布了“ Eye”作为 PlayStation 3 游戏机的配件，游戏开发商使用这款相机来支持运动跟踪、人脸跟踪，或简单的视频聊天。之后，将“Eye”的驱动程序逆向工程到其他平台，该设备在计算机视觉实验者中得到了广泛的推广。Linux 内核（具体来说，Video4Linux 或 V4L 模块）官方支持“Eye”。因此，在 Linux（而且只在 Linux 上），OpenCV 可以像使用普通网络摄像头一样使用 Eye。

PS3EYE 驱动器（https://github.com/inspirit/PS3EYEDriver）是一种开源 C++ 库，可以控制 Windows 或 Mac 上的 PlayStation Eye。你可以编写自己的包 PS3EYEDriver，以提供一个对 OpenCV 友好的界面。PS3EYEDriver 重用了 Eye 的 Linux 驱动程序中的大量代码，而 Linux 驱动程序是 GPL 许可的，因此要注意使用 PS3EYE 驱动程序的许可证问题。除非你的项目也是 GPL 许可的，否则它可能不适合你。

图 8-6 是用 PlayStation Eye 相机在 Linux 上以最大帧率运行 Sunbaker 的结果。

图 8-6 显示了作者的猫正在休息。在它呼吸时，欧拉视频放大的效果就像一个光环沿着它的背部边缘显现出来。注意，帧速率（60.7FPS）实际上受到图像处理的限制。我们可以在一个更快的系统上接近或达到 187 FPS 的最高速度。

图 8-6 Sunbaker 的运行结果

8.4.3 灰点 Grasshopper 3 GS3-U3-23S6M-C

灰点 Grasshopper 3 GS3-U3-23S6M-C 是一个高度可配置的可更换镜头的高速 USB 3 接口的黑白相机。根据配置和所附镜头的不同，可以在多种条件下以高帧率捕捉各种对象的详细图像。如图 8-7 所示可以看到作者的头像、作者眼睛血管的特写，以及远距离拍摄的月球，所有这些都是用 GS3-U3-23S6M-C 相机和各种低成本镜头（每个 50 美元或更低价格）拍摄的。

这款相机使用的是一个名为 C-mount 的镜头支架，其传感器大小是 **1/1.2 英寸**的格式。这种镜头的安装方式和传感器大小与称为 **16 毫米**和超级 16 的镜头的安装方式和传感器大小相同，它们自 1923 年以来一直在业余电影相机中流行。因此，这款相机可以兼容各种便宜的老式电影镜头（电影摄影术）、以及较新的、更昂贵的机器视觉镜头。

甚至在通过 USB 发送帧之前，相机本身就可以有效地执行一些图像处理操作，比如裁剪图像和对相邻像素进行分割（求和），以增加亮度和降低噪声。我们将在本章的 8.6 节学习如何控制这些特性。

灰点 Grasshopper 3 GS3-U3-23S6C-C 与之前描述的相机是一样的，只是它捕捉的可见光是彩色的，而不是黑白色的。灰点 Grasshopper 3 GS3-U3-41C6NIR-C 也属于同一系列相机，但是它是黑白近红外线相机，传感器较大（1 英寸格式）、分辨率较高、帧率较低。还有很多其他有趣的灰点相机，你可以在 https://www.flir.com/browse/camera-cores-components/machine-vision-cameras 中搜索可用的模型和特征列表。

图 8-7 用 GS3-U3-23S6M-C 相机和各种低成本镜头拍摄的一组图像

接下来，让我们看看如何设置软件库来控制灰点相机。

8.5 安装 Spinnaker SDK 和 PySpin

要获取能使我们与灰点相机连接的驱动程序和库，需采取以下步骤：

1）访问 FLIR 网站 https://www.flir.com/products/spinnaker-sdk 的 Spinnaker SDK 部分，单击“DOWNLOAD NOW”按钮。将会提示你到另一个下载站点。单击“DOWNLOAD FROM BOX”按钮。

2）你将看到一个页面，该页面允许你导航文件结构以找到可用的下载。选择与你的操作系统匹配的文件夹，如 Windows 或 Linux/Ubuntu18.04。

3）在选定的文件夹或其子文件夹中，找到并下载与你的操作系统和架构相匹配的 Spinnaker SDK 版本。（对于 Windows，你可以选择 Web 安装程序或完整的 SDK。）另外，找到并下载一个与你的 Python 版本、操作系统和架构相匹配的 PySpin 版本（Python Spinnaker 绑定），例如，Spinnaker_python-1.20.0.15-cp36m-win_amd64.zip（适用于 64 位）Windows 上的 Python3.6。

4）关闭 Web 浏览器。

5）各系统的安装说明如下：

❑ 对于 Windows，Spinnaker SDK 安装程序是一个 .exe 安装程序。对其进行运行并遵循安装程序提示。如果提示你选择“Installation Profile”，选择“Application Development”。如果提示你选择“Installation Components”，选择“Documentation”“Drivers”以及其他你想选择的组件。

- 对于 Linux，Spinnaker SDK 下载是一个 TAR.GZ 存档文件。将其解压到任意一个目的地，我们称其为 <spinnaker_sdk_unzip_destination>。打开一个终端，运行 $ cd <spinnaker_sdk_unzip_destination> && ./install_spinnaker.sh。输入“Yes”，回答安装程序的所有提示。

6）Python Spinnaker 下载文件是 ZIP 归档文件（适用于 Windows）或 TAR 归档文件（适用于 Linux）。解压到任意目标位置。我们将其解压目标位置称为 <PySpin_whl_unzip_destination>，因为该位置包含一个 WHL 文件，如 spinnaker_python-1.20.0.15-cp36m-win_amd64.whl。我们将 WHL 文件称为 <PySpin_whl_file>。WHL 文件是一个可以使用 Python 包的管理器 pip 安装的包。打开一个终端并运行下列命令（但是要替换实际的文件夹名称和文件名称）：

```
$ cd <PySpin_whl_unzip_destination>
$ pip install --user <PySpin_whl_file>
```

对于一些 python 3 环境，你可能需要运行 pip3，而不是前面命令中的 pip。

此刻，我们有了我们所需的从 Python 脚本来控制灰点相机的所有软件。让我们着手编写一个支持 PySpin 和 OpenCV 互操作的 Python 类吧。

8.6 用 PySpin 从工业相机中获取图像

让我们创建一个名为 PySpinCapture.py 的文件。毫不奇怪，我们将从下面的 import 语句开始其实现：

```
import PySpin
import cv2
```

作为 PySpin 的实际介绍，让我们添加下列函数，该函数返回当前连接到系统的与 PySpin 兼容的相机数量：

```
def getNumCameras():
    system = PySpin.System.GetInstance()
    numCameras = len(system.GetCameras())
    system.ReleaseInstance()
    return numCameras
```

这里，独立函数 getNumCameras（就像所有使用 PySpin 的自包含代码模块一样）负责获取和发布对 PySpin 系统的引用。我们还看到 PySpin 系统是一个网关，提供对所有连接到与 PySpin 兼容的相机的访问。

在这个文件中，我们的主要目标是实现一个类 PySpinCapture，该类将提供一些与 OpenCV 的 Python 绑定中的 cv2.VideoCapture 类相同的 public 类型方法。PySpinCapture 的一个实例将以自包含的方式提供对一个与 PySpin 兼容的相机的访问。但是，可以多次实例化这个类，以便通过不同的实例来同时访问不同的相机。PySpinCapture 将实现下列方法来部分模拟 cv2.VideoCapture 的行为：

- get（propId）：该方法返回由 propId 参数识别的相机属性值。我们将支持 OpenCV 的两个 propId 常量，即 cv2.CAP_PROP_FRAME_WIDTH 和 cv2.CAP_PROP_FRAME_HEIGHT。
- read（image=None）：该方法读取一个相机帧并返回一个元组（retval, image_out），retval 是一个布尔值，表示成功（True）或失败（False），image_out 是捕获的帧（如果捕获失败，则为 None）。如果 image 参数不是 None 并捕获成功，那么 image_out 与 image 是相同的对象，但是包含新数据。
- release()：该方法释放相机的资源。cv2.VideoCapture 的实现方式使得析构函数调用 release，PySpinCapture 也将以这种方式实现。

其他 Python 脚本将能够调用一个对象上的这些方法，而不需要知道对象是否是 cv2.ViedoCapture、PySpinCapture 或其他具有相同方法的类的实例。即使这些类在面向对象继承方面没有任何关系，情况也是如此。将 Python 的这一特征称为 **duck 类型**。如果它看起来像鸭子，游泳像鸭子，叫声像鸭子，那么它很可能（或俗话说的那样）就是一只鸭子。如果它提供了返回一帧的 read 方法，那么它可能是一帧捕获的对象。在本章后面的 8.7 节中，如果 PySpin 可用，我们将实例化 PySpinCapture，否则实例化 cv2.VideoCapture。然后，我们将使用实例化的对象，而不再关心它的类型。

灰点相机比大多数由 cv2.VideoCapture 支持的相机更容易配置。PySpinCapture 的 _init_ 方法将接受下列参数：

- index：这是相机的设备索引。
- roi：这是相对于相机原始图像大小的（x，y，w，h）格式的感兴趣区域。将不会捕获感兴趣区域外部的数据。例如，如果原始图像大小是 800 × 600 像素，roi 是（0，300，800，300），则捕获的图像将只覆盖图像传感器的下半部分。
- binningRadius：如果捕获的一张未经滤波的图像，值为 1，如果要对指定半径内的邻域像素求和，生成更小、更亮、噪声更小的图像，值大于等于 2。
- isMonochrome：如果捕获的图像是灰度的，则值是 True，如果是 BGR 图像，则是 False。

下列代码显示我们如何声明 PySpinCapture 类及其 _init_ 方法：

```
class PySpinCapture:


    def __init__(self, index, roi, binningRadius=1,
                 isMonochrome=False):
```

PySpin 和底层 Spinnaker SDK 是围绕系统的层次模型、系统中的相机以及相机的各自配置来组织的。将每个相机的配置组织成一个所谓的**节点映射**，定义了属性、支持的值以及当前值。为了开始实现我们的 _init_ 方法，我们根据索引得到系统的一个实例、一个相机列表以及一个特定的相机。我们初始化这个相机并获取它的节点映射。所有内容都可以在下列代码中看到：

```
self._system = PySpin.System.GetInstance()

self._cameraList = self._system.GetCameras()

self._camera = self._cameraList.GetByIndex(index)
self._camera.Init()

self._nodemap = self._camera.GetNodeMap()
```

我们感兴趣的是捕捉连续的视频帧，而不是孤立的静止图像。为了支持视频采集，PySpin 允许我们将相机的 “AcquisitionMode” 属性设置为 “Continuous” 值，以实现持续采集。

```
# Enable continuous acquisition mode.
nodeAcquisitionMode = PySpin.CEnumerationPtr(
        self._nodemap.GetNode('AcquisitionMode'))
nodeAcquisitionModeContinuous = \
        nodeAcquisitionMode.GetEntryByName(
                'Continuous')
acquisitionModeContinuous = \
        nodeAcquisitionModeContinuous.GetValue()
nodeAcquisitionMode.SetIntValue(
        acquisitionModeContinuous)
```

有关节点、节点名称及其相关文档的更多内容，请参阅 FLIR 网站上的 Spinnaker 节点技术笔记，网址为 https://www.flir.com/support-center/iis/machine-vision/application-note/spinnaker-nodes。

接下来，我们将一个名为“PixelFformat”的属性设置为“Mono8”或“BGR8”，这取决于我们方法的 isMonochrome 参数是否为 True。下面是相关代码：

```
# Set the pixel format.
nodePixelFormat = PySpin.CEnumerationPtr(
    self._nodemap.GetNode('PixelFormat'))
if isMonochrome:
    # Enable Mono8 mode.
    nodePixelFormatMono8 = PySpin.CEnumEntryPtr(
            nodePixelFormat.GetEntryByName('Mono8'))
```

```
        pixelFormatMono8 = \
                nodePixelFormatMono8.GetValue()
        nodePixelFormat.SetIntValue(pixelFormatMono8)
    else:
        # Enable BGR8 mode.
        nodePixelFormatBGR8 = PySpin.CEnumEntryPtr(
                nodePixelFormat.GetEntryByName('BGR8'))
        pixelFormatBGR8 = nodePixelFormatBGR8.GetValue()
        nodePixelFormat.SetIntValue(pixelFormatBGR8)
```

类似地，根据我们的 binningRadius 参数（水平卷边半径自动设置为与垂直卷边半径相同的值）设置“BinningVertical”属性。下面是相关代码：

```
    # Set the vertical binning radius.
    # The horizontal binning radius is automatically set
    # to the same value.
    nodeBinningVertical = PySpin.CIntegerPtr(
            self._nodemap.GetNode('BinningVertical'))
    nodeBinningVertical.SetValue(binningRadius)
```

同样，根据 roi 参数，我们设置了名为“OffsetX”“OffsetY”“Width”和“Height”的属性值，如下列代码所示：

```
    # Set the ROI.
    x, y, w, h = roi
    nodeOffsetX = PySpin.CIntegerPtr(
            self._nodemap.GetNode('OffsetX'))
    nodeOffsetX.SetValue(x)
    nodeOffsetY = PySpin.CIntegerPtr(
            self._nodemap.GetNode('OffsetY'))
    nodeOffsetY.SetValue(y)
    nodeWidth = PySpin.CIntegerPtr(
            self._nodemap.GetNode('Width'))
    nodeWidth.SetValue(w)
    nodeHeight = PySpin.CIntegerPtr(
            self._nodemap.GetNode('Height'))
    nodeHeight.SetValue(h)
```

一旦构建了 Cv2.VideoCapture，就会启动一个捕获会话，因此我们希望在 PySpin-Capture 中完成同样的事情。因此，我们用下列代码完成 _init_ 方法的实现，这行代码通知相机开始捕获帧：

```
    self._camera.BeginAcquisition()
```

我们在 get 方法的实现中再次使用节点映射。如果请求 cv2.CAP_PROP_FRAME_WIDTH，我们将返回“ Width”属性的值。相反，如果请求 cv2.CAP_PROP_FRAME_HEIGHT，我们返回“Height”属性的值。对于所有其他请求，我们返回 0.0。下面是方法的实现：

```
def get(self, propId):
    if propId == cv2.CAP_PROP_FRAME_WIDTH:
        nodeWidth = PySpin.CIntegerPtr(
                self._nodemap.GetNode('Width'))
        return float(nodeWidth.GetValue())
    if propId == cv2.CAP_PROP_FRAME_HEIGHT:
        nodeHeight = PySpin.CIntegerPtr(
```

```
                self._nodemap.GetNode('Height'))
            return float(nodeHeight.GetValue())
        return 0.0
```

我们通过告诉相机捕捉一帧来开始 read 方法的实现。如果请求失败，我们返回 False 和 None（没有图像）。否则，我们将得到帧的大小和通道数，将其数据作为一个 NumPy 数组，并对该数组进行重新配置，以匹配 OpenCV 期望的格式。我们复制数据，释放原始帧，然后返回 True 并复制图像。下面是方法的实现：

```
def read(self, image=None):

    cameraImage = self._camera.GetNextImage()
    if cameraImage.IsIncomplete():
        return False, None

    h = cameraImage.GetHeight()
    w = cameraImage.GetWidth()
    numChannels = cameraImage.GetNumChannels()
    if numChannels > 1:
        cameraImageData = cameraImage.GetData().reshape(
                h, w, numChannels)
    else:
        cameraImageData = cameraImage.GetData().reshape(
                h, w)

    if image is None:

    image = cameraImageData.copy()
else:
    image[:] = cameraImageData

cameraImage.Release()

return True, image
```

我们通过告诉相机停止获取帧、反初始化和删除相机、清除相机列表并释放 PySpin 系统来实现 release 方法。相关代码如下所示：

```
def release(self):

    self._camera.EndAcquisition()
    self._camera.DeInit()
    del self._camera

    self._cameraList.Clear()

    self._system.ReleaseInstance()
```

为了完成 PySpinCapture 类的实现，我们提供下列析构函数或 _del_ 方法，该方法只调用我们之前实现的 release 方法：

```
def __del__(self):
    self.release()
```

接下来，让我们看看如何在应用程序中交替使用 PySpinCapture 或 cv2.VideoCapture。

8.7　调整 Lazy Eyes 应用程序生成 Sunbaker

正如我们在本章开头部分讨论的，Sunbaker 是 Lazy Eyes 的一个变体，支持更多的相机。首先，复制第 7 章完整的脚本 LazyEyes.py，并将其重命名为“Sunbaker.py”。Sunbaker 中支持的相机将根据运行时可用模块的变化而变化。

在 Sunbaker.py 中的其他 import 语句之后，添加下列 try/except 块：

```
try:
    import PySpinCapture
except ImportError:
    PySpinCapture = None
```

上面的代码块试图导入 PySpinCapture 模块，该模块包含 getNumCameras 函数和 PySpinCapture 类。然后，正如我们在本章 8.6 节看到的那样，PySpinCapture 模块依次导入 PySpin 模块。如果没有找到 PySpin 模块，那么抛出 ImportError。前面的代码块捕获了这个错误，注意，在我们没有导入一个可选依赖项时，将前面的代码块（即 PySpinCapture 模块）定义为 PySpinCapture=None。稍后，在 Sunbaker.py 中，只在 PySpinCapture 不是 None 时，我们才使用 PySpinCapture 模块。

我们必须修改 Sunbaker 类的 _init_ 方法，移除 cameraDeviceID 和 imageSize 参数，并添加一个 capture 参数和一个 isCaptureMonochrome 参数。Capture 参数可以是一个 cv2.VideoCapture 对象，也可以是一个 PySpinCapture 对象。我们假设在将 capture 传递给 _init_ 之前，capture 参数的宽、高以及其他属性已经完全配置好了。因此，我们不再需要调用 _init_ 中的 ResizeUtils.cvResizeCapture（而且我们可以从导入列表中移除 ResizeUtils）。我们尝试着从实际帧获取图像的大小和格式（灰度图像或非灰度图像）。相反，如果失败，我们将根据 capture 参数的属性获取大小，从 isCaptureMonochrome 参数中获取格式。对 _init_ 的修改将在下列代码中用粗体字标记：

```
class Sunbaker(wx.Frame):

    def __init__(self, capture, isCaptureMonochrome=False,
                 maxHistoryLength=360,
                 minHz=5.0/6.0, maxHz=1.0,
                 amplification=32.0, numPyramidLevels=2,
                 useLaplacianPyramid=True,
                 useGrayOverlay=True,
                 numFFTThreads=4, numIFFTThreads=4,
                 title='Sunbaker'):

        self.mirrored = True

        self._running = True

        self._capture = capture

# Sometimes the dimensions fluctuate at the start of
# capture.
```

```
    # Discard two frames to allow for this.
    capture.read()
    capture.read()

    success, image = capture.read()
    if success:
        # Use the actual image dimensions.
        h, w = image.shape[:2]
        isCaptureMonochrome = (len(image.shape) == 2)
    else:
        # Use the nominal image dimensions.
        w = int(capture.get(cv2.CAP_PROP_FRAME_WIDTH))
        h = int(capture.get(cv2.CAP_PROP_FRAME_HEIGHT))
    size = (w, h)
    if isCaptureMonochrome:
        useGrayOverlay = True
    self._isCaptureMonochrome = isCaptureMonochrome
    #... 该方法的其余部分没有变动...
```

_applyEulerianVideoMagnification 方法需要稍作修改，以支持输入不是 BGR，而是黑白相机的灰度图像的可能性。同样，修改部分在下列代码中用粗体标记：

```
def _applyEulerianVideoMagnification(self):

    timestamp = timeit.default_timer()

    if self._useGrayOverlay and \
            not self._isCaptureMonochrome:
        smallImage = cv2.cvtColor(
                self._image, cv2.COLOR_BGR2GRAY).astype(
                        numpy.float32)
    else:
        smallImage = self._image.astype(numpy.float32)

    # ... The middle part of the method is unchanged ...

    # Amplify the result and overlay it on the
    # original image.
    overlay = numpy.real(ifftResult[-1]) * \
                      self._amplification
    i = 0
    while i < self._numPyramidLevels:
        overlay = cv2.pyrUp(overlay)
        i += 1

if self._useGrayOverlay and \
        not self._isCaptureMonochrome:
    overlay = cv2.cvtColor(overlay,
                           cv2.COLOR_GRAY2BGR)
cv2.add(self._image, overlay, self._image,
        dtype=cv2.CV_8U)
```

最后，需要修改 main 函数，为 Sunbaker 应用程序的 _init_ 方法提供适当的 capture 参数和 isCaptureMonochrome 参数。举个例子，让我们假设，如果 PySpin 是可用的，我们想要使用一个弯曲半径为 2，捕获分辨率为 960 × 600 的黑白相机。（GS3-U3-23S6M-C 相机支持这个配置。）或者，如果 PySpin 不可用，又或者没有连接与 PySpin 兼容的相机，那么让我们使用一个捕获分辨率为 640 × 480，每秒 60 帧与 OpenCV 兼容的相机。相关修改在下列代码中用粗体标记：

```
def main():

    app = wx.App()

    if PySpinCapture is not None and \
            PySpinCapture.getNumCameras() > 0:
        isCaptureMonochrome = True
        capture = PySpinCapture.PySpinCapture(
                0, roi=(0, 0, 960, 600), binningRadius=2,
                isMonochrome=isCaptureMonochrome)
    else:
        # 320x240 @ 187 FPS
        #capture.set(cv2.CAP_PROP_FRAME_WIDTH, 320)
        #capture.set(cv2.CAP_PROP_FRAME_HEIGHT, 240)
        #capture.set(cv2.CAP_PROP_FPS, 187)

        # 640x480 @ 60 FPS
        capture.set(cv2.CAP_PROP_FRAME_WIDTH, 640)
        capture.set(cv2.CAP_PROP_FRAME_HEIGHT, 480)
        capture.set(cv2.CAP_PROP_FPS, 60)

    # Show motion at edges with grayscale contrast.
    sunbaker = Sunbaker(capture, isCaptureMonochrome)

    sunbaker.Show()
    app.MainLoop()
```

你可能需要根据相机所支持的捕捉模式修改前面的代码。如果你对 PlayStation Eye 相机的最大帧率感兴趣，则应该注释掉分辨率为 640 × 480，帧率为 60 帧每秒的代码行，并对分辨率为 320 × 240，帧率为 187 帧每秒的代码行取消注释。

这就把我们带到了代码修订的最后了。现在，你可以使用灰点相机或与 OpenCV 兼容的摄像头（如 USB 网络摄像头）测试 Sunbaker。花点时间调整相机参数以及欧拉视频放大算法的参数。（在 7.7 节中有详细的介绍）。用各种对象和光照条件（包括室外光）进行实验。如果你用的是紫外线照相机，记得看看花！

8.8 本章小结

本章拓宽了我们对相机所能看到的事物的看法。我们考虑过以最大帧率对人眼不可见的波长进行视频捕捉。作为编程人员，我们已经学会了以一种允许我们交替使用工业相机和 OpenCV 兼容的网络摄像头的方式包装第三方摄像头 API，这要归功于 Python 的动态类型。作为实验人员，我们将欧拉视频放大的研究扩展到更高的运动频率，以及可见光谱之外更惊人的脉冲光模式。

让我们回顾一下所有进展。从寻找 SPECTRE 头目到探索电磁光谱，我们作为特工的旅程已经走了很远的路。然而，在这个令人自豪的时刻，我们的冒险必须结束了。我们会再次见面的。在网站 http://numist.com/opencv 上发布了即将出版的书籍、网络广播和演示文稿。另外，可以通过电子邮件 josephhowse@nummis.com 将发现的问题报告给我们，并告诉我，你是如何使用 OpenCV 的。

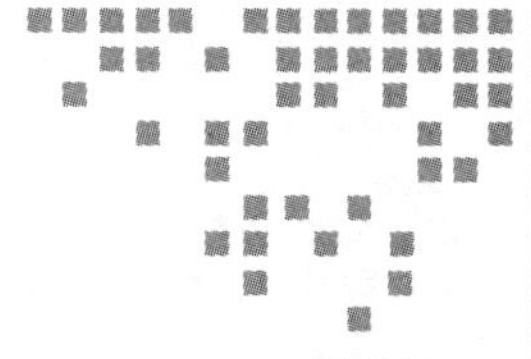

附录 A Appendix A

使 WxUtils.py 与树莓派兼容

在第 2 章中，我们编写了一个文件 WxUtils.py，它包含一个工具函数 wxBitmapFromCvImage，用于将 OpenCV 图像转换成 wxPython 位图。在本书的整个 Python 项目中，我们都使用了这个工具函数。

我们对 wxBitmapFromCvImage 的实现部分依赖于 wxPython 的 BitmapFromBuffer 函数。在树莓派的一些版本和 Raspbian 中，wx.BitmapFromBuffer 有一个特定平台的错误导致它失败。作为一种解决方案，我们可以使用 wx.ImageFromBuffer 和 wx.BitmapFromImage 函数进行效率较低的两步转换。下面的代码用于检查我们是否运行在树莓派的早期型号上（基于 CPU 型号）以及是否适当地实现了我们的 wxBitmapFromCVImage 函数。

```
import numpy # Hint to PyInstaller
import cv2
import wx


WX_MAJOR_VERSION = int(wx.__version__.split('.')[0])

# Try to determine whether we are on Raspberry Pi.
IS_RASPBERRY_PI = False
try:
    with open('/proc/cpuinfo') as f:
        for line in f:
            line = line.strip()
            if line.startswith('Hardware') and \
                    line.endswith('BCM2708'):
                IS_RASPBERRY_PI = True
                break
except:
    pass

if IS_RASPBERRY_PI:
```

```
    def wxBitmapFromCvImage(image):
        image = cv2.cvtColor(image, cv2.COLOR_BGR2RGB)
        h, w = image.shape[:2]
        wxImage = wx.ImageFromBuffer(w, h, image)
        if WX_MAJOR_VERSION < 4:
            bitmap = wx.BitmapFromImage(wxImage)
        else:
            bitmap = wx.Bitmap(wxImage)
        return bitmap
else:
    def wxBitmapFromCvImage(image):
        image = cv2.cvtColor(image, cv2.COLOR_BGR2RGB)
        h, w = image.shape[:2]
        # The following conversion fails on Raspberry Pi.
        if WX_MAJOR_VERSION < 4:
            bitmap = wx.BitmapFromBuffer(w, h, image)
        else:
            bitmap = wx.Bitmap.FromBuffer(w, h, image)
        return bitmap
```

如果你用上述代码替换了 WxUtils.py 的内容，那么我们的 wxBitmapFromCvImage 工具函数就可以在树莓派和其他系统上工作了。

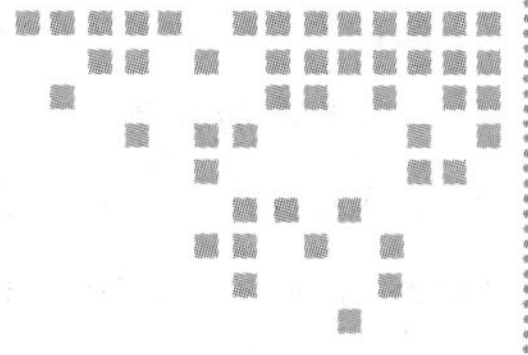

附录 B　Appendix B

学习 OpenCV 中有关特征检测的更多内容

在第 4 章中，我们使用良好的特征跟踪算法检测图像中的可跟踪特征。OpenCV 提供了多种特征检测算法的实现。另外两种算法是最小特征值角点和哈尔角点，是跟踪良好特征的先例，这是对它们的改进。在 https://docs.opencv.org.master/d9/dbc/tutorial_generic_corner_detector.html 上的一个官方教程中说明了在代码示例中使用特征值角点和哈尔角点的方法。

OpenCV 中还有一些其他更高级的特征检测算法，如 FAST、ORB、SIFT、SURF 和 FREAK。与好的跟踪特征相比，这些更优秀的备选方案以更高的计算成本评估一组更大的可能特征。对于像我们这样的基本光流任务来说，这些更优秀的特征检测算法是多余的。一旦我们检测到一张脸，在这个区域中我们就不再需要很多特征来区分垂直运动（点头）和水平运动（摇头）。对于我们的动作识别任务来说，以较快的帧率运行，远比运行大量的特征更重要。另一方面，某些计算机视觉任务需要大量的特征。图像识别就是一个很好的例子。如果我们在《蒙娜丽莎》的海报上涂上红色唇膏，结果这张海报就不是《蒙娜丽莎》了（或者至少不是达·芬奇笔下的蒙娜丽莎了）。图像的细节可以认为是其身份的基础。然而，光照或视角的变化不会改变图像的身份，因此特征检测和匹配系统仍然需要对某些变化保持鲁棒性。

有关图像识别和跟踪项目的介绍，请参阅 Packt 出版社出版的 *Android Application Programming with OpenCV 3* 一书中的第 4 章、第 5 章和第 6 章的内容。

有关 OpenCV 中的几种特征检测器和匹配器的基准测试，请参阅 Ievgen Khvedchenia 博客（http://computer-vision-talks.com/2011-07-13-comparison-of-the-opencv-feature-detection-algorithms/）上的系列文章。此外，你还可以在 Packt 出版社 2018 年出版的由 Roy Shilkrot

和David Millan Escrivá编写的*Example comparative performance tests of algorithm*一书的第9章中，找到更多最新的基准测试。

有关算法及其OpenCV实现的教程，请参阅http://docs.opencv.org.master/db/d27/tutorial_py_table_of_contents_feature2d.html上的OpenCV-Python官方教程中的*Detection and Description*部分。

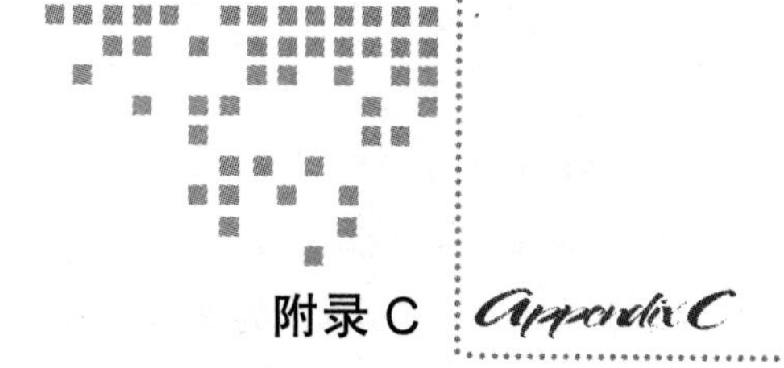

附录 C Appendix C

与蛇共舞（Python 的第一步）

本附录假设你已经安装好了 Python 环境和 OpenCV 的 Python 包，如第 1 章所述的那样。现在，如果你是 Python 新手，你或许想知道如何测试这个环境并运行 Python 代码。

Python 提供了一个交互式的解释器，所以你可以测试代码，甚至无须将代码保存到文件中。打开操作系统的系统终端或命令提示，并输入下面的命令：

```
$ python
```

Python 将输出它的版本信息，然后为它的交互式解释器显示一个提示符 >>>。你可以在这个提示符下输入代码，Python 将输出代码的返回值（如果有返回值的话）。例如，如果我们输入“1+1”，我们应当看到下面的文本：

```
>>> 1+1
2
```

现在，让我们尝试导入 OpenCV Python 模块 cv2:

```
>>> import cv2
```

如果你的 OpenCV 安装状态良好，那么这行代码应该静默运行。相反，如果你看到一个错误，那么你应该返回并检查安装步骤。如果报错：ImportError: No module named 'cv2'，这表明 Python 没有在 Python 的 site-packages 文件夹中找到 cv2.pyd 文件（OpenCV Python 模块）。在 Windows 上，如果报错：ImportError: DLL load failed，这表明 Python 已成功找到 cv2.pyd 文件，但没能找到模块的 DLL 依赖，比如 OpenCV DLLs 或（在使用 TBB 的自定义编译中）TBB DLL，也可能是在系统路径中缺少包含 DLL 的文件夹。

假设我们成功导入了 cv2，现在可以获得它的版本号，如下面代码片段所示：

```
>>> cv2.__version__
'4.0.1'
```

请确保输出与你已安装的 OpenCV 版本相匹配。如果不匹配，请返回并检查安装步骤。

当你准备退出 Python 交互式解释器时，输入下面的命令：

```
>>> quit()
```

在本书的整个项目中，当你遇到 Python 脚本（.py 文件）的代码中有一个 _main_ 部分时，如果你将该脚本作为参数传递给 Python 解释器，那么 Python 可以执行这个脚本。例如，假设我们想要运行第 2 章中的脚本 Luxocator.py。在操作系统的终端或命令提示符下，我们将运行以下命令：

```
$ python Luxocator.py
```

然后，Python 将执行 Luxocator.py 的 _main_ 部分。脚本的这一部分将依次调用其他部分。

你不需要任何特殊工具来创建和编辑 .py 文件。一个文本编辑器就足够了，极简主义者可能更喜欢它。另外，各种专用的 Python 编辑器和 IDE 都提供了自动完成等功能。作者有时使用文本编辑器，有时使用一个名为 PyCharm(https://www.jetbrains.com/pycharm/) 的 IDE，它有一个免费的社区版。

在这里，我们只讨论了让你能够运行和编辑 Python 代码的最低要求。本书本身并没有包含 Python 语言的指南，但是，这本书的项目可以通过示例帮助你学习 Python（和其他语言）。如果你想用更侧重于语言的资源来补充对本书的阅读，可以在 https://www.python.org/about/gettingstarted/ 的官方 Python 初学者指南和在 Packt 出版社的 Python 技术页面（https://www.packtpub.com/tech/Python）中找到学习资源。